Mallard de la V.
enseigne de Vaisseau
(Brest - 1879)

BIBLIOTHÈQUE
DES MERVEILLES

PUBLIÉE SOUS LA DIRECTION

DE M. ÉDOUARD CHARTON

———

TROMBES ET CYCLONES

Typographie Lahure, rue de Fleurus, 9, à Paris.

BIBLIOTHEQUE DES MERVEILLES

TROMBES ET CYCLONES

PAR

ZURCHER ET MARGOLLÉ

> Leur formidable apparition fait trembler la terre et remplit d'effroi le cœur de l'homme. C'est pour lui cependant qu'au milieu de ces bouleversements l'Amour veille et la Providence agit.
>
> JANSEN.

OUVRAGE ILLUSTRÉ DE 42 VIGNETTES SUR BOIS

PAR DE BÉRARD ET RIOU

PARIS

LIBRAIRIE HACHETTE ET Cie

79, BOULEVARD SAINT-GERMAIN, 79

1876

TROMBES ET CYCLONES

I

MYTHES ET LÉGENDES

*Croyances primitives. — Superstitions. — Culte des météores. —
Typhon. — Les Vents. — Tourbillons décrits par les anciens. —
Temps modernes. — Observations des navigateurs. — La Science.*

Dans les sociétés primitives, l'homme, placé presque
sans défense devant les phénomènes de l'atmosphère,
dut s'attacher surtout à l'observation de ceux qui le
menaçaient, et qui, sur une terre à peine cultivée, se
produisaient sans doute plus fréquemment qu'aujour-
d'hui. Le danger passé, il devait aussi revoir avec un
sentiment de religieuse reconnaissance les signes qui
lui annonçaient le retour du beau temps, du calme, de
l'ordre, de l'harmonie, et le premier culte fut ainsi
fondé sur les mystérieuses relations qui semblaient
exister entre les manifestations diverses des forces de
la nature et la puissance des Dieux. La crainte de cette
puissance ne fut pas l'unique source du sentiment qui

1

fit élever les premiers autels; redoutée dans le désastreux conflit des éléments, dans les ténèbres du mal, elle était bénie dans tous les biens dont elle comblait déjà le monde, et qui remplissaient les âmes d'une vivifiante lumière, d'un fortifiant espoir. L'Égypte, l'Inde, la Perse nous offrent dans leurs mythes des exemples frappants de la croyance qui divisait les êtres invisibles en puissances du mal et en puissances du bien, et promettaient à ces dernières le triomphe qui devait mettre fin à la lutte entre les éléments, et aux discordes, plus désastreuses encore, d'où était sortie la guerre entre les humains.

Dans l'Inde, les génies des vents, les Maruttes, passent avec la tourmente sur les sommets des montagnes, pressent les flancs du nuage qui retient les eaux captives, et déchaînent sur la plaine le tourbillon des tempêtes au milieu de torrents de pluie. — Mais bientôt reparaît la lumière, le Soleil, l'Archer céleste qui a vaincu les ténèbres, le démon pluvieux. « Je chanterai la victoire d'Indra, dit le Rig-Véda, celle qu'hier a remportée l'Archer; il a frappé Ahin (le nuage noir), il a frappé la première des nuées. » — Ce retour de la sérénité, du calme après la tempête, est célébré d'une manière touchante dans un cantique des Védas : « Que les vents nous soient doux ! Que la nuit, le crépuscule, le ciel, l'air, le roi des plantes, le Soleil, les troupeaux, tout soit rempli de douceur ! » — On comprend ce chant agreste des pasteurs, des bergers, des tribus patriarcales qui parcouraient les vastes plateaux de l'Asie, et qui, dans leur vie nomade, avaient à lutter contre les intempéries et les bourrasques des hautes régions.

En Grèce, la Théogonie d'Hésiode, dans laquelle la lutte de Jupiter contre les Titans est l'action fondamentale du poëme, nous fait assister aux mêmes scènes naturelles, et, comme l'a très-bien dit un de nos éminents

professeurs[1], « au dernier effort des puissances désor-
ganisatrices pour détruire l'ordre naissant du monde
par l'action irrégulière et violente des vents, des ouragans, des volcans. » Cette poétique histoire des grands
combats de la nature se lie dans la Théogonie à une
conception symbolique qui en montre le but principal,
l'affermissement des croyances religieuses communes
aux tribus, aux cités helléniques, tendant alors à s'or-
ganiser en un corps de nation, sous l'égide tutélaire des
mêmes lois.

Comme l'indiquent leurs noms grecs, les Titans, les
Cyclopes et les Hécatonchires sont la foudre et l'éclair,
les ouragans et les tremblements de terre, les orages
souterrains. Après la grande lutte décrite par Hésiode
et la victoire des Dieux, les Titans sont précipités dans
le Tartare, au fond d'un gouffre immense et ténébreux.
Mais la Terre engendre encore Typhon, le dernier de ses
enfants. « Les vigoureuses mains de ce dieu puissant tra-
vaillaient sans relâche, et ses pieds étaient infatigables ;
sur ses épaules se dressaient les cent têtes d'un horrible
dragon, et chacune dardait une langue noire ; des yeux
qui armaient ces monstrueuses têtes jaillissait une flamme
étincelante ; toutes, hideuses, proféraient mille sons inexplicables, quelquefois si aigus que les dieux même pouvaient les entendre, tantôt la mugissante voix d'un tau-
reau sauvage, tantôt le rugissement d'un lion, les
aboiements d'un chien ou des clameurs perçantes dont
retentissaient les hautes montagnes. »

« Devant cette monstrueuse apparition, Jupiter, père
des hommes et des dieux, lance son rapide tonnerre, qui
fait terriblement retentir la terre, le ciel, l'océan et les
abîmes souterrains. Il s'avance et le grand Olympe trem-

---

[1] *De la Théogonie d'Hésiode.* Dissertation de philosophie ancienne,
par J. D. Guigniaut.

ble sous ses pieds immortels. La terre féconde gémit, la sombre mer est envahie par les tourbillons des vents enflammés, par la foudre et l'éclair. La terre, le ciel et la mer bouillonnent sous le choc des terribles rivaux ; les grandes vagues se brisent contre les rivages, secoués par un irrésistible ébranlement. Dans le Tartare, les Titans tremblent au fracas épouvantable de l'effrayant combat. Enfin le roi du ciel rassemble toute sa force, le tonnerre, les éclairs, la foudre ardente, les lance du haut de l'Olympe sur Typhon et frappe ses têtes formidables. Vaincu par ces coups redoublés le monstre tombe mutilé, et Jupiter le plonge dans le profond Tartare. » — De Typhon naquirent les tempêtes qui « soufflent de tous les côtés, dispersent les navires et font périr les matelots ; ou, déchaînées sur la terre fleurie, détruisent les travaux des humains ».

Dans la mythologie de l'ancienne Égypte, Typhon, frère des vents funestes, personnification du mauvais principe, est en lutte avec Osiris, considéré comme le Nil et le Soleil tout à la fois. Ce mythe, dit Creuzer [1], a pour fond la révolution physique et astronomique de l'année. Au temps des grandes chaleurs, de mars en juillet, tout en Égypte est sous l'empire de Typhon, le vent brûlant du désert de Libye, qui embrase l'air et dessèche la terre. Mais au solstice d'été, l'inondation bienfaisante du Nil vient tout ranimer ; Osiris est vainqueur de Typhon, et par lui l'Égypte retrouve sa fertilité. — En automne elle est presque entièrement cachée sous les eaux avec les espérances de l'année ; les jours décroissent, et Typhon devient le génie ténébreux de l'hiver, le vent du nord qui souffle de la mer, amène les tempêtes

---

[1] *Religions de l antiquité*, considérées principalement dans leurs formes symboliques et mythologiques, traduit de l'allemand du Dᵣ F. Creuzer, par J. D. Guigniaut, t. I.

Fig. 1. — Le Dragon des Typhons (d'après une gravure japonaise).

et obscurcit le soleil. Osiris semble avoir succombé, et les fêtes religieuses de l'automne sont consacrées au deuil et à la tristesse. Mais ces fêtes, qui sont en même temps les fêtes des semailles, sont accompagnées d'espoir. Bientôt le soleil remonte dans les cieux, les eaux s'écoulent, les jeunes semences commencent à sortir de terre, et une période d'allégresse s'ouvre avec les premiers jours de janvier, qui commencent une vie nouvelle, de lumière et de sérénité.

Si toutes les influences malfaisantes étaient attribuées à Typhon, dont l'empire embrassait à la fois les déserts brûlants et les plages malsaines situées aux bouches du Nil, ces influences étaient surtout redoutées dans le souffle dévorant des vents du midi. Suivant M. Jomard, l'un des savants collaborateurs du grand ouvrage français sur l'Égypte, les sables de la Libye, apportés par des vents impétueux dans les gorges profondes de la chaîne arabique, s'y engouffrent et y forment des tourbillons terribles, de véritables trombes, météore qui n'est pas rare dans le pays qui sépare le Nil de la mer Rouge, et dont les ravages, l'aspect formidable, ont donné naissance au mythe de Typhon. « Il n'est personne, dit Creuzer, qui puisse refuser à cette explication un haut degré de vraisemblance locale et physique. Et réellement, l'un des principaux devoirs du mythologue, c'est de scruter la nature, d'étudier ses phénomènes et d'y rechercher les profondes racines des traditions populaires. »

Les anciens attribuaient aux Titans, à Typhon, les formes tortueuses des serpents. Les poëmes grecs, les hymnes védiques, représentent ainsi les lignes en spirale de la foudre; les tourbillons, et quelquefois les épais nuages, formés par les vapeurs du sol humide, qu'on voit s'entasser les uns sur les autres, et, pour ainsi dire, escalader le ciel.

« Les Japonais, dit Kœmfer [1], s'imaginent que les typhons, les trombes, sont une espèce de dragons d'eau qui ont une longue queue, et qui, en volant, s'élèvent dans l'air d'un mouvement rapide et violent. »

On verra plus loin combien les symboliques images que nous venons de reproduire se rapprochent des observations exactes qu'enregistre aujourd'hui la science.

La mythologie scandinave, comme les mythologies de l'Orient, personnifiait les phénomènes atmosphériques. Le redoutable Odin « ne respire que la tempête et les combats ; ses yeux brillent comme des flammes sur son visage ténébreux, sa voix est le bruit d'un tonnerre lointain. » Son premier fils, le dieu Thor (la foudre), est aussi le génie des tempêtes, qu'il gouverne : il frappe les hautes cimes, la tête des géants. D'autres fils d'Odin répandent la lumière, calment les flots, donnent les saisons favorables.

Les Calédoniens plaçaient dans les nuages le séjour des âmes, et comme elles conservaient les goûts, les passions qu'elles avaient sur la terre, les vaillants conduisaient encore, dans leur demeure aérienne, des armées fantastiques qui combattaient au sein des nuées orageuses. Les bourrasques étaient ainsi produites par des esprits se transportant d'un lieu à un autre et disposant à leur gré des éléments. Fingal dit à l'ombre qui se dresse devant lui : « Sombre esprit, crois-tu m'effrayer par ta forme gigantesque ? Quelle force a ton bouclier de nuages et le météore qui te sert de glaive ? Vaine illusion dont les vents se jouent dans l'espace !... »

Chez les Celtes, les âmes coupables, jugées indignes des célestes demeures, étaient condamnées à errer dans les airs, où elles prenaient des figures extraordinaires, et revenaient sur la terre sous la forme de vents désas-

---

[1] *Histoire naturelle du Japon.*

treux, jetant l'épouvante sur leur passage. — Au moyen âge, les noires nuées qui, la nuit, se déroulent en longues traînées dans le ciel orageux, et tourbillonnent sur les sommets, emportées par des rafales, étaient regardées comme la ronde menaçante des démons et des sorcières se rendant au sabbat.

Mais dans ces superstitions l'observation des phénomènes avait aussi une part de plus en plus grande, et quelques lois simples, relatives à la succession et à la rotation des vents, étaient déjà entrevues. Ainsi, par exemple, à Athènes, une tour octogone en marbre blanc, située à peu de distance de l'Agora ou place publique, portait sur chacune de ses huit faces, à la partie supérieure, une figure sculptée représentant un des Vents principaux. « Les noms de ces huit figures sont gravés· près d'elles en grands caractères ; elles portent, en outre, des attributs qui les font reconnaître au premier aspect. *Apéliotès,* le vent de l'est, qui amène une pluie douce et favorable à la végétation, est représenté sous les traits d'un jeune homme dont les cheveux flottent de tous côtés ; il tient de ses deux mains les bords de son manteau rempli de fruits, d'épis de blé et de rayons de miel. *Notus,* vent du sud brûlant et humide, est représenté vidant un vase d'eau. *Libs,* vent du sud-ouest qui souffle à Athènes du golfe Saronique et de toute la côte de l'Attique, est figuré avec l'aplustre d'un vaisseau qu'il semble pousser devant lui ; c'était ce vent qui amenait les galères au Pirée. Les autres personnifications sont toutes dans ce style.

« Au-dessous de chacun des vents on avait tracé un cadran solaire ; et il résulte, tant de la disposition de celui du sud que ceux de l'est et de l'ouest, que la tour est parfaitement orientée. Enfin une clepsydre ou horloge d'eau placée à l'intérieur de la tour suppléait aux cadrans lorsqu'ils ne pouvaient servir. Ainsi l'édifice indi-

quait aux habitants d'Athènes, non-seulement la direction des vents, mais les heures par le moyen des cadrans pendant les beaux jours, et à l'aide de la clepsydre après le coucher du soleil ou pendant les jours
nébuleux[1]. » Dans son ensemble la tour des vents réu-
nissait l'élégance et la solidité convenable à un édifice
d'utilité publique. L'architecte Andronicus Cyrrhestes,
avait placé sur le faîte un triton de bronze tournant avec
le vent, et tenant en main une baguette qui indiquait
sa direction. Après les trois Vents déjà cités : *Apéliotès*,
Notus et *Libs*, les figures ailées sculptées sur chacun
des fronts de la tour, orientés suivant la région céleste
d'où soufflent les vents principaux, étaient : au nord,
Borée, ayant pour attribut une conque ; au nord-est,
Cœcias, avec un disque d'où tombe la grêle ; au sud-est,
Eurus couvert d'un large manteau ; à l'ouest, *Zéphyre*,
portant une corbeille de fleurs ; au nord-ouest, *Sciron*,
versant la poussière et le feu. — Les anciens avaient
aussi personnifié les brises (*Auræ*), filles de Zéphyre,
bienfaisant génie couronné des blanches fleurs du printemps, et qui fait mûrir les fruits merveilleux de l'Ély-
sée. — Il est à remarquer que dans l'Odyssée le Zéphyre
est souvent désigné par l'épithète d'*impétueux*, et, com-
pagnon de Borée, se plaît comme lui à troubler les
airs : — « Les vents orageux ballottent le radeau
d'Ulysse. Tantôt le vent du midi le laisse à l'Aquilon,
et tantôt le vent d'orient le cède au Zéphyre. » Ulysse
dit dans le même passage : « Tous les vents ont rompu
leurs barrières ; on ne voit qu'orages de tous côtés. De
quels noirs nuages Jupiter a couvert le ciel ! comme il
bouleverse les flots ! » Il est évident qu'Homère décrit
ici un tourbillon dans lequel les vents, également violents, soufflent de tous les points de l'horizon.

---

[1] *Magasin pittoresque*, t. XIX.

Fig. 2. — La Tour des Vents à Athènes.

Dans l'Iliade et l'Odyssée, les vents ont leur séjour tantôt au nord, où Éole, leur gardien, les tient enfermés dans les antres ténébreux de la Thrace ; tantôt au midi, où ils sont enchaînés par lui dans une profonde caverne des îles Lipari. La Méditerranée, où l'on voit se reproduire en partie, sur une échelle restreinte, les phénomènes atmosphériques de l'Océan, est en effet battue, durant la mauvaise saison, par les vents du nord descendant des montagnes neigeuses, et par les vents du sud, qui prennent naissance dans les déserts de l'Afrique. La rencontre de ces deux vents, de température différente, forme fréquemment les tempêtes tournantes, dont on trouve d'assez nombreuses descriptions dans les anciens auteurs, et que les navigateurs sont très-exposés à rencontrer dans les parages de l'archipel grec ou de la Sicile. — Virgile, dans l'Énéide, a décrit une de ces tempêtes, par lesquelles la flotte des Troyens, au moment où elle perd de vue la Sicile, est assaillie et dispersée sur la mer Tyrrhénienne. Au signal d'Éole, « les vents déchaînés, comme un bataillon tumultueux, se précipitent en tourbillons, et se répandent sur les terres en soufflant avec violence. L'Eurus et le Notus, l'Africus fécond en orages, soulèvent la mer profonde, la creusent et la couvrent de vagues énormes qui vont déferler sur ses bords. Les cris des matelots se mêlent au sifflement des cordages. D'épaisses nuées dérobent aux Troyens le ciel et le jour ; une nuit noire pèse sur les eaux ; les cieux tonnent, des feux incessants sillonnent l'éther ; tout présente aux malheureux navigateurs une mort menaçante. »

Théocrite, dans une de ses idylles, décrit la tempête qui assaillit les Argonautes peu après leur départ, et durant laquelle, au moment où le calme allait renaître, on vit deux flammes briller sur la tête des Dioscures :

« .... Les autans déchaînés soulèvent des montagnes hu-

mides, courent de la poupe à la proue et lancent les
vagues sur le navire, qui s'entr'ouvre de toutes parts ;
l'antenne gémit, les voiles se déchirent, le mât brisé
vole en éclats ; des torrents précipités du haut des
nuages augmentent l'horreur des ténèbres ; la vaste mer
mugit au loin sous les coups redoublés de la grêle et
des vents. C'est alors, fils de Léda, que vous arrachez
les vaisseaux à l'abime, et à la mort le pâle nautonnier
qui se croyait déjà aux sombres bords. Soudain les
vents s'apaisent, le calme renaît sur les ondes, les
nuages se dispersent, les Ourses brillent et les constel-
lations favorables promettent aux matelots une heureuse
navigation. »

Lucrèce, dont le beau poëme est en réalité un traité
de physique destiné à combattre les erreurs de la su-
perstition en faisant connaître les lois naturelles qui ré-
gissent le monde, a donné une remarquable description
des trombes : « Ce que nous avons dit de la foudre doit
te faire connaître de quelle manière ces trombes que les
Grecs nomment *prestères*, à cause de leurs effets, viennent d'en haut fondre sur la mer. Quelquefois elles
descendent des cieux sur les eaux, comme une longue
colonne autour de laquelle bouillonnent les flots soulevés par un souffle impétueux ; les vaisseaux surpris par
ce terrible météore sont exposés au plus grand péril.
C'est que le vent, n'ayant pas toujours assez de force
pour rompre ce nuage contre lequel il fait effort, l'a-
baisse peu à peu comme une colonne dirigée du ciel
vers la surface de la mer, ou plutôt comme une masse
précipitée du haut en bas et qui s'étendrait sur les
eaux ; enfin, après avoir crevé la nue, le vent s'engouffre
dans la mer et y excite un bouillonnement incroyable....

« Il arrive aussi qu'un tourbillon de vent, après avoir
ramassé dans l'air les éléments qui forment la nue, s'y

Fig. 5. — Formes de trombes marines.

enveloppe lui-même et imite sur terre la trombe marine. Le nuage, après s'être abaissé dans les plaines, et s'y être brisé, vomit de ses flancs un horrible tourbillon, un ouragan furieux. Mais ces phénomènes sont très-rares sur terre, parce que les montagnes s'opposent à l'action du vent [1]. »

Pline, dans son Histoire naturelle, décrit en ces termes la trombe marine : « D'épaisses vapeurs se répandent sur les flots ; un nuage les surmonte, et, semblable à un monstre dévorant, menace les navigateurs. Bientôt les vapeurs se condensent, et sans autre appui qu'elles-mêmes, s'élèvent en long tuyau jusqu'au nuage qui les aspire. On lui donne alors le nom de *colonne*. »

Sénèque dit des tourbillons [2] : — « Tant qu'un fleuve coule sans obstacle, son cours est uniforme et en ligne droite ; s'il va heurter contre un rocher qui s'avance du rivage dans son lit, il rebrousse en arrière, replie circulairement ses eaux, qui s'absorbent en elles-mêmes et forment un tourbillon : de même le vent, tant qu'il ne trouve pas d'obstacles, pousse en avant ses efforts ; réfléchi par quelque promontoire, ou resserré par la convergence de deux montagnes, dans un canal étroit et incliné, il se roule sur lui-même à plusieurs reprises et forme un tourbillon semblable à ceux des fleuves.

« Les tourbillons ne sont donc qu'un vent mû circulairement, qui tourne sans cesse autour du même centre, et ranime ses forces par ce tournoiement même : quand cette circonvolution a plus de force et de durée qu'à l'ordinaire, elle produit une inflammation et forme le météore que les Grecs appellent *Prestère*. Ce n'est qu'un tourbillon de feu, mais il produit tous les effets des vents élancés du sein des nuages. Ces tour-

[1] Livre VI, traduction de Lagrange.
[2] *Questions naturelles.*

2

billons emportent les agrès des vaisseaux et soulèvent quelquefois les navires eux-mêmes dans les airs. »

Aristote, dans le troisième livre de la *Météorologie*, décrit aussi la formation des tourbillons : — « Lorsque le vent (*pneuma*) sort des flancs d'un nuage et va frapper le nuage voisin, qui le repousse, il se transforme en giration aérienne ; tel on voit le vent s'engouffrant dans les gorges des montagnes, s'y réfléchir et se résoudre en un *Tourbillon*. Si le vent ne peut rompre son enveloppe nuageuse, il s'y roule, descend vers la terre, où il s'échappe brûlant. Si cette portion du phénomène s'accomplit sans feu, c'est un typhon, une tempête informe.... Mais lorsque le *pneuma*, ce souffle subtil, rompt sa prison, il se nomme *Prestère*, c'est-à-dire brûlant, parce qu'il enflamme l'air et le colore de ses nuances. »

Nous retrouverions la trace de ces relations de l'antiquité dans les récits du moyen âge et les superstitions qui y sont jointes. Le monstrueux phénomène des trombes y garde presque toujours l'empreinte d'une sorte de personnalité, ou tout au moins d'une action directe des puissances malfaisantes. Cette croyance persistait encore lorsque déjà les progrès de la science et de la navigation avaient conduit les marins à une observation plus réfléchie des phénomènes météorologiques.

Dans sa vie de Christophe Colomb, Herrera décrit une effrayante tempête qui assaillit la flottille espagnole dans le golfe du Mexique, sur la côte de Veragua[1]. Une trombe monstrueuse s'avançait sur les bâtiments. Colomb fit arborer l'étendard royal et la conjura en disant avec son équipage les premiers versets de l'Évangile de saint Jean. « L'ayant ainsi coupée, dit Herrera,

---

[1] *Relations des quatre voyages entrepris par Christophe Colomb*, par Don M. F. de Navarrete.

ils s'en crurent garantis par la vertu divine. » —Colomb se décida à retourner au port après cette tempête extra-ordinaire, « n'osant pas attendre, dit-il, l'opposition de *Saturne* sur des mers aussi bouleversées et sur une côte si terrible, parce que presque toujours elle amène des temps violents. »

Camoëns, dans le cinquième chant des *Lusiades*, a joint au récit de la glorieuse navigation de Vasco de Gama la poétique description d'une trombe.

« Te dirai-je les inexplicables phénomènes dont la mer est le théâtre, les bourrasques subites, les noirs ouragans, les nuits ténébreuses, les longs éclairs qui sillonnent le ciel, les éclats de la foudre qui ébranle le monde? Immense et vaine entreprise qui tromperait les efforts d'une voix de fer et d'une poitrine infatigable.

« L'inculte raison du nautonnier, bornée aux leçons de son art, s'abandonne au rapport trompeur des sens. Pour lui tout est prodige ; il n'appartient qu'au génie, éclairé par le savoir, d'apprécier d'un coup d'œil les accidents variés de ce mystérieux univers.

« J'ai vu des feux brillants s'élever du sein des tem-pêtes, et d'un cercle de lumière environner nos mâts. Heureux présages d'un calme prochain, le matelot, battu par l'orage, les prend pour des génies secourables qui ramènent la paix sur les mers.

« J'ai vu.... non, mes yeux ne m'ont point trompé, cette fois j'ai partagé la commune épouvante : j'ai vu se former sur nos têtes un nuage épais qui, par un large tube, aspirait les vagues profondes de l'Océan.

« Le tube, à sa naissance, n'était qu'une légère va-peur rassemblée par les vents ; elle voltigeait à la sur-face de l'eau. Bientôt elle s'agite en tourbillon, et, sans quitter les flots, s'élève en long tuyau jusqu'aux cieux, semblable au métal obéissant qui s'arrondit et s'allonge sous la main de l'ouvrier.

« Substance aérienne, elle échappe quelque temps à
la vue ; mais à mesure qu'elle absorbe les vagues, elle
se gonfle, et sa grosseur surpasse la grosseur des mâts.
Elle suit, en se balançant, les ondulations des flots ; un
nuage la couronne, et dans ses vastes flancs engloutit
les eaux qu'elle aspire....

« Tout à coup la trombe dévorante se sépare de la
mer, et retombe en torrents de pluie sur la plaine liquide. Elle rend aux ondes les ondes qu'elle a prises ;
mais elle les rend pures et débarrassées de la saveur du
sel. Grands interprètes de la nature, expliquez-nous la
cause de cet imposant phénomène.

« Si les anciens philosophes, que l'amour de la
science entraîna loin de leur patrie, si les Sages de la
Grèce eussent, comme moi, confié leurs voiles à tant de
souffles divers, quel vaste champ d'observation se fût
ouvert pour eux ! Que de précieuses découvertes enri-
chiraient leurs écrits ! »

C'est dans ce « champ immense d'observations », sur
l'immense étendue de l'Océan, ouverte aux navigateurs
par la glorieuse découverte de Colomb, que nous con-
duirons maintenant nos lecteurs. Ils pourront voir dans
la série des relations dont nous avons fait choix, le
progrès de l'art nautique déterminer peu à peu le progrès de la météorologie, et l'interprétation de ses phénomènes se dégager du symbolisme mythologique, des
superstitions et des légendes, pour entrer dans le domaine moins poétique mais non moins merveilleux de
la science, qui nous découvre aujourd'hui, comme les
intuitions religieuses des premiers temps, les rapports
mystérieux des choses. Ces rapports, mêlés jadis à de
nombreuses erreurs, deviendront la source d'une foi
nouvelle, quand la science, sortie des voies purement
expérimentales qu'elle a dû suivre d'abord, remontera
vers la cause des phénomènes, et nous dévoilera dans

sa grandeur infinie, dans son incomparable beauté, la bienfaisante action du pouvoir divin, la participation de l'humanité à ce pouvoir suprême.

Un éminent officier de la marine hollandaise, ami et collaborateur de Maury, le commandant Jansen, a exprimé cette pensée dans une belle description des trombes qui se forment fréquemment dans la mer de Java, à l'époque du renversemeut des moussons :

« L'électricité qui se dégage des masses au sein desquelles elle accomplit mystérieusement, dans le calme et le silence, la puissante tâche que la nature lui impose, se révèle alors avec une éblouissante majesté. Ses éclairs et ses éclats remplissent d'inquiétude l'esprit du marin, sur lequel aucun phénomène atmosphérique ne fait une impression plus profonde qu'un violent orage par un temps calme.

« Nuit et jour le tonnerre gronde. Les nuages sont en mouvement continuel, et l'air obscur, chargé de vapeur, tourbillonne. Le combat que les nuages semblent à la fois appeler et redouter les rend, pour ainsi dire, plus altérés, et ils ont recours aux moyens les plus extraordinaires pour attirer l'eau. Lorsqu'ils ne peuvent l'emprunter à l'atmosphère, ils descendent sous la forme d'une trombe et l'aspirent avidement à la surface de la mer. Ces trombes sont fréquentes aux changements de saison, et surtout près des petits groupes d'îles, qui paraissent faciliter leur formation. Elles ne sont pas toujours accompagnées de vents violents. Fréquemment on en voit plus d'une à la fois, et il arrive alors que les nuages d'où elles proviennent se dispersent dans toutes les directions en même temps que la trombe se courbe en se redressant et se brise par le milieu.

« Le vent empêche souvent la formation des trombes d'eau. Mais, à leur place, des trombes de vent s'élèvent avec la rapidité d'une flèche, et la mer semble faire de

vains efforts pour les abattre. Les vagues furieuses se
soulèvent, écument et mugissent sur leur passage ; malheur au marin qui ne sait pas les éviter !

« .... En contemplant la nature dans son universalité,
où l'ordre est si parfait, que toutes les parties, par le
moyen de l'air et de l'eau, paraissent se prêter un mu-
tuel secours, il est impossible de ne pas admettre l'idée
de l'unité d'action. Nous pouvons donc conjecturer
qu'au moment où cette union des éléments est troublée
ou détruite par l'influence de causes externes ou locales,
la nature montre sa toute-puissance dans les prodigieux
efforts qu'elle fait pour combattre les forces perturbatrices, pour rétablir l'harmonie par l'action des forces
souveraines, mystérieuses, qui   aintiennent l'ordre et
l'équilibre. »

II

LES TROMBES

Dans les descriptions du chapitre précédent règne une
confusion entre deux genres de trombes qu'il importe
de distinguer quand on veut s'enquérir des causes auxquelles la production de ces météores doit être attri-
buée. A côté des terribles typhons, des prestères dévas-
tateurs, on observe un phénomène qui ne présente nullement leurs dangers. On le reconnaît dans le tableau
tracé par Camoëns, en le dégageant de certains traits
que la crainte et l'exagération y ont presque toujours
ajoutés. Voici, d'après une remarquable notice du commandant Mouchez[1], qui résume de nombreuses obser-

[1] *Annuaire de la Société météorologique de France*, t. XXII,
1874.

vations personnelles, ce qu'il considère comme constituant le type de ce genre de trombes.

Elles prennent toujours naissance au bord inférieur d'un nuage, d'un *nimbus* fort dense et très-bas dont elles ne sont qu'un appendice, et paraissent ne pouvoir se former qu'en calme plat ou par une très-faible brise ; un vent même modéré les dissipe immédiatement. En général le ciel est alors dégagé en quelque point de l'horizon, couvert dans d'autres de nuages très-denses, terminés inférieurement par une ligne droite horizontale et dans la partie supérieure par des masses floconneuses beaucoup plus claires; la ligne inférieure se dessine souvent sur un ciel bleu ou voilé de légers cirrus.

« Quand ces circonstances se présentent, dit le commandant Mouchez, avec d'autres encore inconnues, on voit se former près de la partie inférieure du nuage une protubérance qui descend lentement vers la mer et prend bientôt la forme d'une colonne ou tube, qui reste verticale si le calme est absolu et s'ondule légèrement s'il existe quelque souffle de brise. Lorsque ce tube, dont la partie supérieure est toujours enveloppée d'un second tube ou manchon plus diffus, a atteint les quatre cinquièmes environ de la hauteur du nuage, on voit la surface de l'eau commencer à bouillonner légèrement sous la trombe si celle-ci est verticale, et en faisceau oblique faisant l'angle de réflexion égal à l'angle d'incidence si la trombe est inclinée. Pendant que cette émission de vapeur ou d'eau a lieu, le tube s'éclaircit de plus en plus et finit par ne plus apparaître que sous la forme de deux traits noirs très-déliés. Quand le jet de vapeur a cessé, la trombe paraît avoir terminé son œuvre, car elle commence à se dissoudre par sa partie inférieure et à remonter vers le nuage dans lequel elle va bientôt se perdre. »

Le phénomène présente divers cas particuliers :

« Quelquefois, au lieu d'un seul tube, on en voit deux ou trois l'un dans l'autre, tous parfaitement concentriques, réguliers et toujours limités par des lignes fort nettes. La finesse et la netteté de ces lignes noires est un fait très-curieux et très-caractéristique. Il arrive fréquemment que l'axe lui-même est dessiné par une ligne centrale se prolongeant en dehors du tube jusqu'à la mer. »

Dans une des trombes observées, après la cessation du jet de vapeur, le tube, au lieu de se dissoudre, conserva sa forme intacte et se transforma en une sorte de cheminée d'appel. On distinguait nettement dans l'intérieur de petits flocons de vapeur remontant lentement vers le nuage en oscillant d'un côté à l'autre. Ce mouvement d'ascension, assez lent, ne présentait toutefois rien de tourbillonnant.

Plusieurs trombes peuvent naître d'un même nuage; le plus souvent il y en a alors qui se dissipent sans avoir atteint leur complet développement.

Quelquefois des trombes ont leurs deux extrémités évasées en forme d'entonnoir; leur bouche inférieure paraît s'élargir comme sous une forte pression, et le jet devient divergent comme celui qui sort d'une pomme d'arrosoir.

Le commandant Mouchez n'a jamais vu ni éclairs ni tonnerre accompagner les trombes. La pluie précédait rarement le phénomène, mais lui succédait presque toujours. Il a mesuré plusieurs trombes vues à un ou deux milles dans le golfe Persique et les îles de la Sonde. Le diamètre inférieur du tube variait entre 5 et 20 mètres; le diamètre supérieur était deux ou trois fois plus grand. La hauteur du nuage était comprise entre 200 et 500 mètres. Le clapotis de la mer formait un cercle quatre à cinq fois plus grand que le diamètre du tube; la hauteur des vagues soulevées sous la trombe

n'atteignait jamais un mètre, de sorte que le seul in-
convénient qu'une embarcation y aurait rencontré se
serait probablement borné à une forte douche de vapeur ou d'eau. Aucune des trombes aperçues ne pouvait présenter de danger pour un navire.

D'après l'impression produite sur les personnes qui
entouraient l'observateur, la cause de la formation des
trombes était la chute d'une masse de vapeur, d'eau ou
simplement d'air refroidi à travers un nuage dont elle
entraînait une partie. C'est ce que faisait conclure la
présence constante de nuages très-noirs et très-circon-
scrits au lieu d'origine de la trombe. Ces nuages devaient être d'une force de cohésion toute particulière
pour céder sans se déchirer et s'allonger en forme
de sac ou de tube. Quand, à mesure qu'il s'allongeait
ainsi, le tube devenait plus mince, il finissait par se
déchirer vers le bas pour laisser échapper son contenu
en jet vers la mer.

L'amiral Page a signalé cet écoulement par l'orifice
inférieur de la trombe dans la description d'un de ces
météores qu'il rencontra en naviguant dans le détroit
de Bahama. Le jet avait l'apparence d'un cône dont la
base se trouvait à la surface de la mer, agitée par un
fort clapotis, et dans lequel la lumière du soleil se ré-
fléchissait. On avait remarqué que jusqu'au moment où
l'eau commença à tomber en gerbe, la couleur de la
trombe s'était de plus en plus assombrie jusqu'au gris
très-noir; mais à mesure que la pluie s'écoula, elle reprit une teinte plus claire.

Le phénomène inverse se produisit dans une trombe
observée sur la côte d'Algérie par le docteur Bonafous[1].
La colonne descendit vers la surface de la mer dont
l'eau parut venir à sa rencontre en s'élevant à une cer-

[1] *Bulletin de l'Association scientifique de France.* Avril 1874.

taine hauteur. « A peine avait-elle touché la masse liquide que celle-ci fut fortement agitée dans une grande
étendue et qu'un mouvement d'ascension, pareil à celui
d'un siphon où le vide a été fait, s'établit dans l'intérieur
de la colonne. Le mouvement, que nous avons vu distinctement, se faisait en spirale, depuis le sommet, en forme
de suçoir, jusqu'à sa base qui se confondait avec le nuage.
Cette spirale, dans laquelle on distinguait le courant
ascendant et rapide de l'eau, suivait les dimensions de
la trombe qui, très-étroite à sa partie inférieure, allait
en s'élargissant. Parvenu à la partie supérieure, le volume d'eau semblait se raréfier pour se confondre avec
le nuage qu'il grossissait à vue d'œil. »

Suivant plusieurs relations, un vent violent a paru
sortir de l'extrémité conique de certaines trombes en
déterminant une dépression plus ou moins profonde
dans l'eau qui s'élevait autour en rempart circulaire ou
jaillissait en une grande gerbe écumeuse à laquelle on
a donné le nom de *buisson* et dont l'approche peut être
dangereuse.

Passons maintenant de la catégorie des trombes, relativement bénignes, à celle des météores qui occasionnent
de terribles désastres par la grande puissance mécanique qu'ils recèlent et les redoutables manifestations
électriques dont ils sont accompagnés. Ces trombes
sont caractérisées par des mouvements giratoires plus
ou moins rapides qui les rapprochent des grandes tempêtes tournantes appelées cyclones, dont nous aurons
à parler dans les chapitres suivants. Cette circonstance
est bien visible dans la relation d'une très-faible
trombe, facilement observable, qui a apparu près de
Dijon en 1843. Le temps était orageux. Un nuage blan-
châtre, de forme conique, se détacha d'une grosse couche de nuages noirs et se rapprocha de la terre en faisant entendre un bruit ressemblant à celui de chariots

roulant dans un chemin pierreux. Il parcourut trois kilomètres en un quart d'heure, sous l'apparence d'un feu
très-pâle, sans faire entendre de détonation sur tous les
points où il était en rapport avec le sol. En passant près
d'un cerisier il en tordit les branches autour du tronc ;
plusieurs gerbes furent enlevées et on trouva le chaume
entortillé autour de ceps de vignes violemment tordus
eux-mêmes. Des hottes remplies d'herbe et divers vêtements appartenant à des laboureurs, furent enlevés à
une hauteur de vingt mètres. La largeur de la bande
où l'on observait des dégâts était de six mètres seulement. Un des témoins laissa la trombe s'approcher de
lui jusqu'à cinq mètres ; mais comme il commençait à
sentir le vent qui se produisait dans son voisinage, il
s'éloigna rapidement. A une certaine distance l'air était
tout à fait calme.

On a vu des bandes ravagées par ces sortes de trombes, longues de 15 kilomètres et ayant jusqu'à 500 mètres de largeur. Les dégâts causés s'observent ordinairement sur les arbres et les édifices. Pour donner une
idée des principaux effets produits, nous extrayons les
détails suivants d'une excellente instruction de M. Ch.
Martins, sur l'observation des phénomènes produits par
ces météores [1].

Un grand nombre d'arbres, même de haute futaie,
sont brisés. Le plus souvent ils sont déchaussés, leurs
racines formant une motte saillante, mais encore adhérente au sol. Généralement on voit les troncs renversés
dans le sens de la marche du météore, les cimes inclinées, de droite et de gauche, vers la partie centrale de
la bande sur laquelle il a passé. Il y a toutefois des cas
où les troncs abattus sont orientés dans les directions
les plus diverses, effet qui témoigne de la grande com-

---

[1] *Annuaire météorologique de la France pour 1849.*

Fig. 4. — Formes de trombes terrestres.

plexité des forces en jeu. De gros arbres ont été lancés à près de quarante mètres de distance, brisant devant eux de très-forts obstacles et tellement retournés qu'ils présentaient leur cime du côté du point de départ.

A côté d'arbres cassés on voit des arbres tordus. Un des effets les plus singuliers consiste dans le *clivage* du bois, qui à partir du sol, ou de 0^m.50 du sol, est divisé sur une longueur de 2 à 7 mètres en lattes ou lanières minces quelquefois comme des allumettes. On trouve ces assemblages de fragments complétement desséchés et privés de séve : ainsi affaibli, le tronc se brise toujours au milieu de la partie élevée. Ce phénomène paraît dû à l'action de l'électricité, car on a pu le reproduire artificiellement par de fortes décharges. C'est la séve qui se vaporise en grande partie et fendille le bois en tous sens. « Les arbres clivés, dit M. Martins, sont comparables aux chaudières brisées par l'expansion de la vapeur d'eau. » La séve vaporisée ressemble à une épaisse fumée qui se maintient au-dessus de la partie dévastée de la forêt, et dont la couleur brune provient probablement des particules terreuses entraînées dans l'air par le courant électrique.

L'action de l'électricité est d'ailleurs prouvée par ce fait remarquable que les arbres résineux, mauvais conducteurs, ne sont jamais clivés. Le courant passe d'ordinaire dans une partie seulement du tronc, qui se dessèche pendant que l'autre partie reste vivante ; d'un côté les feuilles sèchent sur les branches attenantes, de l'autre elles restent vertes. Souvent, sur des arbres demeurés debout, on remarque une multitude de feuilles noircies et desséchées aussitôt après le passage de la trombe, ce qui est probablement encore un effet du passage de l'électricité. On a nommé *routes de vent* les tranchées quelquefois fort longues que trace le passage des trom-

bes à travers les forêts en abattant les arbres sur une
largeur assez grande, mais nettement limitée.

Les dégâts produits dans les édifices placés sur le passage des trombes vont jusqu'au renversement d'assez
gros murs, au soulèvement et au déplacement des toits,
dont les ardoises sont emportées au loin avec une
grande vitesse, à des projections en hauteur du carre-
lage des parquets, à la torsion des barres de fer, au bris
des poutres, à la fusion des menus objets métalliques
et à la plupart des puissants effets du passage de la
foudre.

M. Ch. Martins signale comme circonstance météorologique précédant l'apparition d'une trombe la baisse
rapide du baromètre, et fort souvent une chaleur étouffante se manifestant dans l'atmosphère. Beaucoup de
trombes ont été accompagnées du singulier phénomène
de la foudre globulaire, qui a des propriétés très-diffé-
rentes de celles de la foudre ordinaire. Dans les récits
où elle figure on la décrit comme arrivant sous la forme
d'une boule de feu, marchant avec assez de lenteur pour
que cette forme puisse être parfaitement reconnue, suivant des routes dont il est difficile de se rendre compte,
s'arrêtant même pendant près d'une minute avant d'éclater et de produire les effets les plus terribles du tonnerre.

Avec les trombes apparaissent aussi d'abondantes
averses de grêle dont la formation paraît liée, comme
nous le verrons, à l'électricité, ainsi qu'au mouvement
giratoire de ces météores. La pointe de leur cône paraît
souvent avoir l'éclat d'un métal rougi au feu, et être le
siège d'énergiques attractions ou répulsions. Son passage au-dessus d'une étendue d'eau peut déterminer des
décharges fulminantes assez fortes pour tuer les poissons qu'elle renferme et pour vaporiser une grande partie du liquide.

Les trombes ont été l'objet de diverses explications, souvent d'un caractère trop exclusif, et aujourd'hui encore il y a peu d'accord dans les ouvrages qui en traitent, tant à l'égard de leur mode de formation que de l'influence plus ou moins prédominante des différentes forces naturelles auxquelles on doit attribuer les phénomènes que nous avons décrits. Nous allons entrer dans plus de détails sur les théories produites, en faisant connaître les découvertes nouvelles, propres à les rectifier et à étendre l'horizon étroit dans lequel leurs auteurs se sont généralement tenus.

Nous mentionnerons d'abord une tentative d'explication due à Monge, qui fait naître les trombes des forces mécaniques des vents. Elles résultent suivant lui de l'action de deux courants de directions contraires et d'une grande rapidité, communiquant à la masse d'air qui les sépare une rotation autour d'un axe vertical. De semblables mouvements se présentent dans les eaux courantes, et on a souvent l'occasion de les observer dans les tourbillons de poussières qu'ils soulèvent. Le mouvement giratoire établi, les molécules d'air entraînées acquièrent bientôt une force centrifuge qui, en les écartant vers la circonférence, diminue la pression de celles qui se trouvent près de l'axe. « Le premier effet de cette diminution de pression, lorsqu'elle est assez considérable, est de porter l'air qui avoisine l'axe au delà du point de saturation, de le forcer à abandonner une certaine quantité d'eau, de perdre sa transparence et de présenter l'aspect d'un nuage en colonne verticale.... Les molécules d'eau abandonnées, se réunissant en vertu de l'inégalité de leurs vitesses centrifuges, composent les gouttes qui se dispersent latéralement, et forment une pluie, dont l'abondance dépend de la rapidité du mouvement de rotation et qui peuvent se convertir en grêle, lorsque leur vitesse de projection ou la hau-

3

teur de leur chute est suffisante. L'air, qui afflue par les deux extrémités de la colonne pour entretenir le phénomène, entraine avec lui les objets qui ne peuvent lui faire résistance. » Les nuages sont ainsi introduits par en haut, et quelquefois, dans un passage sur la mer, l'eau monte par en bas. Mais cette double aspiration soulève de grandes difficutés, que le commandant Mouchez évite dans des vues théoriques analogues aux précédentes en admettant un mouvement unique suivant l'axe ascendant ou descendant.

« Le sens de ce mouvement, dit-il, sera généralement commandé par la direction des forces qui ont donné naissance au couple initial. Dans les tourbillons des rivières formés en aval des obstacles, la chute de l'eau donne naissance à une force verticale du haut en bas qui décide du sens descendant du mouvement. A la surface et près du sol, au contraire, les tourbillons d'air seront toujours ascendants, parce que la présence du sol, s'opposant au mouvement de haut en bas, une masse d'air et de poussière, entrainée dans le centre du tourbillon, n'a d'autre issue que par en haut. Mais il n'en sera pas de même pour les tourbillons qui pourraient se former dans les hautes régions; là le mouvement pourra être ascendant ou descendant, selon la direction des forces initiales. »

Il y a lieu de citer comme exemple de mouvement giratoire produit par la rencontre de masses d'air les tourbillons indiqués par les couronnes de fumée que font souvent naître les coups de canon. Un mouvement de translation s'ajoute au mouvement très-visible de giration.

Le P. Secchi fait au sujet des mouvements giratoires cette remarque importante que les trombes doivent se former et se transporter suivant les lois du mouvement ondulatoire, c'est-à-dire qu'il n'y a pas transport d'une même masse d'air en rotation, mais transmission graduelle des mouvements giratoires à travers les couches successives d'une portion déterminée de l'atmosphère, comme cela a lieu pour les vagues de la mer, pour les tourbillons d'un fleuve ou les tourbillons de poussière. Il cite à l'égard de ces derniers l'exemple suivant. « Procédant un jour sur la voie Appienne à la mesure d'une base, je vis s'élever du côté de la mer un tourbillon de poussière vertical très-mince, de deux mètres de diamètre environ ; il traversa la route en un point voisin de notre station et alla se perdre dans les montagnes à une distance de six kilomètres au moins. L'air était parfaitement calme, et nous ne remarquâmes aucun courant contraire pouvant expliquer la formation de ce tourbillon. »

On ne pourrait comprendre, si les trombes ne se propageaient pas ainsi, comment dans le trajet de plusieurs lieues elles pourraient lancer des torrents de pluie, alors qu'une seule décharge suffirait pour débarrasser la masse d'air tournoyante de toute l'eau qu'elle renferme à l'état de vapeur. Il y a cette différence entre la propagation des tourbillons et celle des ondes que dans ce dernier cas il y a seulement déplacement autour de la position d'équilibre, tandis que dans le premier un mouvement de translation dont la vitesse est une composante de celle du tourbillon s'y ajoute. Nous verrons d'ailleurs plus loin que les tourbillons comme les ondes, à mesure qu'ils s'éloignent du centre d'ébranlement, gagnent toujours en étendue ce qu'ils perdent en vitesse.

Un grand nombre de météorologistes rattachent la formation des trombes à une théorie qu'on peut désigner sous le nom de physique, si on la compare à la théorie mécanique dont nous venons de parler. Elle a été soutenue en premier lieu par le physicien américain

Espy, et nous la trouvons très-bien développée dans le récent *Traité de météorologie*, de M. H. Mohn[1], directeur de l'observatoire de Christiania.

L'atmosphère est dans un état stable, quand en s'y élevant la température diminue lentement et régulièrement; par tout écart de cette loi l'équilibre devient instable. Si les couches inférieures s'échauffent rapidement, ainsi que cela arrive quand, pendant le calme, le soleil darde vivement sur un sol très-absorbant, comme sur le sable d'un désert par exemple, le moindre dérangement suffit pour que ces couches rompent l'équilibre et traversent violemment celles qui les couvrent. Si l'air est riche en vapeur d'eau, l'ascension sera encore facilitée, car avant qu'il atteigne l'altitude correspondante à la condensation de cette vapeur, la chaleur latente dégagée accroîtra encore sa température et par suite la force ascensionnelle du courant. L'air humide, le calme, et une puissante insolation constituent donc les conditions essentielles pour que l'équilibre de l'atmosphère devienne instable, et ce sont les courants ascendants locaux ainsi formés qui produisent les trombes ou les tempêtes giratoires, l'air environnant se précipitant vers l'espace où la pression est diminuée et engendrant sous l'influence de la rotation diurne du globe un rapide mouvement en spirale de bas en haut.

C'est à l'action du soleil sur la surface supérieure des couches nuageuses de cumulus que l'on a attribué la formation des longues colonnes de vapeur, appelées *trombes internubaires*, qui surgissent parfois comme des fusées jusqu'à la couche des cirrus, ces nuages à particules glacées que les aéronautes ont rencontrés partout dans les hautes régions de l'atmosphère. Toutefois, d'après les descriptions que nous connaissons de ce phéno-

---

[1] *Grundzüge der meteorologie.* Berlin, 1874.

mène, il paraît certain que l'électricité y joue un rôle
très-important. Ces descriptions sont dues à MM. Rozet
et Hossard, officiers d'état-major, qui ont eu souvent
l'occasion d'observer ces mouvements des nuages pendant leurs travaux topographiques dans les Alpes et les
Pyrénées. Ils ont constaté qu'ils sont un signe assuré
de la prochaine explosion d'un orage. Franklin et de
Saussure avaient déjà fait cette remarque que les orages
n'apparaissent jamais lorsqu'il n'existe qu'une seule
couche de nuages. « Lorsque le mauvais temps est prochain, dit M. Rozet[1], les cirrus descendent en passant à
l'état de cirro-stratus, et de la surface supérieure des
cumulus, où se manifestent des mouvements violents,
s'élèvent des colonnes qui, parvenues à une certaine
hauteur, s'étalent en champignons. Si ces champignons
sont nombreux, ils se réunissent et forment une couche
plus ou moins régulière. Cette dernière pousse bientôt
en haut des ramifications qui vont au-devant des cirrus
tombants, et alors, souvent au milieu des éclairs et du
tonnerre, il se forme des nimbus qui n'offrent plus
qu'une grande confusion accompagnée de mouvements
violents dans la masse et de vents froids soufflant dans
diverses directions. »

Ces derniers mouvements ont un caractère giratoire
bien marqué qu'on a constaté directement dans un certain nombre d'orages, où ils soutenaient des flots de
grêle circulant en spires horizontales. L'observation
suivante a été faite, par M. Lecocq, professeur à la Fa-
culté de Clermont, pendant qu'il se trouvait sur le sommet du Puy de Dôme. « En face de moi, dit-il, je vis
distinctement, à cinquante mètres, la grêle se précipiter des nuages inférieurs et tomber sur le sol. Le
nuage qui la laissait épancher avait les bords dentelés

---

[1] *De la pluie en Europe.* Paris, 1855.

et offrait dans ses bords mêmes un mouvement de tour-billonnément qu'il est difficile de décrire. Il semblait que chaque grêlon fût chassé par une répulsion élec-trique ; les uns s'échappaient par-dessous, les autres en sortaient par-dessus. Enfin ils partaient dans tous les sens.... Après cinq ou six minutes de cette agitation extraordinaire, à laquelle les bords antérieurs des nua-ges semblaient seuls participer, la grêle cessa, l'ordre se rétablit, et le nuage à grêle, qui n'avait pas cessé de s'avancer très-vite, continua sa route vers le nord, laissant apercevoir dans le lointain quelques traînées de pluie qui arrivaient à peine sur le sol et parais-saient plutôt se dissoudre dans la couche inférieure de l'atmosphère. »

Le courageux savant resta à son poste malgré le danger des explosions électriques, et il fut enveloppé par un autre nuage dans lequel des couches de grêlons se mouvaient aussi avec une grande vitesse et où ces globules, à peu près de la grosseur d'une noisette, avaient eux-mêmes un mouvement de rotation. Il en-tendit un bruit confus formé par les sifflements qu'oc-casionnait leur passage dans l'air. Le nuage n'en laissa tomber qu'un petit nombre et ce n'est qu'à une demi-lieue de la montagne qu'il laissa échapper l'averse.

La connexion entre les chutes de grêle et les mani-festations électriques a été établie par de nombreuses observations, et assez souvent on a vu des grêlons lu-mineux tomber sur le sol. Il est probable que l'électri-cité est conduite par des trombes internubaires des hautes régions où, d'après les aéronautes, elle existe à l'état positif avec une tension toujours croissante, vers la région des cumulus formés par les vapeurs de la sur-face terrestre qui sont chargées d'électricité négative. L'équilibre rompu est rétabli par les orages. Toutefois, d'après M. Rozet, il y a des cas où les couches de cir-

rus et de cumulus, au lieu de rester séparées par des
distances d'un ou deux kilomètres, se rapprochent assez pour que de fortes décharges électriques s'établis-
sent entre elles.

La théorie dont le physicien A. Peltier a accompagné
dans son *Traité des trombes*[1] une nombreuse et intéressante série de descriptions de ces météores est entièrement fondée sur l'intervention de l'électricité, à laquelle il attribue leur formation et tous les phénomènes
dont ils sont le siége; mais l'état de la science, à l'é-
poque de la publication du livre, ne fournissait que
des moyens insuffisants pour résoudre plusieurs questions importantes. Outre la charge électro-statique qui
se porte à la surface d'un nuage, une portion considérable était supposée rester autour de chaque vésicule
de vapeur, et Peltier pensait que c'est surtout par l'effet de la somme de ces dernières tensions que l'attraction se manifeste entre le nuage et le sol, et qu'une
trombe peut descendre de la couche des nimbus. Cette
trombe était considérée par lui comme un conducteur
imparfait, et il cherchait à en réaliser les conditions
dans diverses expériences. Mais il ne disposait que de
forces électriques assez faibles, et ses essais sont loin
d'avoir la valeur démonstrative d'une expérience faite
au milieu du dernier siècle, par le physicien de Romas,
à l'aide d'un cerf-volant électrique lancé au milieu des
nuées orageuses. Le 7 juin 1753, cet appareil fut
porté sur une allée de la promenade extérieure de la
ville de Nérac. Après plusieurs tentatives vaines, on
parvint à le maintenir d'une manière permanente à la
hauteur de 550 pieds. Romas attacha à la partie inférieure de la corde un cordonnet de soie auquel il sus-

---

[1] *Observations et recherches expérimentales sur les causes qui
concourent à la formation des trombes*, par Ath. Peltier. Paris, 1840.

pendit une lourde pierre en la mettant sous un auvent
à l'abri de la pluie. Au-dessus du cordonnet il fixa à la
corde un cylindre de fer-blanc long d'un pied et d'un
pouce de diamètre qui, communiquant avec un fil de
cuivre descendant du cerf-volant, devait servir à tirer
des étincelles si l'électrisation avait lieu. Un excitateur
métallique, qu'une chaînette de fer liait à la terre, était
tenu à l'extrémité d'un long tube de verre. Les premières décharges furent très-faibles; elles provenaient
de petits nuages détachés de l'orage. Toute l'assistance
s'amusa pendant quelque temps à faire partir des étincelles avec les doigts. Une heure se passa ensuite sans
aucune manifestation. Les étincelles reparurent alors.
Tout à coup Romas fut frappé d'une commotion terrible. L'orage s'approchait. Des nuages noirs se montrèrent au-dessus du cerf-volant et à 60 degrés à la ronde.
Les étincelles, d'abord de un à deux pouces, atteignirent ensuite la longueur d'un pied avec une très-forte
explosion. Le danger croissait à chaque instant, mais
Romas continua courageusement l'expérience, observant tous les phénomènes avec le plus grand calme.
Différentes circonstances qui ont été remarquées dans
les trombes se produisirent alors. Un bruit comparable
à celui d'un soufflet de forge se fit entendre. Une sorte
d'atmosphère lumineuse de quatre pouces de diamètre
enveloppait la corde, et plusieurs pailles soulevées de
terre paraissaient attirées par le cylindre en fer-blanc,
« sautillant comme des marionnettes. » Avec une très-
forte explosion, une vive étincelle, comparable à une
longue lame de feu, atteignit l'une de ces pailles qu'on
vit alors s'élever le long de la corde du cerf-volant.
Jusqu'à une distance de 250 pieds elle parut tantôt attirée, tantôt repoussée, et dans le premier cas il en
partait des lames de feu accompagnées de détonations;
comme ces lames se montrèrent ensuite tout près du

cerf-volant, on put penser que la paille y était parvenue. On constata qu'à partir du moment où les étincelles devinrent très-fortes, les nuages ne donnèrent plus d'éclairs.

La lueur rouge qui apparaît souvent à la partie inférieure du cône des trombes, aussi bien que les attractions qui s'y manifestent, se trouvent représentées ici par la gaine lumineuse du fil de communication et la violente agitation des pailles. Peltier pense que celle de ces pailles qui est montée avec un mouvement apparent de zigzag jusqu'au cerf-volant, a tourné en spirale autour de la corde, et il y voit une grande analogie avec la circulation des éléments des trombes autour de leur axe.

Aujourd'hui l'emploi de très-forts courants d'électricité dynamique, qui réunissent à la fois la quantité et la tension, ont non-seulement confirmé les résultats des premières expériences faites à l'aide de l'électricité soutirée aux nuages, mais encore on a pu reproduire un plus grand nombre des phénomènes observés dans les trombes. Nous avons surtout en vue les très-intéressantes et nouvelles recherches[1] dues à un habile expérimentateur, M. G. Planté, qui ont en outre mis en évidence le rôle d'un élément important, le magnétisme terrestre, négligé jusqu'ici.

Ces recherches ont été exécutées à l'aide d'une pile électrique d'une très-grande puissance dont les décharges étaient dirigées par des fils de platine dans un bassin de verre, appelé voltamètre, qui contenait de l'eau acidulée. M. Planté a fait connaître d'abord les résultats qui n'ont pas un rapport direct avec les trombes, mais avec le phénomène de la foudre globulaire, dont ces météores sont souvent accompagnés. Ces

---

[1] *Comptes rendus de l'Académie des sciences* en 1875 et 1876.

étranges boules électriques, si dangereuses par leurs explosions, après des parcours dans lesquels elles ne causent aucun dommage, ont été reproduites sur une petite échelle d'une manière très-remarquable. L'expérience était faite dans une eau saturée de chlorure de sodium. Le fil négatif ayant été introduit à l'avance, on amenait le fil positif au contact du liquide, et on voyait aussitôt se former autour de ce fil un petit globe lumineux ayant à peu près un centimètre de diamètre. Dès que le fil était immergé plus profondément, le globule prenait un rapide mouvement giratoire et se détachait comme s'il était attiré par l'autre fil. Il n'était pas gazeux, car dans ces conditions on est assuré que la décomposition de l'eau ne se produit pas ; mais restant liquide il se trouvait dans un état sphéroïdal particulier qui l'isolait et le maintenait illuminé d'un flux d'électricité positive.

C'est à la fin des orages qu'on observe le plus souvent les cas de foudre globulaire ; on peut considérer la portion d'atmosphère humide où elle apparaît comme un vaste voltamètre, et les électrodes (extrémités des fils de la pile) seraient représentées d'une part par un nuage très-bon conducteur, et de l'autre par un point du sol.

M. Planté signale l'analogie du bruissement qui se produit dans ces expériences avec celui qui a été fréquemment observé lors du passage des trombes. Suivant lui, ces météores formeraient des électrodes positives de l'extrémité desquelles s'échappent les puissants courants électriques des nuées orageuses, qui donnent souvent naissance à des éclairs silencieux, à une vive illumination de la pointe de la trombe, ou à des globes de feu, et font bouillonner les eaux dont ils effleurent la surface.

C'est par l'emploi d'une source électrique extrêmement puissante, équivalente au courant de six cents éléments de Bunsen, que des effets de giration ont été obtenus dans le liquide soumis à l'expérience. Une veine d'eau salée, qu'on peut interrompre à volonté et qui communique avec l'électrode positive de la batterie, tombe dans une cuvette dans laquelle plonge le fil négatif et qui est placée au-dessus d'un fort électro-aimant. Aussitôt que le circuit voltaïque est fermé, un filet lumineux apparaît à la partie inférieure de la veine. Il se dégage avec bruissement des jets de vapeur d'eau, et le liquide entourant la chute prend aussitôt un mouvement giratoire. Ce mouvement, rendu apparent par des poussières, est dirigé à l'encontre de la marche des aiguilles d'une montre, si c'est le pôle boréal de l'électro-aimant qui se trouve sous la cuvette, et dans le même sens si c'est le pôle austral. Or il a été reconnu que le mouvement giratoire des trombes est tout à fait analogue à celui qui se manifeste ainsi, suivant qu'on les observe dans l'un ou l'autre hémisphère du globe, dont l'influence magnétique paraît par suite intervenir dans l'action du flux d'électricité qui traverse le météore.

Si, dans cette expérience, au lieu de produire une veine liquide, on met l'orifice d'écoulement en contact avec la surface de l'eau de la cuvette, les signes électriques et lumineux disparaissent presque complétement, tandis que le mouvement giratoire s'accélère beaucoup. Il ressort de là que des trombes qui ne sont pas accompagnées de signes électriques peuvent néanmoins être chargées d'électricité et lui devoir leur rotation; leur conductibilité est alors parfaite. C'est évidemment d'électricité positive que les trombes doivent être chargées, car à une électricité négative correspondrait une rotation inverse.

Des phénomènes remarquables se manifestent encore lorsqu'on met l'électrode positive en contact avec la paroi même de la cuvette, en même temps qu'on fait communiquer le liquide avec le pôle négatif de la batterie. Outre les sillons lumineux et l'abondante vapeur dont nous avons signalé la production, il se forme alors un violent remous dans le liquide, auquel M. Planté donne le nom de *mascaret électrique*, et qui élève l'eau à un centimètre et demi de son niveau. Plusieurs de ces monticules peuvent même se former dans le cas où le fluide rencontre de la résistance dans son trajet.

M. du Moncel, dans ses beaux travaux sur l'électricité, a décrit des expériences dans lesquelles il a obtenu des filets liquides continus par des actions électriques. De son côté, M. Planté a vu des gouttelettes de vapeur condensée se mouvoir le long du fil de platine positif.

Le flux électrique peut donc d'une part repousser ou soulever des masses d'eau comme un vent violent, et d'autre part entraîner les gouttelettes aqueuses des nuages vers la terre, de manière à favoriser la formation ou l'entretien d'une trombe.

L'électricité dynamique peut-elle aussi produire l'ascension d'une colonne liquide et expliquer les effets d'aspiration des trombes que nous avons mentionnés? Une autre expérience de M. Planté, faite avec le même appareil, tend à résoudre cette question d'une manière affirmative. Elle consiste à introduire le fil positif dans un tube vertical plongé dans l'eau, jusqu'à une certaine distance de l'orifice inférieur. Aussitôt on voit le liquide s'élever à environ trente centimètres de hauteur, s'élancer encore au-dessus de ce niveau et retomber en une nappe sillonnée de jets de vapeur et d'étincelles. Il y a un vide produit autour de l'extrémité du fil où la vapeur se forme et ensuite se condense, constituant en quelque sorte une pompe voltaïque. « On conçoit, dit M. Planté, que dans les trombes, qui offrent une apparence tubulaire, le passage de l'électricité détermine des effets d'aspiration très-énergiques, qui, s'exerçant sur toute la longueur de la colonne électrisée, peuvent élever l'eau à une hauteur indéfinie, et font désigner aussi ces météores sous le nom de *pompe* ou de *siphon*, dans certaines parties du monde. L'eau aspirée peut provenir des parois du canal vaporeux lui-même et l'en s'expliquerait ainsi l'observation relative à l'absence du sel dans l'eau retombant des trombes marines. »

Le même ordre d'expériences a permis à M. Planté d'envisager le phénomène de la grêle à un nouveau point de vue très-intéressant. Ce météore lui paraît pouvoir être attribué à la brusque vaporisation de l'eau des nuages par l'effet calorifique des éclairs multipliés qui les traversent, et par la congélation de cette vapeur quand elle se produit dans les régions froides de l'atmosphère, ou lors de la rencontre de deux masses nuageuses dont l'une se trouve à une température très-basse. M. Colladon a signalé de violents orages à grêle dans lesquels des milliers d'éclairs se succédaient en une heure, formant un immense incendie permanent. Ainsi que M. Lecocq, sur le Puy de Dôme, M. Rozet a observé des mouvements rapides au milieu des nuages à grêle, et la transformation des cirrus en nimbus, dont il a été souvent témoin, provient vraisemblablement de la vaporisation des petits cristaux qui les constituent.

M. Planté décrit une expérience qui met en relief dans la formation de la grêle l'action mécanique engendrée par un flux électrique très-puissant au sein des masses aqueuses. « On obtient, dit-il, par l'immersion du fil positif, au lieu d'un globule unique, une *gerbe* d'innombrables globules ovoïdes qui se succèdent avec une excessive rapidité, et sont projetés à plus d'un mètre de distance du vase où se fait l'expérience. L'étincelle produite en même temps à la surface du liquide se présente sous forme de couronne ou d'auréole à pointes multiples, d'où jaillissent les globules aqueux.

« La métallité de l'électrode n'est pas nécessaire pour obtenir cet effet : un fragment de papier à filtrer, humecté d'eau salée, en communication avec le pôle positif, produit également le phénomène. et constitue une masse humide analogue, jusqu'à un certain point, à celle d'un nuage où s'écoulerait un flux électrique.

« Si au lieu de rencontrer une couche profonde de liquide, le courant ne rencontre qu'une surface humide telle que les parois mêmes ou le fond incliné de la cuvette, les effets calorifiques prédominent, l'auréole est plus brillante, et l'eau est rapidement transformée en vapeur.

« L'action du courant diffère donc suivant la résistance qui lui est opposée, et l'on trouve ici un nouvel exemple de substitution réciproque de la chaleur et du travail mécanique résultant du choc électrique. Lorsque le travail représenté par la projection violente du liquide apparaît, il n'y a pas de chaleur ni de vapeurs développées, et, quand aucun travail visible n'est accompli, lorsque le liquide n'est pas projeté, il y a chaleur engendrée et dégagement de vapeur. »

Dans les nuages l'un ou l'autre effet est produit par les décharges électriques suivant leur plus ou moins grande densité ; les globules liquides peuvent être projetés très-haut jusque dans un milieu dont la température est beaucoup plus basse que celle du milieu où les décharges ont lieu. La formation des grêlons à structure rayonnante à partir du centre s'explique très-bien ainsi ; ils sont congelés sous le volume même qu'ils ont quand ils sont lancés et leur forme ovoïde ou pyramidale est par suite due à leur origine électrique, qui rend ainsi compte de la lueur dont on les voit quelquefois entourés. Ceci n'exclut pas la formation des grêlons par

voie d'accroissement successif au sein des tourbillons
électrisés, dont nous avons parlé, et qui naissent sous
l'influence magnétique du globe. Il faut ajouter pour
l'explication complète du phénomène de la grêle l'action des courants atmosphériques qui entraînent, divisent ou rassemblent, sur leur passage, les masses nuageuses électrisées, les élèvent vers les régions froides
ou abaissent la température de l'air autour d'elles et
les dirigent, suivant la configuration du sol, vers les localités où l'observation montre que la grêle apparaît de
préférence.

Il y a cependant quelque difficulté à expliquer par
les décharges multipliées de la foudre, les averses de
grêle tombant sur des bandes de territoire très-éten-
dues, comme celles par lesquelles fut accompagné l'o-
rage mémorable du 13 juillet 1788, qui étendit ses ravages depuis la France, sur une grande partie de
laquelle il passa, jusqu'à la mer Baltique, couvrant de
très-gros grêlons deux bandes parallèles, larges de trois
à quatre lieues chacune. On s'est alors demandé s'il ne
fallait pas chercher plutôt dans les régions élevées la
principale cause des orages et des trombes, et une théorie fondée sur cette hypothèse a été successivement
élaborée. « Il serait bon, disait sir J. Herschell dans
son *Traité d'astronomie*[1], de rechercher si les ouragans
des régions tropicales ne résulteraient pas de la descente
trop subite des courants supérieurs de l'atmosphère qui
n'auraient pas le temps de se mêler avec les couches
inférieures, et de perdre leur vitesse par le frottement
sur la surface terrestre, contre laquelle ils viennent se
heurter avec une impétuosité destructive, et dans des
circonstances qu'on ne connaît pas encore suffisamment. » Il ajoutait que si deux masses viennent se ren-

---

[1] *Traité d'astronomie*, par J.-F.-W. Herschell, traduit de l'anglais
par A. Cournot. Paris, 1856.

contrer au milieu des airs, elles doivent produire un
tourbillon plus ou moins rapide.

Un éminent astronome, M. Faye, a donné récemment
à cette conception un nouveau développement[1], en s'ap-
puyant sur plusieurs découvertes intéressantes dues aux
vaillantes explorations des aéronautes de notre siècle.
Nous avons mentionné celle de ces découvertes qui est
relative à la forte tension électrique. On peut imaginer
aux hauteurs de trois à six kilomètres une vaste nappe
sphérique chargée d'électricité entourant le globe terrestre, dont elle se trouve séparée par des couches d'air
dans lesquelles cet agent a une tension beaucoup moindre ou nulle. Le mouvement annuel du soleil imprime
à cette nappe une fluctuation vers l'un ou l'autre pôle,
pendant laquelle s'opèrent les décharges intermittentes
des orages dans les zones humides et tempérées, et celles
plus régulières des aurores polaires dans les zones glaciales. D'autre part on trouve dans ces régions supérieures de l'atmosphère les nuages composés de très-petits
cristaux de glace appelés cirrus, et les observations d'un
météorologiste norvégien, M. Hildebrandsson, ont constaté qu'ils ont toujours au-dessus des dépressions barométriques, c'est-à-dire au-dessus des orages et des tempêtes tournantes, un mouvement de giration, ce qui est
un indice considérable en faveur de l'opinion d'Herschell. Il faut seulement chercher par quel mécanisme
l'air froid des hautes régions, avec ses vastes amas de
petits glaçons, peut être entraîné dans la région plus
basse, d'altitude limitée, où l'on trouve les nimbus au
milieu desquels éclatent les orages et qui deviennent les
véhicules de la grêle, quoique leur distance au sol leur
assure encore une assez haute température normale.

Pour résoudre le problème il convient de jeter les

---

[1] *Annuaire du Bureau des longitudes pour* 1875

yeux sur la circulation générale de l'atmosphère,
dont le soleil est le moteur, et qui a été l'objet des
études de nos principaux météorologistes. Ils ont montré qu'à partir des couches supérieures de la région
équatoriale descendent, vers les zones tempérées, les
deux grandes nappes des courants contre-alizés dont
les mouvements se révèlent par les cirrus qu'ils transportent et qui poursuivent leur marche sans troubler
les alizés inférieurs. Ces nappes, dont l'épaisseur est
considérable, étant animées d'une assez grande vitesse,
il ne s'agit plus que de savoir comment peut se produire une irruption accidentelle, comme celle dont par-
lait Herschell, de la force vive qu'elles renferment, dans
les couches aériennes plus voisines de la surface terrestre.

C'est par la comparaison des courants de l'atmosphère
avec les courants des liquides que la question paraît
pouvoir être en partie résolue. Bien que l'hydro-dyna-
mique ne soit pas encore une science achevée, on a sur
quelques-unes des matières qu'elle embrasse, et notamment sur les lois relatives aux tourbillons, des notions
théoriques et des faits d'expérience importants. Dans
les premières, la généralité des formules auxquelles un
savant suédois, M. A. Colding, a été conduit, permet
l'assimilation des liquides et des gaz. Après avoir déterminé la forme en entonnoir qu'affecte à l'intérieur la
surface d'un liquide tournoyant, et calculé les pressions
qui s'y manifestent et qui sont croissantes à mesure
qu'on descend vers le fond, il arrive à l'expression, ap-
plicable à un fluide quelconque, des vitesses qui ani-
ment tous les points d'un système rotatoire. Ces vitesses
augmentent à mesure que l'on considère des points de
moins en moins éloignés de l'axe ; mais elles deviennent
nulles à partir d'un maximum, ce qui se vérifie comme
nous le verrons plus loin, d'après ce qu'on sait des ou-

ragans des tropiques et de leur calme central. Ici nous
nous bornerons à rapporter les résultats obtenus par les
auteurs qui se sont occupés du mouvement d'un cours
d'eau dans lequel se manifestent des différences de vitesse entre les filets liquides qui sont juxtaposés latéralement. Ces auteurs ont reconnu qu'il tend à se former
aux dépens des inégalités de vitesse, un mouvement giratoire régulier autour d'un axe vertical, les courbes
décrites par les molécules d'eau pouvant être considérées comme les spires d'une hélice légèrement conique
et descendante : ces molécules en tournant autour de
l'axe s'en rapprochent peu à peu, de telle sorte qu'à la
partie supérieure le mouvement giratoire provoque,
grâce à la force centrifuge, une diminution de pression
et par suite un creux conique dont l'axe coïncide avec
l'axe de rotation. On montre expérimentalement, en jetant des poussières dans l'eau tourbillonnante et en
étudiant les figures qu'elle dessine, que la surface de
séparation du tourbillon et du fluide ambiant est un
cône dont le sommet est tourné vers le bas. Si on suit
une molécule d'eau, à laquelle on a ainsi attaché une
étiquette, on voit que son mouvement s'accroît, en approchant de l'axe, selon une proportion inverse du carré
de l'écartement, mais cet accroissement cesse après
avoir atteint un maximum à une certaine distance, et il
s'établit au delà un espace central vide en forme de
tube, ce qui est conforme à la théorie de M. Colding.
L'évasement supérieur du cône tourbillonnant est souvent très-grand par rapport aux dimensions de l'orifice
inférieur, de sorte qu'une giration très-lente en haut de
l'espèce d'entonnoir ainsi constitué peut acquérir en
bas une grande violence.

Le mouvement descendant des tourbillons des cours
d'eau est bien connu des baigneurs qui le redoutent
avec raison, car ils risquent d'être entraînés dans une

rotation rapide jusqu'au fond, et ne peuvent se sauver qu'en se dégageant par une forte impulsion donnée sur le sol de manière à remonter à la surface. Le comte Xavier de Maistre a décrit d'ingénieuses expériences à l'aide desquelles il a jeté de la lumière sur la nature des mouvements giratoires : une couche d'huile versée sur de l'eau formant un tourbillon descendait jusqu'au fond et remontait ensuite dans le liquide ambiant en gouttelettes très-nombreuses.

L'observation montre en outre que le mouvement giratoire en concentrant à la pointe du cône les forces vives des vastes parois de l'ouverture y peut produire un travail mécanique très-puissant, qui se traduit dans le lit des fleuves par des affouillements considérables ayant la forme d'excavations coniques lorsque des causes dépendant de la forme du rivage rendent un tourbillon stationnaire. C'est à une action de ce genre que les grandes excavations appelées *chaudières de géants* dans la presqu'île Scandinave paraissent devoir être attribuées, ainsi qu'à des pressions tournoyantes exercées par le fond des glaciers, ou à l'eau qui y affluait des conduits qu'on désigne sous le nom de « moulins ». Les grandes masses d'eau qui, d'après les géologues, ont été jadis en mouvement sur le globe, rendraient compte des vastes dimensions de quelques-unes de ces chaudières et de leur rassemblement dans certaines localités. Sur leurs parois latérales on peut remarquer une confirmation de la théorie mentionnée plus haut : elles présentent une foule de rayures qui ont dû y être creusées par les pierres emportées par les eaux tourbillonnantes et qu'on retrouve sous forme arrondie au fond de la cavité.

Suivant M. Faye les mouvements giratoires de l'atmosphère sont tout à fait semblables mécaniquement aux tourbillons des cours d'eau que nous venons de

considérer. Ils se produisent aux dépens des inégalités
de vitesse des grands courants supérieurs horizontaux
des régions supérieures, et se propagent avec leur vitesse et leur direction dans les couches inférieures,
bien que celles-ci soient immobiles ou animées de mouvements différents. Après avoir percé la couche des
nimbus ils apparaissent sous la forme de trombes, de
tornades ou de cyclones, météores de même nature et
ne différant que par leurs dimensions et l'étendue de
leurs parcours.

Réservant la théorie plus complète des plus grands
de ces météores à d'autres chapitres, nous ne résume-
rons ici que ce qui concerne les trombes. Celles que
nous avons désignées sous le nom de trombes internubaires se trouvent naturellement représentées par la partie
supérieure des cônes tourbillonnaires. Ils mettent momentanément les couches supérieures en rapport électrique avec les inférieures et forment en outre un or-
gane propre à la descente des particules aqueuses. Les
cirrus entraînés donneront naissance dans ces couches
inférieures aux orages, aux pluies et à la grêle.

Quand les trombes arrivent au-dessous des nimbus
et jusqu'au sol, la colonne conique est souvent légèrement courbée en arrière par rapport à la direction
qu'elle suit, à cause de la résistance du milieu traversé.
Les tourbillons dont l'axe est trop oblique ne sont pas
persistants et tendent à se détruire en prenant l'allure
de mouvements tumultueux. Pour les trombes qui descendent jusqu'au sol, comme leur énergie giratoire a
pour source les forces puisées dans les rapides courants
des hautes régions et qu'elle arrive, comme dans les
tourbillons liquides, à son maximum de vitesse à la
pointe du cône, le tourbillon aérien y devient assez violent pour que les obstacles qui font saillie sur la surface
terrestre; arbres, édifices, etc.; soient abattus ou brisés.

Fig. 5. — Trombes de sable

La masse d'air tourbillonnante provenant des régions supérieures arrive dans les couches inférieures remplies d'humidité avec une assez faible température ; cette température s'accroît bien par suite de l'augmentation de pression subie par l'air, mais le plus souvent elle reste en retard sur la température ambiante de manière à rendre l'humidité visible et à donner naissance à une gaine nébuleuse. Toutefois, quand il n'y a pas assez de différence entre les deux températures, intérieure et extérieure, ou que les couches traversées par le mouvement giratoire ne renferment pas assez d'humidité, la trombe n'est visible qu'en partie et on aperçoit seulement l'entonnoir supérieur et le pied de la colonne. Le plus souvent quand ce phénomène se présente il ne dure pas longtemps : l'air froid descend bientôt avec plus de rapidité et les tronçons de la trombe se rejoignent.

Nous avons vu que si le cône rotatoire touche dans un liquide le fond au-dessus duquel il se meut, une tumultueuse ascension de filets d'eau se produit autour de lui. De même, à l'extrémité inférieure d'une trombe, la masse d'air qu'elle entraîne se relève en arrivant à la surface du sol, où se forme soit un épais nuage de poussière, soit une gerbe d'écume, selon que cette surface est une étendue de terre ou une nappe d'eau.

En admettant cette analogie entre les tourbillons des fleuves et les trombes, c'est un mouvement hélicoïdal descendant que l'air y doit affecter, et cependant, suivant le plus grand nombre de descriptions données par des témoins ce seraient des spires ascendantes qu'ils y auraient observées, et l'opinion d'après laquelle les trombes pomperaient l'eau qu'elles effleurent est en partie liée à cette observation. Mais d'après M. Faye, il y a à la fois une giration intérieure invisible et une gaine extérieure de brouillards dans laquelle se manifeste une agitation tourbillonnante; c'est par une illusion optique qu'on est conduit à transporter à l'intérieur ce qui se passe à l'extérieur.

M. Faye trouve des appuis pour la théorie qu'il a exposée dans la science spéciale qu'il cultive et qui lui doit de remarquables progrès. Il constate que les mouvements tournants à axe vertical ne sont pas particuliers à l'atmosphère de notre globe; on les retrouve sur d'autres astres, notamment sur le soleil, où ils donnent naissance au phénomène des taches. « Le rôle considérable, dit-il, qu'ils jouent sur cet astre est dû à sa rotation toute spéciale, mais leur nature mécanique étant absolument la même que sur notre globe, l'étude des mouvements giratoires du soleil peut servir tout aussi bien et parfois même beaucoup mieux que l'étude des mouvements giratoires de notre atmosphère, à l'avancement de la mécanique des fluides et de la météorologie. »

On peut considérer comme la caractéristique de la théorie qui précède la giration descendante qui s'opère dans l'intérieur des trombes. Les météorologistes qui la combattent se rattachent au contraire à l'admission d'un courant giratoire central ascendant. Nous avons indiqué le mode de formation de ce courant d'après M. Mohn et il existe certainement dans les colonnes d'air qui traversent quelquefois chez nous l'atmosphère calme pendant les jours les plus chauds de l'été, mais s'évanouissent rapidement, et dans ceux de certaines régions sablonneuses du globe, qui soulevant des flots de poussière, acquièrent de plus grandes dimensions, persistent plus longtemps et donnent des signes d'une forte charge électrique. Ces derniers météores constituent souvent un danger pour les lieux habités aussi bien que pour les caravanes.

Une circonstance relatée par Arago dans le récit d'une trombe qui ravagea l'État de Tennessee en Amérique

dans· une· grande étendue, y montre l'existence d'un
courant ascendant. Ce météore avait une vitesse d'environ treize lieues à l'heure. Dans la partie septentrionale de son trajet, il tomba en même temps des feuilles vertes et des branches qu'il avait arrachées auparavant et qui étaient recouvertes d'une couche épaisse
de glace. Tous ces corps, emportés par le vent, étaient
devenus les noyaux d'autant de grêlons.

On peut citer aussi comme une preuve analogue le
passage suivant de Horsburgh[1] : « J'ai vu passer une
trombe sur la rivière de Canton, qui fit bouillonner
l'eau comme celles qu'on rencontre en mer, et tous les
navires près desquels elle passa évitèrent sur leurs ancres. Elle dépouilla plusieurs arbres de leurs feuilles
qui s'élevèrent dans l'air à une très-grande hauteur,
ainsi que le chaume de plusieurs cabanes. »

Dans son remarquable ouvrage : *Les mouvements de
l'atmosphère et des mers*[2], M. Marié-Davy, actuellement
directeur de l'observatoire de Montsouris, analysant des
descriptions de trombes, constate dans ces météores
deux ordres de faits ayant entre eux un lien commun :
l'écoulement d'une énorme quantité d'électricité vers le
sol et le mouvement giratoire. Rappelant que tout écoulement d'air, comme celui de l'eau dans un entonnoir,
tend nécessairement à la rotation, il admet que celle-ci
a généralement lieu de haut en bas dans les trombes,
et qu'elle devient d'autant plus rapide que l'écoulement
se prolonge davantage et que, s'étendant sur un plus
grand rayon, les vitesses convergentes s'accroissent. Il
donne à l'électricité un rôle très-important. « Cet agent,
dit-il, circule mal dans l'air, même chargé de vapeur
condensée. Une espèce d'adhérence a lieu entre ces

---

[1] *Instructions nautiques sur les mers de l'Inde,* traduites par
M. Le Prédour, capitaine de frégate.
[2] Librairie G. Masson. Paris, 1866.

deux fluides de natures si diverses. L'électricité est attirée des hautes régions vers le sol avec une force égale
à celle avec laquelle elle attire la surface terrestre ou
les corps qui la recouvrent; elle produit, par sa descente, l'entraînement de l'air où elle s'écoule. Ce mouvement vertical prend la forme giratoire, et la rotation,
développant une force centrifuge proportionnée à sa
vitesse, tend à débarrasser l'extrémité inférieure du
tourbillon de l'air qui y afflue par cet axe même. Elle
favorise ainsi le mouvement descendant et le développement des phénomènes observés. Malgré l'extrême exi-
guïté de leur cercle d'action comparé à celui des cyclones, les trombes acquièrent souvent une violence
extraordinaire due à l'énergie de l'appel produit par les
actions électriques.... » Suivant M. Marié-Davy, l'ascension d'une colonne d'air fortement chauffée à la surface
du sol peut aussi produire des effets giratoires analogues à ceux manifestés dans les trombes; mais la fai-
blesse du mouvement primitif entraîne celle du mouvement secondaire.

La corrélation des mouvements de l'air avec les phénomènes du magnétisme et, par suite, avec ceux de l'é-
lectricité, sur laquelle nous appelions l'attention dans
un précédent ouvrage [1], nous paraît surtout devoir être
d'un grand secours pour arriver à une explication complète des trombes, et sous ce rapport l'expérience de la
giration d'un liquide électrisé obtenue par M. Planté
sous l'influence d'un électro-aimant est très-significa-
tive. Nous rappellerons à ce sujet l'opinion du commandant Maury relative à l'influence exercée par le magnétisme terrestre sur les courants atmosphériques,
opinion basée sur la constatation par Faraday de la
propriété paramagnétique dont jouit seul l'oxygène
parmi les gaz, et qui a permis à Humboldt de comparer

[1] *Les Tempêtes.*

l'enveloppe qu'il forme autour de la terre à une arma-
ture de fer doux adaptée à un aimant naturel ou artifi-
ciel de forme sphérique.

C'est à la rencontre des courants atmosphériques,
équatorial et polaire, que l'amiral Fitz Roy attribue,
dans son excellent *Livre du temps*[1], la formation des
trombes comme celle des tempêtes tournantes de plus
grande dimension. Le savant météorologiste remarque
que ces courants ont des caractères très-différents, et il
insiste surtout sur le contraste des électricités dont ils
sont chargés. C'est une tension positive ou vitreuse
qu'on observe dans le froid, sec et lourd courant polaire, tandis que le courant équatorial, qui est plus léger et chargé d'humidité, a une tension négative ou ré-
sineuse. On voit très-bien comment naissent les mouvements giratoires dans les diagrammes des cartes
synoptiques qui accompagnent l'ouvrage,

Le même point de vue se trouve exposé avec de plus
grands développements dans le livre très-intéressant[2]
d'un auteur américain, le Dr Blasius, qui a basé sa
théorie sur des observations nombreuses recueillies à
la suite du passage d'une trombe dont les ravages se
sont exercés sur West-Cambridge, dans le voisinage de
Boston. L'auteur raconte que le 22 août 1851, étant occupé de recherches d'histoire naturelle sur les bords
d'une petite rivière voisine de West-Cambridge, il entendit tout à coup un roulement de tonnerre lointain,
et qu'aussitôt après son attention fut attirée sur un
grand nuage noir montant lentement au-dessus de l'horizon, de l'ouest-sud-ouest à l'est-nord-est. L'air était
calme et d'une chaleur suffocante. Le nuage avait une

---

[1] *Weather book*, traduit par M. Mac-Leod. — Librairie Arthus Ber-
trand.

[2] *Storms : their nature, classification and laws*. — Philadelphia.
Porter et Coates, 1875.

apparence menaçante, mais on pouvait se rassurer en le
voyant devenir progressivement immobile. Étant rentré
à la ville sans songer davantage à ce nuage, M. Blasius
apprit le lendemain par les journaux qu'une trombe extrêmement violente avait passée sur West-Cambridge peu
de temps après son départ. Se rappelant le nuage sombre qu'il avait aperçu, et qui devait avoir une intime
relation avec le désastreux météore, il se hâta d'aller
examiner les lieux dévastés. « Jamais, dit-il, je n'avais
vu pareil spectacle et je pus à peine en croire mes yeux.
Des jardins et des vergers très-étendus étaient complète-
ment détruits. Des chênes, des érables dont le tronc
avait deux pieds et deux pieds et demi de diamètre
étaient brisés ; d'autres étaient tordus comme une corde
avec une torsion de 180 degrés et plus ; d'autres enfin
étaient arrachés et transportés à quarante ou cinquante
pas. Un grand nombre de maisons de West-Cambridge
et de Medford avaient leurs toits enlevés et leurs débris
se trouvaient à une centaine de pas : on voyait à peine
quelques traces d'une maison en briques à deux étages,
entièrement démolie. Un homme et un cheval tout à
coup soulevés avaient tourné sur eux-mêmes et étaient
retombés à une distance de plus de cent pas. »

Après une attentive investigation de tous les objets,
édifices et arbres atteints par la trombe, il fut reconnu que les orientations observées ne pouvaient
cadrer avec les exigences d'aucune des théories émises par les météorologistes Redfield et Espy, suivant
lesquelles le mouvement des trombes serait rotatoire,
ou centripète vers le point où l'ascension verticale a
lieu. Dans le premier quartier de dévastation qu'il visita, l'observateur reconnut une disposition des objets
abattus qui lui montra une succession graduelle dans
l'orientation depuis la direction presque parallèle au
parcours général de la trombe, jusqu'à la direction per-

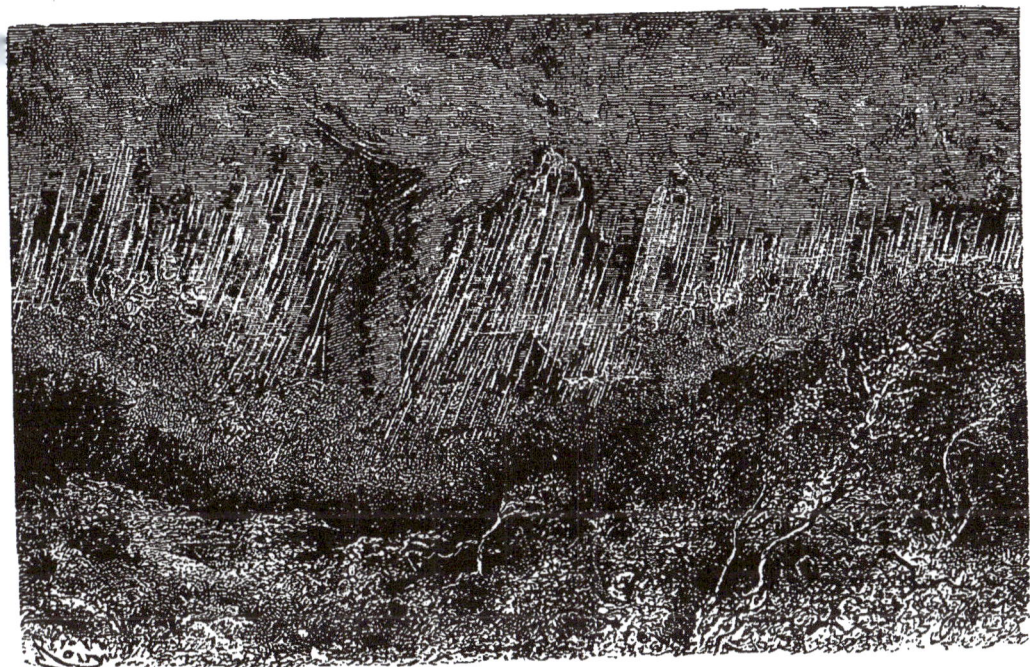

Fig 6. — Trombe de West-Cambridge.

pendiculaire, et cette disposition se répétait si bien
de distance en distance qu'on pouvait y voir une loi
véritable. En tournant ainsi, le vent finissait par former
un tourbillon, et si l'on considérait l'ensemble du phénomène on avait en quelque sorte une suite de tourbillons rapprochés et non une masse en giration propagée
à travers l'espace dévasté.

Joignant à ces recherches les observations relatives à
l'état de l'atmosphère, M. Blasius reconnut que deux
courants aériens de températures et de pressions différentes, arrivés du nord-ouest et du sud-ouest, avaient,
en agissant soudainement l'un sur l'autre, produit un
calme d'une certaine durée, et qu'ils avaient été dans
cet état d'équilibre pendant que les nuages paraissaient
stationnaires. Il constata que c'était au sud de la route
suivie par la trombe, du nord-ouest au sud-est, que le
vent du sud-ouest avait dominé jusqu'à ce que le météore prît naissance, et que ce fut pendant sa marche
que le vent de nord-ouest remplaça celui de sud-ouest.
L'équilibre avait été rompu par suite des inégalités des
terrains avoisinant la colline de Prospect-Hill, la plus
élevée des environs de Boston. Les deux courants opposés étaient arrivés à leur tension maxima, et c'est dans
ce moment critique qu'eut lieu la perturbation par suite
de laquelle le courant froid de l'ouest s'abaissant, l'autre courant, plus chaud et plus élastique, s'élevant à sa
rencontre, produisit un tourbillon qui se propagea suivant la diagonale des forces des deux courants le long
de la ligne de rencontre, c'est-à-dire au-dessous du banc
de nuages par lequel elle était indiquée.

La coïncidence d'une certaine condition de l'atmosphère avec une configuration particulière du terrain
peut expliquer non-seulement l'origine de la trombe,
mais encore son développement graduel et sa dissolution finale.

Suivant M. Blasius, le courant polaire venant du nord-ouest, arrêté dans sa marche vers le sud par le courant équatorial, peut être comparé à une masse d'eau rencontrant une digue, avec la différence que l'obstacle possède ici une force propre, prête à se déployer si on la laisse libre. Qu'on suppose maintenant cette digue aérienne rompue en quelque point de la surface terrestre, l'air polaire plongera par la brèche ouverte, ce qui donnera lieu à une dépression dans les parties supérieures du courant. La portion d'air équatorial, antérieurement opposée à l'air polaire abaissé, s'élancera violemment dans la dépression, mais ce mouvement ne pourra toutefois pas se faire suivant la direction principale du courant équatorial du côté du nordest; il se dirigera vers la brèche faite dans l'air polaire, et par conséquent vers le nord-ouest, changement de route qui donnera naissance à une giration. Cette giration devient visible par la soudaine apparition d'un nuage plus sombre qu'à l'ordinaire, ayant un mouvement rotatoire et présentant la forme d'un disque circulaire. Ce nuage est formé par la condensation de l'abondante humidité contenue dans l'air du courant équatorial soudainement amené dans les régions plus élevées et plus froides. Si le courant polaire continue à couler vers le bas, il fera nécessairement descendre de l'air d'en haut, ce qui attirera de nouvelles portions des couches inférieures du courant équatorial, de nouvelles condensations, qui, s'ajoutant au disque nuageux tournant, lui donneront une apparence de plus en plus sombre.

Il faut remarquer que la force centrifuge et la chaleur latente dérivée de la condensation donneront lieu dans l'intérieur du nuage tournant à une raréfaction d'air, qui s'accroîtra par l'ascension renouvelée des parties inférieures du courant équatorial, et que de là résulteront de nouvelles condensations et un prolongement de la partie inférieure du nuage. Pendant que la colonne giratoire se forme dans le nuage et que la chaleur latente de condensation augmente la température de ses parties extérieures, la raréfaction de l'intérieur causée par la force centrifuge y produit un froid considérable. Aussi est-ce à cette force centrifuge qu'est due la forme de cône renversé observé. dans le nuage trombique. Plus ses parties tournent rapidement dans leur mouvement ascendant, plus elles sont écartées de

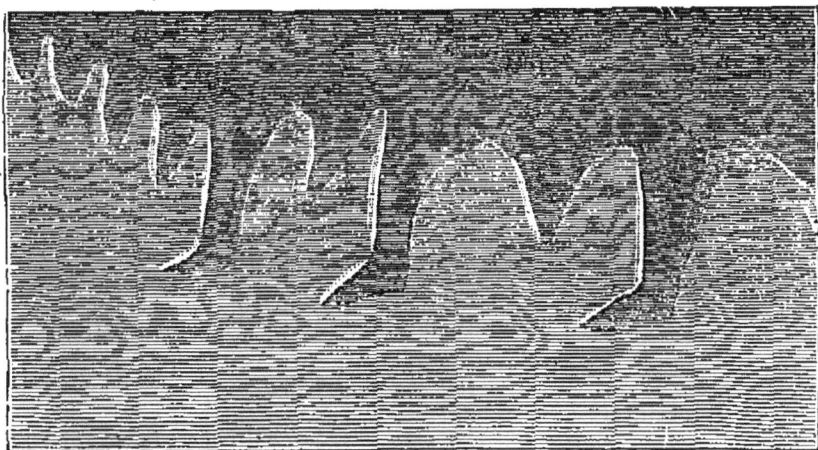

Fig. 7. — Cônes nuageux de la trombe de West-Cambridge.

l'axe. L'extrémité inférieure arrive graduellement jusqu'au sol, et on peut dire que le mouvement invisible des courants aériens est ainsi écrit dans les nuages. Quand le sommet du cône approche de terre, l'air se précipite dans l'espace raréfié avec une vitesse proportionnelle à la différence des pressions extérieure et intérieure du tube, et le courant ainsi formé se manifeste par la masse des objets mobiles, sable, vapeur ou eau, qui s'élève en tourbillonnant du sol, formant un second cône inverse de celui qui a sa base dans les cumulo-stratus supérieurs.

Les formes des cônes nuageux successifs ont été des-

sinées par un des observateurs de la trombe de West-
Cambridge, et M. Blasius a constaté ce fait remarquable, que les allongements successifs des cônes correspondent exactement aux points du territoire où il a
trouvé les aires signalées par les plus grandes dévastations. En analysant les particularités de la lutte des
deux courants sur tout le parcours de la trombe, il a
constaté que l'action du courant polaire s'était surtout
dirigée de haut en bas et se montrait en quelque sorte
défensive, tandis que le courant équatorial agissait
plutôt de bas en haut, soulevait et détruisait, ce qui est
bien conforme à la différence des caractères des deux
vents. Les aires livrées à la destruction et celles laissées
intactes marquent la position et l'étendue de courant
polaire sur le parcours avec ses différentes fluctuations,
et on a pu, avec les données recueillies, déterminer les
angles d'inclinaison du plan de rencontre des courants.

Beaucoup d'objets, dans la trombe de West-Cambridge
et dans plusieurs autres, ont été trouvés couverts d'une
couche de boue et aucune explication plausible de ce
fait n'avait encore été donnée. On a prétendu que cette
boue provenait d'une mare d'eau que la trombe venait
de franchir dans sa course ; mais alors pourquoi ne la
voyait-on que sur une face des arbres et jusqu'à une
certaine hauteur seulement de leur tronc ?

Suivant M. Blasius, les troncs des arbres sur lesquels
on remarquait cette boue étaient plongés seulement
jusqu'à la hauteur indiquée dans le froid courant polaire. Les parties supérieures ne se refroidissant pas
comme elles, lorsque le courant équatorial, avec son
abondante humidité, vint remplacer le courant polaire
après avoir passé sur des champs fraîchement labourés,
cette humidité ne se condensa que sur les parties froides
des arbres, en y fixant la poussière terreuse entraînée
qui produisit la boue.

La formation de la grêle est rattachée par M. Blasius à la théorie des trombes, de la même manière que par d'autres auteurs précédemment cités. D'après lui ce sont des tourbillons de petite dimension passant dans de hautes régions qui la propagent ; une preuve rapportée

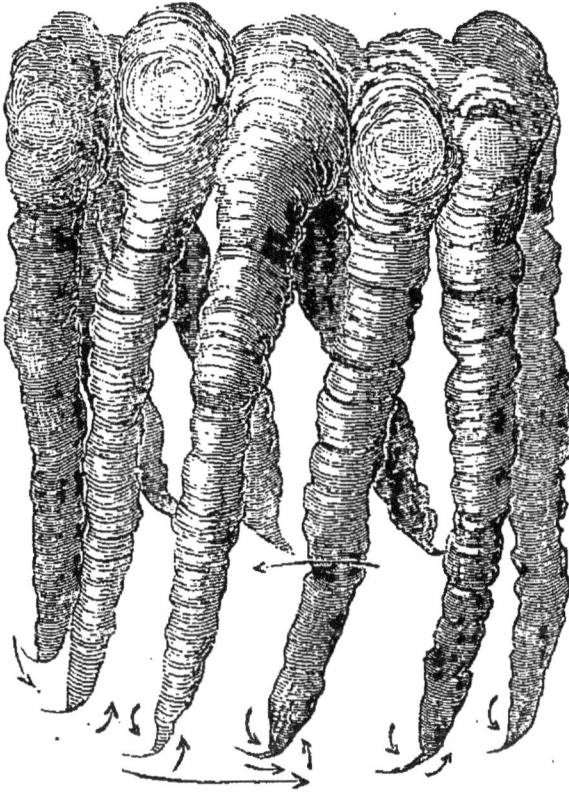

Fig. 8 — Trombes de poussière.

par un aéronaute américain, qui a traversé des couches de grêlons tourbillonnants, est donnée à l'appui.

Les tempêtes de poussières paraissent avoir la même origine que les trombes. M. Blasius cite à ce sujet l'extrait suivant d'une relation du docteur P. Baddeley, chirurgien de l'armée du Bengale [1] : « Ces tempêtes ap-

[1] *Philosophical magazine.* Août, 1850.

paraissent soudainement sans avertissement barométrique. Elles sont seulement amenées par un nuage peu élevé qui se montre à l'horizon. Après leur irruption de violentes rafales se succèdent par intervalles ; elles diminuent d'intensité lorsque le vent tourne. Il y a des décharges de fluide électrique continuelles pendant la tempête, s'accroissant à chacune des rafales qu'amène un nouveau groupe de tourbillons spiraliformes. Souvent dans ces tempêtes on voit un grand nombre de colonnes animées de mouvements giratoires s'avancer suivant une même direction. Quelle que soit leur grandeur, qu'elles aient quelques pieds ou quelques milles de diamètre, on observe à leur déclin d'abondantes averses de pluie. » Cette indication des dimensions ne peut provenir que d'une confusion faite par l'auteur entre les tourbillons et la tempête entière qui est constituée par leur ensemble. C'est une forme du phénomène de trombes qui a aussi été observé dans d'autres circonstances. Le savant américain Olmsted a remarqué pendant l'incendie d'une vaste plaine couverte de broussailles, qu'il se produisait des colonnes de fumée et de flammes sous diverses formes de cônes dont la surface était couverte de cannelures hélicoïdales.

On trouve encore dans l'ouvrage du météorologiste allemand Reye[1] le dessin d'une trombe de cendres, de forme conique, qui jaillit du volcan de l'île de Santorin le 8 avril 1866 et dont la hauteur était de 580 mètres ; suivant ce dessin le météore présentait aussi à sa surface des cannelures en hélices très-prononcées.

. D'après M. Blasius, la cause qui détruit l'équilibre des courants en conflit est, dans le cas des trombes d'eau, une île dont le sol échauffe et dilate les couches

---

[1] *Die Wirbelstürme, Tornados und Wettersaülen in der Erdatmosphäre.*

d'air superposées, ou un courant chaud de la mer, comme le Gulfstream, au-dessus duquel l'atmosphère est également raréfiée. Quand une partie du plan de rencontre des courants opposés arrive dans de telles régions, la pression qui a empêché le courant polaire d'avancer disparaît plus ou moins, et ce courant se précipite dans l'espace dilaté ; la brèche est produite, avec ses conséquences, comme dans l'origine des trombes, et le tourbillon formé se meut le long du plan de rencontre. Lorsque celui-ci se déplace, le même phénomène se répète, et un autre tourbillon prend une route parallèle à celle suivie par le premier. On explique les formations analogues résultant du passage du plan de rencontre au-dessus d'une île, et quand il y a un groupe d'îles, ce sont plusieurs trombes parallèles qui naissent et leur formation devient quelquefois intermittente. Il est généralement reconnu qu'on ne rencontre de semblables trombes que dans le voisinage des îles, principalement des îles volcaniques et dans celui des courants maritimes à haute température. La seule exception à cette règle est-celle d'une trombe, qui après avoir été formée sur terre, passe au-dessus d'une surface liquide.

M. Blasius a surtout mis en relief dans sa théorie les phénomènes dérivés des actions mécaniques et ceux qui résultent de la différence de température des courants atmosphériques. Il n'attribue qu'un rôle secondaire aux forces électriques.

On peut dire qu'en général les physiciens se sont montrés trop exclusifs dans les explications dont il a été question dans ce chapitre. Il ne faut pas perdre de vue que le phénomène des trombes est très-complexe et qu'il exige une étude d'ensemble. « L'esprit de la méthode d'investigation, disait fort bien M. Ch. Martins dans sa remarquable Instruction pour les observateurs, consiste à rechercher les effets possibles du vent, ceux

des attractions et répulsions électriques, de la combi-
naison des fluides. Démêler leur action isolée ou simul-
tanée, analyser la part que chacune de ces forces a eue
dans la production des phénomènes, telle est la mission
du physicien. » Cette mission deviendra plus facile à
mesure que le nombre des observateurs s'accroîtra et
qu'on pourra mieux suivre les phénomènes dans leur
parcours. C'est principalement sur les circonstances
qui entourent l'origine des trombes que les recherches
devront être portées. On ne trouve généralement dans
les relations que des observations relatives au phénomène
déjà développé, parce qu'alors l'attention est naturellement éveillée. Il faut pour l'étudier dès sa naissance
qu'on ait les données à la fois précises et complètes
fournies par les stations météorologiques dans toute
l'étendue de chaque contrée, et comme la France, la
Suisse et les États-Unis le permettent déjà, par des
stations situées à de grandes altitudes.

III

TROMBES DE MER

Trombe dans l'île de Célèbes. — Trombe sur la côte de Guinée. —
Trombe à la Nouvelle-Zélande. — Trombe de Nice. — Trombe dans
l'Adriatique. — Trombe sur l'Atlantique. — Trombe dans le golfe du
Bengale. — Trombe sur la côte d'Algérie. — Trombe du paquebot
le New-York. — Tourbillons et trombes. — Trombes et cyclones.

Ile de Célèbes, 1687. — *Atlantique Nord*, 1674. — « Le
30 novembre 1688, dit Dampier [1], étant à dix lieues de
l'île de Célèbes, nous eûmes un calme jusqu'à midi ; ensuite, un grain violent vint du sud-ouest, et sur le soir
nous aperçûmes deux ou trois trombes. Une trombe est
une portion de nuage qui pend d'une verge ($0^m,915$)
vers la terre, et qui paraît venir de sa partie la plus
obscure. Son axe est ordinairement oblique, et même
quelquefois cette colonne descendante est arquée au milieu. Je n'en ai jamais vu de parfaitement perpendiculaire ; elle est petite à la partie inférieure et ne semble pas plus grosse que le bras, mais elle est plus large
du côté du nuage d'où elle procède.

« Lorsque la surface de la mer commence à s'agiter,
on voit l'eau, dans un cercle de cent pas environ, écumer et tourner doucement jusqu'à ce que le mouvement

[1] *Voyage autour du monde.*

rotatoire se soit accéléré. Alors elle s'élève et forme une
colonne d'environ cent pas de circonférence à sa base,
et diminuant vers le haut jusqu'à n'avoir que la grosseur de la trombe descendante, à travers laquelle l'eau
de la mer semble être transportée jusqu'aux nuages. Ce
transport paraît exister réellement, puisque le volume

Fig. 9. — Trombe dans l'île de Célèbes.

du nuage s'accroît en étendue et en obscurité. On voit
alors le nuage changer de place, quoiqu'il ait paru d'a-
bord sans mouvement. La trombe, marchant comme le
nuage, continue d'aspirer l'eau, et les deux ensemble
produisent des bouffées de vent pendant leur progression. Ce phénomène continue pendant une demi-heure,
plus ou moins, jusqu'à ce que la force d'aspiration soit
épuisée ; alors la colonne se rompt, toute l'eau qui est
au-dessous du cône nuageux retombe dans la mer avec

un grand fracas, et lui imprime une grande agitation. Il est très-dangereux pour un vaisseau de se trouver au-dessous d'une trombe au moment qu'elle se rompt ; c'est pourquoi nous nous efforcions toujours de nous tenir à distance, lorsque cela était possible. Mais, à cause du grand calme qui nous empêchait de fuir, nous avons été plusieurs fois dans un grand danger ; car le temps est ordinairement très-calme tout autour de la trombe, à l'exception de la place sur laquelle elle agit. C'est pourquoi les marins, lorsqu'ils voient une trombe s'avancer sans avoir aucun moyen de l'éviter, font feu dessus de leurs plus grosses pièces pour la rompre par le milieu ; je n'ai jamais entendu dire que ce moyen eût donné un avantage réel. »

En 1674, le capitaine Ricords (de Londres) naviguait vers les côtes de Guinée sur le vaisseau *Blessing*, de trois cents tonnes et seize canons, lorsque, arrivé vers les sept ou huit degrés nord, il vit plusieurs trombes, dont une s'avançait directement vers le vaisseau, et sans moyen de l'éviter, à cause du calme qu'il faisait, il se prépara à la recevoir avec les voiles ferlées. Elle s'avança rapidement et se rompit un peu avant de toucher le vaisseau, en faisant un grand bruit, et en soulevant la mer tout autour, comme si une grande maison y avait été précipitée ou quelque chose de semblable. La furie du vent prit le vaisseau à tribord avec une telle violence, qu'il rompit le beaupré et le mât d'avant ; puis il jeta le vaisseau d'un côté avec tant de force qu'il faillit sombrer ; mais, s'étant redressé, le vent, en tourbillonnant, le reprit de l'autre côté avec la même fureur, et lui fit courir le même danger en sens inverse. Le mât de misaine fut brisé net ; le grand mât ne reçut aucun dommage, parce qu'il ne fut pas atteint par cette portion du vent qui avait une extrême violence. Trois hommes tombèrent à la mer avec les mâts, mais on les sauva. Je tiens cette relation de J. Canby, quartier-maître du navire, d'Abraham Wise, contre-maître, et de Léonard Jefferies, capitaine en second.

« On est généralement effrayé des trombes; cependant, c'est là le seul dommage que j'aie entendu raconter avoir été fait par elles. Elles sont effrayantes, sans doute, mais c'est plutôt parce qu'elles tombent sur vous tout à coup, lorsque vous êtes dans un calme parfait et qu'on ne peut les éviter. Quoique j'en aie vu souvent et que j'en aie été atteint, l'effroi qu'elles ont inspiré a toujours été le plus grand dommage qu'elles ont fait. »

Nouvelle-Zélande, 17 *mai* 1773.— Le capitaine Cook, durant son deuxième voyage dans l'hémisphère austral, vit se former dans le détroit de la Reine-Charlotte, au sud de la Nouvelle-Zélande, plusieurs trombes dont il a donné la description :

« Le 17 mai 1773, à quatre heures après midi, étant alors à environ trois lieues du cap Stephens, avec un courant de l'ouest 1/4 sud-ouest et un temps clair, le vent s'apaisa tout à coup ; nous eûmes calme ; des nuages très-épais obscurcirent subitement le ciel et semblaient annoncer une tempête. Nous carguâmes toutes les voiles. La terre paraissait basse et sablonneuse près de la côte, mais elle se relevait dans l'intérieur en hautes montagnes couvertes de neige. Nous vîmes de grandes troupes de petits pétrels plongeurs voltiger sur la surface de la mer, ou nager à une distance considérable avec une agilité étonnante. Bientôt après, nous aperçûmes six trombes; quatre s'élevèrent et jaillirent entre nous et la terre ; la cinquième était à notre gauche, et la sixième parut d'abord dans le sud-ouest, au moins à deux ou trois milles du vaisseau. Son mouvement progressif fut nord-est, non pas en ligne droite, mais en li-

gne courbe, et elle passa à cinquante verges de notre arrière sans produire sur nous aucun effet. Je jugeai le
diamètre de sa base d'environ cinquante ou soixante
pieds. Sur cette base il se formait un tube par où l'eau
ou l'air, ou tous deux ensemble, étaient portés en jet
spiral au haut des nuages. Elle était brillante et jaunâtre quand le soleil l'éclairait, et sa largeur s'accroissait un peu vers l'extrémité supérieure. Quelques personnes de l'équipage disent avoir vu dans l'une de ces
trombes un oiseau qui, en montant, était entraîné de
force et tournait comme le balancier d'un tournebroche.
Pendant la durée de ces trombes, nous avions, de temps
à autre, de petites bouffées de vent de tous les points
du compas et quelques légères ondées d'une pluie qui
tombait ordinairement en larges gouttes. A mesure que
les nuages s'approchaient de nous, la mer était plus couverte de petites vagues brisées, accompagnées quelquefois
de grêle, et les brouillards étaient extrêmement noirs.
Le temps continua d'être pendant quelques heures épais
et brumeux, avec de petites brises variables. Enfin, le
vent se fixa dans son ancien rhumb, et le ciel reprit sa
première sérénité.

Quelques-unes de ces trombes semblaient, par intervalles, être stationnaires; d'autres fois, elles paraissaient avoir un mouvement de progression vif, mais
inégal et toujours en ligne courbe, tantôt d'un côté,
tantôt d'un autre; de sorte que nous remarquâmes une
ou deux fois qu'elles se croisaient. D'après le mouvement d'ascension de l'oiseau et plusieurs autres circonstances, il est clair que des tourbillons produisaient ces
trombes, que l'eau y était portée avec violence vers le
haut, et qu'elles ne descendaient pas des nuages, ainsi
qu'on l'a prétendu dans la suite. Elles se manifestent
d'abord par la violente agitation et l'altération de l'eau;
un instant après, vous voyez une colonne ronde qui se

détache des nuages placés au-dessus, et qui, en apparence, descend jusqu'à ce qu'elle se disjoigne de l'eau agitée. Je dis en apparence, parce que je crois que cette descente n'est pas réelle, mais que l'eau agitée qui est au-dessous a déjà formé le tube, et qu'il est, en s'élevant, trop petit ou trop mince pour être d'abord aperçu. Quand ce tube est formé ou qu'il devient visible, son diamètre apparent augmente, et il prend assez de grandeur; il diminue ensuite, et enfin il se brise ou devient invisible vers la partie inférieure. Bientôt après, la mer reprend son état naturel, et les nuages attirent peu à peu le tube jusqu'à ce qu'il soit entièrement dissipé.

« Le même tube a quelquefois une direction verticale, et d'autres fois une direction courbe ou inclinée. Quand la dernière trombe s'évanouit, il y eut un éclair sans explosion. Notre position, pendant la durée de ce phénomène, était très-alarmante. Ces trombes qui servaient de point de réunion à la mer et aux nuages, frappaient d'admiration et de terreur. Nos marins les plus expérimentés ne savaient que faire : la plupart d'entre eux avaient vu de loin de pareilles trombes, mais jamais ils ne s'en étaient vus ainsi environnés, et nous connaissions tous la description effrayante que l'on a faite de leurs funestes effets quand elles se brisent sur un vaisseau. Les voiles étaient repliées, mais tout le monde pensait que nos mâts et nos vergues nous conduiraient au naufrage, si par malheur nous entrions dans le tourbillon.

« Il est difficile de dire si l'électricité contribue à ce phénomène ; cependant l'éclair que nous observâmes et l'explosion de la dernière colonne semblent annoncer qu'elle y a certainement quelque part. Nous n'avons fait d'ailleurs aucune découverte remarquable : toutes nos observations tendent seulement à confirmer ce qu'ont

déjà dit les autres. Je n'ai lu de description plus raisonnée de ces trombes que dans le dictionnaire de M. Falconnet : ses explications sont principalement tirées des
écrits du célèbre Franklin. Son ingénieuse hypothèse,
que les trombes et les dragons de vent[1] ont la même
origine, nous semble probable, autant que nous avons
pu en juger. On m'a dit que le feu d'un canon pouvait
les dissiper, et je regrette d'autant plus de n'avoir pas
tenté ce moyen, que nous avions un canon tout prêt ;
mais la pensée ne m'en vint point, tant j'étais occupé à
contempler ces météores extraordinaires. Tout le temps
qu'ils parurent, le baromètre se tint à 29 p. 75, et le
thermomètre à 56 degrés. »

Méditerranée, 1780. — « Le 12 avril 1780, sur les trois
à quatre heures de l'après-midi, M. Michaut, architecte
à Nice en Provence, vit une trombe dont il a donné la
description dans une lettre adressée à M. Faujas de
Saint-Fond.

« Il vit d'abord une grande agitation de la mer, qui,
suivant son expression, bouillonnait comme aurait fait
l'eau d'une immense chaudière par l'action d'un feu
violent. Cet espace était environné d'une enceinte ou
atmosphère de vapeurs blanchâtres et diaphanes, imitant la figure d'un ballon, qui ne s'élevait que ce qui
était nécessaire pour envelopper l'aire bouillonnante,
et conservait un état de tranquillité sans rotation, tandis que le tout avançait en obéissant au vent. Une trombe
sortie des nuages avancés d'un orage avait son extrémité
inférieure et très-amincie au milieu de cette aire bouillonnante. Le pavillon de cette trombe dépassait quelque
peu son zénith, et on voyait avec la dernière évidence
un fluide en vapeurs fort pressées, très-apparent et très-

---

[1] Les marins appellent *Dragon* les tourbillons dans lesquels on ne
voit d'abord paraître en l'air qu'une petite nuée.

actif, qui de la trombe pénétrait dans la nue par des élancements successifs, sans jamais revenir de la nue à la trombe. Cette trombe était inclinée du sud au nord, tandis que l'ensemble était poussé par le vent de l'est à l'ouest.

« La trombe suivait sa marche régulière, lorsqu'elle arriva devant le port de Nice, situé au bout d'une vallée ; elle fut frappée alors par un courant d'air très-vif venant du nord. Il tendait à déchirer le corps de la trombe et parvint même à l'entamer ; la portion inférieure parut alors terminée par d'amples panaches, qui, repoussés par le vent et même quelquefois renversés fort en arrière, faisaient les plus grands efforts pour se rejoindre au tronc par des élancements continuels quoique infructueux. Le bout supérieur, très-aminci et diminué de toute l'épaisseur déchirée, tenait toutefois au reste et continuait à pomper l'eau que l'on voyait également monter dans la nue, tandis que le reste inférieur de la trombe, qui avait conservé ses premières dimensions, voltigeait au gré du vent en s'allongeant et se raccourcissant, sans jamais abandonner le bouillonnement qui subsistait sur la mer et qui marchait comme la nue, de l'est à l'ouest. La trombe étant arrivée en face du château et se trouvant abritée de nouveau, les bords déchirés se réunirent au tronc, et bientôt le tout reprit sa forme première. Du lieu de l'observation on n'entendit aucun bruit.

« Tant que dura le passage de la trombe, on ne vit tomber aucune goutte d'eau sur toute son étendue, quoiqu'il plût à verse sur les collines de Saint-Pons et de Saint-André. Mais un moment après son passage, il tomba d'abord une espèce de neige glacée et réduite en grenaille, et ensuite une pluie orageuse. — On la vit de loin s'amincir, et bientôt après remonter vers les nues avec la vitesse de l'éclair. Elle se reforma du côté

Fig. 10. — Trombe de Nice.

d'Antibes, et l'on vit même le commencement d'une seconde trombe[1]. »

Mer Adriatique, 1785. — Ayant levé l'ancre de Venise le soir du 22 août 1785, le jour suivant nous arrivâmes, à onze heures, en face des montagnes d'Istrie. Le vent, assez doux, soufflait de l'est à l'ouest, le ciel était couvert de nuages orageux qui marchaient vers l'est, et de temps en temps, au nord-est, se voyaient de vifs éclairs, suivis de coups de tonnerre, lesquels ne faisaient pas entendre ce roulement prolongé que le plus souvent on entend sur terre, mais ressemblaient à des coups de canon très-brefs. La face inférieure des nuages touchait les montagnes de l'Istrie, et par conséquent à vue d'œil elle ne semblait pas être de plus d'un mille d'élévation. Elle était partout uniforme à l'exception d'une enflure qu'il y avait d'un côté ; et là le nuage étant plus gros, paraissait plus noir. Outre ce mouvement de marche vers l'est, commun au reste des nuages, cette tumeur en avait un en tourbillon ; et où elle était, les éclairs brillaient et le tonnerre grondait plus fréquemment, sans qu'il parût d'indice de pluie. La tumeur du nuage correspondait perpendiculairement à un endroit de la mer qui n'était pas distant de nous de plus de cinq milles. Au moment où j'avais les yeux fixés sur cette tumeur comme sur l'objet qui frappait le plus la vue, j'observai que vers son milieu elle s'allongea tout à coup en une espèce de cône renversé ; d'autres cônes ne tardèrent pas à paraître de la même manière latéralement, lesquels ressemblaient, en grand, à des stalactites pendant de la voûte d'une caverne souterraine. Mais ce groupe de cônes ne tarda pas à disparaître. Peu de temps après il se forma un autre cône dans le même endroit, mais beaucoup plus considérable, lequel, s'allongeant

---

[1] *A. Peltier.*

rapidement, et tombant d'aplomb jusqu'en bas, en très-peu de temps arriva sans interruption jusqu'à la mer, et en toucha la superficie avec son extrémité inférieure, nous pourrions dire avec son sommet, tandis que la base du cône se cachait dans ce gonflement de nuages. Lorsque le sommet toucha l'eau de la mer, celle-ci se souleva en un monticule qui persista tant que le cône renversé fut entier. Celui-ci était donc une vraie et complète trombe de mer, tandis que les cônes plus courts n'en étaient que d'imparfaites....

Pendant que j'observais avec joie cet admirable phénomène, voilà que de la même grosseur du nuage, qui ne cessait pas d'éclairer et de tonner, se détachent deux autres trombes, dont l'une plus volumineuse, l'autre moins que la première, lesquelles, descendant avec une vélocité presque égale, joignirent la mer. Le temps de la descente dura un peu plus de trois minutes. Outre la courbure habituelle, je vis à leur cône ou base un mouvement en tourbillons, et je vis aussi avec plus de précision, à cause du plus grand rapprochement, les deux monticules d'eau subjacents à la pointe des trombes, qui se formèrent également aussitôt que celles-ci touchèrent la mer.

Quoique au premier abord j'eusse pris ce monticule pour une masse d'eau liquide, il n'en avait que l'apparence : c'était un voile d'eau qui se soulevait de quelques pieds au-dessus du niveau de la mer, et qui, regardé avec une bonne lunette, paraissait écumeux. Or ce voile s'étant déchiré en plusieurs parties, laissa voir très-facilement une cavité dans son intérieur, mais qui n'en occupait pas le milieu et qui pénétrait de plus de deux pieds dans la mer. Je pensai donc, non sans fondement, que c'était une force qui, agissant sur la mer de haut en bas, créait cette cavité, obligeant l'eau à monter latéralement; et comme la cavité et le voile étaient placés sous la pointe des deux trombes, et les suivaient constamment dans leurs marches, je jugeai que cette force n'était autre qu'un courant d'air qui, se précipitant des nuages par la trombe, allait frapper l'eau avec impétuosité. La grande proximité des trombes me fit découvrir un autre phénomène qui confirma mes opinions, c'est qu'il partait de ces deux cavités un bruit confus, non interrompu, semblable à ceux que produisent les arbres quand ils sont violemment agités par le vent. Du reste la mer n'avait aucune part à ce phénomène, sa superficie n'étant alors que légèrement agitée par un vent faible.

Pendant que je contemplais ces deux trombes, la première avait disparu. Sa suppression se fit ainsi : L'arc dont elle était formée devint de plus en plus aigu, et, peu à peu, vers le milieu, il se fit un angle, puis elle se rompit en deux ; et à peine la rupture avait-elle eu lieu, que le monticule d'eau s'affaissa. Ces deux morceaux d'arc cependant ne cessèrent pas subitement d'exister ; ils se conservèrent visibles pendant onze minutes, puis ils s'éteignirent insensiblement, comme il arrive à un nuage qui se réduit à rien. Mais pour revenir aux deux autres trombes, comme elles passèrent du côté du nord, le long du vaisseau, à la distance d'un mille, je pus faire de nouvelles observations plus exactes encore. La pointe de la trombe la plus grande avait environ trois perches de diamètre, puis elle croissait rapidement à mesure qu'elle montait. La matière de la trombe me paraissait parfaitement semblable à celle du nuage, et sa transparence permettait de voir que l'intérieur était entièrement vide. On entendait de la manière la plus distincte le bruit de l'air qui, tombant d'aplomb du haut de la trombe, frappait avec force la mer, l'obligeant à se creuser et soulevant autour la cavité un voile écumeux haut de plusieurs pieds.

La superficie de la cavité bouillonnait, écumait et était emportée par un mouvement circulaire, tous effets dépendant de l'impulsion de l'air. Des phénomènes semblables avaient lieu dans la trombe la plus petite.

Pendant ce temps-là le nuage orageux était arrivé à notre zénith, sans donner une goutte d'eau; il était sillonné d'éclairs accompagnés de coups de tonnerre très-brusques. A l'endroit où se détachaient les trombes (et ce fut toujours à la tumeur noire du nuage), à cet endroit, dis-je, le nuage se mouvait avec une grande rapidité en cercle, à la manière d'un dévidoir, et ce mouvement en tourbillon se voyait encore plus clairement dans divers points des trombes. La plus grande trombe dura vingt-sept minutes, la plus petite dix-huit; et la durée eût été vraisemblablement plus longue si le vent, en les courbant trop, ne les eût à la fin rompues dans la partie supérieure.

Aussitôt que les colonnes furent rompues, les deux portions de la mer qui étaient au-dessous perdirent subitement leurs cavités, leurs voiles écumeux s'aplatirent et redevinrent aussi calmes que le restant de la mer. Les arcs rompus des trombes continuèrent pendant quelque temps à se faire voir, la partie supérieure restant attachée aux nuages, l'inférieure devenant le jouet du vent[1]....

Océan Atlantique, 1814. — Le 6 septembre 1814, le capitaine Napier, commandant le vaisseau *Erne*, aperçut une trombe à petite distance; le vent soufflait successivement dans des directions variables comprises entre l'ouest-nord-ouest et le nord-nord-est; la latitude était 30° 47′ et la longitude rapportée à Greenwich 62° 40′.

La trombe, au moment de sa première apparition,

---

[1] *Spallanzani.* — *Mémoires de la Société d'Italie.*

semblait avoir le diamètre d'une barrique; sa forme
était cylindrique, et l'eau de la mer s'y élevait avec rapidité; le vent l'entraînait vers le sud. Parvenue à la
distance d'environ quinze cents mètres du bâtiment, elle
s'arrêta pendant plusieurs minutes. La mer à sa base
parut dans ce moment en ébullition et formait beaucoup

Fig. 11. — Trombe sur l'Atlantique.

d'écume. Des quantités considérables d'eau étaient transportées jusqu'aux nuages; une espèce de sifflement s'entendait. La trombe en masse semblait avoir un mouvement en spirale fort rapide; mais elle se courbait tantôt
dans un sens tantôt dans l'autre, suivant qu'elle était
plus ou moins directement frappée par les vents variables, qui alors et en peu de minutes soufflaient successivement de tous les points du compas.

Lorsque la trombe commença de nouveau à marcher,

sa course était dirigée du sud au nord, c'est-à-dire en sens contraire du vent qui soufflait. Comme ce mouvement l'amenait directement sur le bâtiment, le capitaine Napier eut recours à l'expédient recommandé par tous les marins, c'est-à-dire qu'il fit tirer plusieurs coups de canon sur le météore. Un boulet l'ayant traversé à une distance de la base égale au tiers de la hauteur totale, la trombe parut coupée horizontalement en deux parties et chacun des segments flotta çà et là incertain, comme agité successivement par des vents opposés. Au bout d'une minute, les deux parties se réunirent pour quelques instants; le phénomène se dissipa ensuite tout à fait, et l'immense nuage noir qui lui succéda laissa tomber un torrent de pluie.

En adoptant les diverses mesures prises par le capitaine Napier, on trouve que la hauteur perpendiculaire de la trombe, ou la longueur du tuyau ascendant comprise entre la mer et le nuage, était de 524 mètres. La base, en appelant ainsi la surface de la mer qui paraissait bouillonner, avait 100 mètres de diamètre.

Il n'y eut pendant toute la durée du phénomène ni éclairs ni tonnerre. L'eau qui tomba des nuages sur le bâtiment était douce. Peu de temps avant la disparition complète de la grande trombe, on en aperçut deux autres plus petites vers le sud, mais elles s'évanouirent presque aussitôt[1].

Golfe du Bengale, 1843. — Le capitaine Howe, adjoint au commissaire naval d'Arracan, écrivait de Kyook-Phyoo à M. H. Piddington, le 12 mai 1843 : « En l'absence d'incident plus remarquable, je dois vous mentionner l'intérêt que nous avons pris à assister à la formation et à l'action complète de quatre grandes trombes, qui parurent toutes à la fois ; aussi l'œil ne pouvait suffisamment

---

[1] *Observations on Water-Spouts*, by Cap. Napier.

s'arrêter sur l'une d'elles et l'admirer, pour ainsi dire,
sans être porté à en observer une autre. Le 9 courant,
elles s'annoncèrent par un temps chaud et suffocant et
par un épais nuage noir pendant sur le large, d'où soudain sortirent quatre cônes, qui s'allongèrent rapidement et atteignirent la surface de la mer. Celle-ci acquit,
sous leur influence, un mouvement circulaire ; une immense colonne d'écume tourbillonnante se joignit aux
bords inférieurs des cônes, entraînée avec chacun d'eux
par le vent directement sur la côte, distante d'environ
trois milles. L'un des cônes seulement atteignit la terre ;
il dévastait tout et tourbillonnait dans sa route, en soulevant des nuages de poussière et de feuilles, et en marchant avec une vitesse d'au moins quatre milles ; s'il y
avait eu sur son chemin des objets aussi légers qu'un
appentis ou qu'un toit mal établi, ils auraient été enlevés
sans aucun doute. La description d'une trombe, dans
le routier d'Horsburgh, s'accorde si exactement avec nos
observations qu'elle ne laisse rien à dire de nouveau.
Mais ce qui m'a fait noter ce phénomène, c'est le peu de
fréquence de quatre trombes agissant avec un ensemble
aussi parfait et si près de l'observateur. J'en ai vu cent
à la mer, mais elles disparaissent généralement avant
d'être complétement formées, et c'est ce qui me fait juger celles-ci plus remarquables. Les bords de quelques
cônes présentaient un curieux spectacle ; ils se dilataient
et s'affaissaient comme s'ils se débarrassaient eux-mêmes
de leur excès d'eau. Ils furent en pleine action pendant
vingt minutes environ, et après leur disparition, nous
eûmes un orage rafraîchissant, avec de la pluie. »

Il semblerait, d'après les cas précédents, que les
trombes de beau temps deviennent des tourbillons quand
elles atteignent la côte : c'est ce que paraîtraient confirmer d'autres exemples donnés par M. Peltier dans son
ouvrage. Franklin cite une lettre de M. Mercer décrivant

une trombe marine à Antigoa, qui était une trombe ordinaire quand elle arriva dans la rade ; en *touchant la
terre*, elle devint un tourbillon malfaisant, qui renversa
des maisons et tua trois ou quatre personnes par la
chute de poutres [1].

Méditerranée, 1846. — Dans les instructions que j'ai
rédigées, dit Arago, au nom de l'Académie des sciences
sur les observations de météorologie et de physique du
globe qui pouvaient être recommandées aux expéditions
scientifiques du Nord et de l'Algérie, j'ai mentionné les
trombes d'une manière particulière. Cet appel fait aux
savants officiers de notre marine m'a valu l'envoi d'une
description fort intéressante faite par M. le lieutenant de
vaisseau Leps, commandant le bâtiment à vapeur *le Vau-
tour*. Le 1er octobre 1846, M. Leps se trouvait à environ
neuf lieues dans le nord-ouest de l'entrée du golfe de
Bougie. Le vent était violent et soufflait du nord-ouest
au nord ; la mer très-grosse et fatigante, battue de tous
côtés par des sautes de vent de chaque instant. Le ciel
était parsemé de grands nuages noirs et déchiquetés sur
leurs bords ; quelques-uns, comme lors des coups de
vent, étaient stationnaires et avaient leurs côtés coupés
régulièrement : les autres, au contraire, apparaissaient
à l'horizon, montaient peu à peu, puis semblaient un
moment stationnaires. Alors on apercevait plusieurs
trombes à la fois sous le même nuage, mais toutes ne
se formaient pas entièrement.

Le nuage, comme s'il eût absorbé l'eau de la mer, se
noircissait de plus en plus et à vue d'œil ; puis les
trombes disparaissaient : le nuage continuait à marcher,
passait au-dessus du navire en donnant une risée de vent

---

[1] *Guide du marin sur la loi des tempêtes*, par Henry Piddington,
président de la Cour de marine à Calcutta. — 2e édition. — Traduit
de l'anglais par F.-J.-T. Chardonneau, enseigne de vaisseau.

plus ou moins forte et une grande pluie, enfin s'effaçait
peu à peu à l'autre bout de l'horizon, et était remplacé
de l'autre côté par un nouveau nuage, dont la formation
et la marche étaient les mêmes. Presque tous ces nuages
étaient sillonnés, surtout pendant la formation des
trombes, par des éclairs très-vifs et serpentants : on entendait parfois un tonnerre lointain. Dès que les trombes
étaient rompues et que le nuage semblait continuer son
ascension, on ne voyait plus rien de particulier. L'orage
que contenait le nuage était très-éloigné, car M. Leps a
une fois compté trente-deux secondes d'intervalle entre
la vue de l'éclair et la perception faible du bruit du tonnerre. Le baromètre ne marquait que $0^m,750$, et M. Leps
vit au moins vingt trombes se former dans l'espace d'une
heure ou deux heures : il était alors sept heures du
matin.

Presque toutes les trombes commençaient de la même
manière. On apercevait d'abord une partie du bord inférieur du nuage s'éloigner peu à peu, en conservant
une couleur noire ; puis une petite ligne, noire aussi,
se détachant sur le ciel, semblait darder jusqu'à la mer ;
et suivant que la trombe se formait entièrement ou non,
cette ligne noire prenait plus ou moins de consistance
et augmentait de longueur, ou bien disparaissait en entier. Dans ce dernier cas, la partie du nuage qui s'était
allongée en tourbillonnant se repliait sur elle-même,
et semblait rentrer à son poste. Ces commencements de
trombe étaient dans une direction tantôt verticale, tantôt inclinée à l'horizon et offraient quelquefois, mais
rarement, une ligne droite ; le plus souvent, au contraire, ils présentaient une ligne plus ou moins tor-
tueuse. La position la plus ordinaire a paru être une
inclinaison de 30 à 45 degrés du côté d'où soufflait le
vent.

Plusieurs de ces trombes arrivèrent en complète formation : l'une d'elles présenta un curieux spectacle pendant un quart d'heure environ. Le nuage dans lequel elle se produisit offrait, au-dessus de l'horizon, une large et longue bande noire : c'était un de ces nuages que les marins désignent sous le nom de grain ; sa partie inférieure était en ligne droite. A plusieurs reprises on vit cette partie, en un ou plusieurs points à la fois, s'allonger, puis se retirer. Enfin le météore s'inclina du côté du vent, en s'évasant par le haut ; il était coupé horizontalement par le bas ; il continua à conserver cette forme et à augmenter en longueur jusqu'à une certaine distance de l'horizon, mais il ne paraissait pas y toucher. On vit alors tout autour de cette partie inférieure la mer s'agiter, comme lorsqu'on laisse tomber dans l'eau un corps pesant. Ce mouvement dura près de 8 minutes, pendant lesquelles l'eau sautait à une hauteur assez grande au-dessus de la mer. La partie inférieure de la trombe paraissait plongée au milieu de cette eau sautillant tout autour. A mesure que la durée du phénomène augmentait, on apercevait, au milieu de la trombe, une clarté simulant un vide : ce vide paraissait semblable à du mercure, brillant au milieu d'un tube de verre. Lorsqu'elle fut dans toute sa force, la trombe ne pouvait pas mieux être comparée qu'à un vaste entonnoir, coupé carrément à sa partie inférieure et tenant au nuage par sa partie supérieure élargie ; la partie inférieure étant ouverte et précipitant à la mer une colonne d'eau qui, en retombant, faisait jaillir une gerbe liquide tout autour d'elle. Peu à peu le météore diminua, le tuyau de l'entonnoir se replia sur lui-même en remontant vers le nuage, tandis que la portion qui semblait en découler augmenta de longueur au-dessus de l'horizon ; bientôt après tout disparut. Le nuage s'éleva alors, passa au-dessus du navire et fit changer le vent qui passa à l'ouest ; il y eut pendant quelques minutes un vent terrible et une pluie des plus abondantes.

M. Leps avait aussi vu se former, à 6 heures du matin, une trombe qui commença, non par en haut comme les trombes précédentes, mais par en bas ; on aperçut un tourbillon à la surface de la mer ; l'eau jaillit à une hauteur assez considérable, puis, toujours en s'élevant et en tourbillonnant, alla faire sa jonction avec un gros nuage noir. La durée entière de ce phénomène fut de 10 à 12 minutes [1].

Océan Atlantique, 1827. — A l'appui de son opinion sur les trombes, qui ne seraient que des orages modifiés dans leurs moyens de communication avec le sol, Peltier cite la relation suivante d'un double orage qui assaillit le paquebot *le New-York*, frappé deux fois par la foudre durant sa traversée de New-York en Angleterre. Cette relation a été donnée par W. Scoresby, d'après le récit des témoins.

« Le 19 avril 1827, dit l'un des passagers, à cinq heures et demie environ du matin, nous fûmes réveillés dans nos hamacs par un bruit semblable au retentissement d'un canon de gros calibre qui aurait été tiré à nos oreilles. Nous fûmes tous debout dans un instant. Notre cabane et toutes les autres parties du vaisseau étaient remplies d'une épaisse fumée qui avait une très-forte odeur de soufre. Le bruit se répandit bientôt que le navire avait été frappé par la foudre.... Il était déjà grand jour, mais les nuages qui nous enveloppaient de toutes parts étaient si noirs et si épais que l'obscurité régnait au milieu de nous. Il faisait cependant assez clair pour que nous pussions distinguer tous les détails de l'affreuse scène qui se passait sur le bâtiment. La pluie tombait par torrents mêlée à des grêlons aussi gros que des

[1] *François Arago.* — *Œuvres complètes*, t. XII. — Sur les vents, les ouragans et les trombes.

noisettes. Des éclairs brillaient de tous côtés, accompagnés presque au même instant de coups de tonnerre.

« La mer était agitée d'une manière violente et irrégulière et présentait un aspect remarquable.... D'immenses nuages de vapeur s'élevaient de sa surface et formaient dans l'air une multitude de colonnes grisâtres : on eût dit d'innombrables piliers supportant la voûte massive des nuages qui couvraient le navire....

« La mer était dans un bouillonnement continuel comme par l'action d'une quantité de petits volcans sous-marins. Ce devait être un phénomène électrique du même genre que les trombes. On apercevait en effet trois colonnes d'eau qui s'élançaient dans les airs, et puis retombaient en écumant dans la mer qu'elles agitaient avec force. La scène qui se passait dans ce moment était épouvantable ; les éléments semblaient s'être combinés pour la destruction de tout ce qui se trouvait sur la surface de la mer....

« La tempête se calma dans la matinée ; mais vers une heure, des nuages s'amoncelèrent de nouveau. Le capitaine Bennett fit attacher une tige en fer au grand mât, prolongée par une chaîne pour servir de conducteur jusqu'à la mer.... A deux heures, les passagers et l'équipage furent glacés de terreur par un épouvantable éclat de tonnerre semblable à celui du matin ; l'éclair et le bruit de la foudre furent simultanés. Le bâtiment parut être un instant tout en feu. Un courant d'électricité descendit le long du conducteur, le fendit sur son passage et causa une forte dépression dans l'eau de la mer, substance moins conductrice, vers laquelle l'électricité était alors poussée. Le recul et la réaction qui s'opéraient à la fois sur le vaisseau et dans l'atmosphère étaient très-remarquables. Concentré par le conducteur dans un seul courant, le feu électrique se dispersait aussitôt qu'il pénétrait dans la mer ; mais une vapeur lumineuse paraissait re-

monter de la mer jusqu'aux nuages, pendant que la
réaction qui avait lieu sur le bâtiment était si forte, que
quelques individus tombèrent à la renverse sur le pont.
Un matelot, qui était occupé à percer une planche avec
une tarière, reçut un coup vigoureux à la main et fut
renversé....

« Un passager vieux et infirme, qui était resté couché, fut soulagé par ces deux fortes décharges d'électricité, et il put ensuite se livrer à l'exercice de la promenade dont il était privé depuis trois ans. Il eut
pendant quelques instants un dérangement dans ses
facultés intellectuelles, mais elles se rétablirent en peu
de temps. »

Nous avons vu, sur la Méditerranée, dans les parages
orageux situés entre la Sicile et le cap Bon, d'épaisses
vapeurs élever aussi des colonnes mobiles entre la
mer et les nuages très-bas dont le ciel était couvert, et
notre brick, poussé par des brises variables, passer,
pour ainsi dire, entre les arceaux formés par ces piliers
grisâtres qu'éclairait la lumière voilée de la lune.

De violents tourbillons, que l'on peut comparer à des
trombes ou à des cyclones en miniature, se forment
quelquefois à la mer par un très-beau temps, et leur
soudaine apparition fait courir de grands dangers aux
navires. Piddington cite le cas très-remarquable d'un
bâtiment américain, commandé par le capitaine Fair-
fiel, et trafiquant entre l'Amérique et l'Europe. Il se
trouvait au milieu de l'Atlantique, avec si peu de vent
que le capitaine regardant les voiles battre, faisait observer au maître qu'il devait porter tout ce qu'il pourrait pour faire du chemin, quand, soudain et sans le
moindre avertissement, un tourbillon démâta et fit sombrer le navire ; le capitaine, avec un petit nombre
d'hommes d'équipage et de passagers, se sauva dans un
canot.

Dans la nuit du 15 septembre 1841, nous nous trouvions, sur le brick *l'Euryale*, à petite distance de la côte
d'Algérie, entre Cherchell et Ténez. L'air était tiède, la
mer calme et phosphorescente, des étoiles filantes tra-
versaient le ciel serein.

Vers minuit, quelques légers nuages, derrière lesquels paraissaient les étoiles, s'élevèrent du large. Un

Fig. 12. — Tourbillons sur les côtes de l'Algérie.

brillant météore apparut du même côté et fut presque
aussitôt suivi d'un violent tourbillon, que rien n'avait
annoncé et qui ne dura que quelques instants, nous
obligeant à carguer et à amener à la hâte toutes nos
voiles. Les nuages se dissipèrent ensuite, et le beau
temps se rétablit, avec des calmes qui durèrent plusieurs jours.

L'année précédente, à peu près vers la même époque

Fig 13. — Trombes sur la côte d'Algérie.

de l'année, le 25 août, durant une traversée d'Alger à Delhys, nous avions vu, pendant l'après-midi, par un temps calme, de légers tourbillons de vapeur blanche s'élever des montagnes situées à petite distance de la côte. Ces tourbillons, qui paraissaient suivre les pentes des vallées, disparaissaient presque aussitôt formés. Pendant la nuit, le ciel se couvrit, des rafales nous vinrent de la terre, et à l'aube, ces rafales, très-violentes, descendaient des vallées, avec d'épais nuages noirs. Plusieurs trombes se formèrent bientôt sur la mer, des brises faibles et variables succédèrent aux rafales, et une pluie diluvienne suivit la disparition des trombes, qui, formées vers huit heures du matin, ne durèrent que quelques minutes. Elles étaient à peu près verticales, paraissaient descendre de la même zone de nuages orageux, et leur éloignement du navire ne permettait de distinguer que le bouillonnement de la mer à leur pied. Les deux jours suivants, dans les mêmes parages, furent orageux, le ciel restait menaçant, tourmenté, et à diverses reprises nous pûmes observer le mouvement tourbillonnaire du vent.

Des trombes ou tournades paraissent quelquefois au milieu des cyclones. Piddington cite plusieurs cas de ces dangereux phénomènes, que le marin doit veiller avec soin au milieu du conflit des éléments. M. William Redfield, de New-York, l'un des savants qui ont le plus contribué à établir la théorie des tempêtes rotatoires, cite les faits suivants dans son remarquable mémoire sur l'ouragan de Cuba de 1846.

« L'apparition de violentes tornades en dedans du corps d'une grande tempête n'est ni nouvelle ni très-rare. Un cas remarquablement destructeur arriva à Charleston, Caroline du Sud, le 10 septembre 1811, pendant une grande tempête qui visita notre côte. Il causa la perte d'un grand nombre de propriétés et la mort de

7

vingt personnes environ. La course du tourbillon était
large environ de 90 mètres, et il suivit la route d'une
tempête locale du sud-est au nord-ouest, perpendiculairement à la marche de la tempête principale. Deux
tornades très-violentes parurent à New-Jersey dans une
tempête générale, le 19 juin 1835; elles marchaient sur
des routes différentes, mais presque parallèles, à un intervalle de quelques heures. Elles suivirent la ligne du
courant général supérieur qu'annihilait alors la grande
tempête. Plusieurs autres tornades, accompagnées souvent de forts coups de tonnerre, parurent le même jour
en différents lieux, dans l'intérieur de la même tempête
générale. Ces cas, et l'on pourrait en ajouter d'autres,
peuvent servir à montrer que les petites tornades qui
arrivent quelquefois dans les grandes tempêtes n'ont
pas de connexion essentielle ou inhérente avec le vortex
de celles-ci, même dans les cas où leurs marches pourraient par hasard coïncider. »

Ces petites tornades ou tourbillons, qu'il est presque
toujours difficile d'observer au milieu de l'atmosphère
bouleversée des cyclones, font écumer et soulèvent la
mer sur leur passage, quelquefois à une grande hauteur, et, dans des circonstances favorables, apparaissent
sous la forme de gigantesques trombes.

La grande trombe qui dévasta l'île de Ténériffe, en novembre 1826, avait toutes les apparences d'une trombe
marine. Elle déversa d'énormes volumes d'eau sur l'île,
en traçant de profondes ravines dans le sol, pendant
qu'on voyait à la mer et à terre de nombreux globes de
feu et qu'un véritable cyclone soufflait au large. Nous
avons déjà dit que les trombes marines, quand elles atteignent la terre, semblent redoubler de violence.

IV

TROMBES TERRESTRES

Trombe d'Assonval. — Trombe de Châtenay. — Trombe de Monville et Malaunay. — Trombe de Vendôme. — Trombe d'Hallsberg. — Trombe de Morges. — Trombe de Moncetz. — Trombe sur le Rhin. — Trombe de Palazzolo. — Trombe de Vienne. — Trombe d'Iowa et de l'Illinois.

Trombe d'Assonval (Pas-de-Calais). — Le 6 juillet 1822, à une heure et demie de l'après-midi, des laboureurs durent quitter leur charrue à cause de l'obscurité et par la crainte d'un orage dont ils étaient menacés. Des nuages venant de différents points se rassemblaient rapidement au-dessus de la plaine d'Assonval. Bientôt ils n'en formèrent qu'un, qui couvrait entièrement l'horizon.

Un instant après on vit descendre de ce nuage une vapeur épaisse ayant la couleur bleuâtre du soufre en combustion : elle formait un cône renversé dont la base s'appuyait sur la nue. La partie inférieure du cône qui descendait sur la terre forma bientôt, en tournoyant avec une vitesse considérable, une masse oblongue, de 10 mètres environ, détachée du nuage. Elle s'éleva en faisant le bruit d'une bombe de gros calibre qui éclate, laissant sur la terre un enfoncement en forme de bassin circulaire de 7 à 8 mètres de circonférence et de plus de 1 mètre de profondeur à son milieu. A peine éloignée de cent pas du point de départ et dirigeant sa route de l'ouest à l'est, la trombe franchit la haie d'un manoir, y abattit une grange et donna à la maison, plus solidement bâtie, une secousse que le fermier a comparée à celle d'un tremblement de terre. Elle avait, en franchissant la haie, déchiré et emporté la couronne des arbres les plus forts : 25 à 30 arbres, dont quelques-uns avaient plus de 20 mètres de hauteur, furent renversés et couchés en sens divers, de manière à prouver que la trombe faisait son chemin en tournoyant. Après ces premiers effets, la trombe parcourut une distance de deux lieues sans toucher terre, en emportant de très-grosses branches d'arbres qu'elle rejetait à droite et à gauche avec bruit. Arrivée à la pointe élevée du bois de Fauquembergue, elle y arracha de nouveau la tête de plusieurs chênes, que l'on vit passer avec elle au-dessus du village de Vendôme, situé au pied de la colline, du côté est de la forêt.

La trombe ne fit, dans cette commune, d'autre ravage que celui d'enlever, avec sa racine, un sycomore très-gros, dans une prairie : l'arbre fut retrouvé à la distance de six cents pas.

Continuant sa route à la manière d'un boulet qui frappe la terre et se relève en ricochant, la trombe se porta au village d'Audruick, où elle abattit la toiture de trois maisons, souleva plusieurs arbres, entre autres cinq ormes de très-grande hauteur, tous cinq sortant d'une même souche.

Au sortir de la vallée où sont situés ces deux derniers villages, la trombe s'éleva sur la montagne de Capelle.

Plusieurs paysans qui labouraient virent avec effroi ce phénomène extraordinaire traverser leurs habitations. Ils craignirent bientôt pour eux-mêmes et n'eurent, pour échapper au danger, que le temps de se coucher en se tenant fortement à leurs instruments aratoires. Ils remarquèrent avec étonnement que leurs chevaux ne s'effrayèrent pas. Le soc d'une de leurs charrues fut enfoncé dans la terre assez fortement pour résister aux efforts de trois chevaux ; ils employèrent une pioche pour le retirer sans le casser. Ce fut par ces laboureurs, qui étaient placés sur la montagne de manière à voir la trombe arriver et continuer sa route, qu'on put connaître à peu près sa forme, sa grandeur et les éléments présumés qui pouvaient entrer dans sa composition. La forme était ovale, la longueur leur parut de dix mètres environ ; l'autre diamètre pouvait en avoir six. La trombe tournait dans sa marche de manière à présenter successivement chacune de ses faces à tous les points de l'horizon. Il sortait de temps en temps de son centre des globes de feu et souvent aussi des globes de vapeurs d'une couleur de soufre ; les uns et les autres rejetaient dans divers sens des branches que le météore avait entraînées de très-loin.

Le bruit qu'il faisait dans sa marche rapide était celui d'une voiture pesante courant au galop sur un chemin pavé. On entendait une explosion à chaque sortie d'un globe de feu ou de vapeur ; le vent, qui était impétueux, joignait à ce bruit un sifflement terrible. Après avoir déchiré la terre et emporté tout ce qui lui résistait dans un certain point, la trombe s'éleva au-dessus du sol pour aller, à une lieue et quelquefois à deux lieues de distance, recommencer ses ravages. C'est ainsi qu'en quittant le mont Capelle et suivant toujours la même direction, elle alla enlever différentes meules de foin et beaucoup d'arbres à Hernin-Saint-Julien, distant d'une lieue de la montagne. De ce village à Witernestre, sur un intervalle de trois lieues, la trombe ne fit aucun ra-

vage marqué; on reconnut seulement sur la montagne
qui sépare Hernin d'Étrée-Blanche, un sillon de la largeur de trente pas dans lequel le grain était détruit sur
une étendue de quinze hectares. De là elle pénétra dans
la vallée de Witernestre et Lambre. Le premier de ces
villages, composé de quarante habitations, n'en conserva que huit intactes. Trente-deux maisons avec leurs
granges furent renversées et une énorme quantité d'arbres abattus, déchirés et emportés à une grande distance. On remarqua à Witernestre que les pignons et les
murs des maisons furent couchés d'une manière diver-
gente de dedans au dehors.

Le désastre ne fut pas moins considérable à Lambre :
plusieurs personnes distinguèrent parfaitement la marche tournoyante du météore, sa couleur d'un brun
soufré et le centre de feu ardent d'où sortaient des
éclats de vapeur bitumineuse. Les arbres qui entouraient
l'église furent cassés et déracinés; le mur et le toit de
la maison curiale enlevés, et dix-huit maisons, la plupart bâties en briques, sapées à leurs fondations, avec
le phénomène extraordinaire de l'écartement des murs
renversés au dehors.

Une circonstance heureuse, au milieu de ce grand désastre, c'est que personne n'a péri, même dans les
deux derniers villages. Un seul individu de Witernestre
a été grièvement blessé au bras par une poutrelle.

En quittant Lambre la trombe se divisa : une partie
se dissipa dans les airs ; l'autre, qui ne paraissait plus
qu'un nuage chassé par un vent impétueux venant du
nord-ouest, se porta sur Lillers, bourg situé à trois
lieues de Lambre, où elle cassa et déracina près de
deux cents arbres dans de belles prairies; ensuite elle
se dissipa à son tour. A trois heures le temps était calme,
le ciel presque entièrement découvert, et le tonnerre,
qui n'avait cessé de se faire entendre de tous les points

de l'horizon, finit en même temps que la trombe. La soirée et la nuit suivante furent très-belles [1].

Trombe de Châtenay, juin 1839. — J'étais allé passer, écrit M. Lucien de Puyot [2], quelques jours chez un de mes amis qui habitait Louvres (Seine-et-Oise). En compagnie du docteur B..., qui comme moi s'occupait de recherches botaniques et minéralogiques, j'explorais les communes voisines, Villeron, Fontenay, Écouen, Châtenay, etc. Le 18 juin, nous traversions les plaines de la commune de Châtenay, distante de Louvres d'une petite lieue, quand le ciel, jusqu'alors serein, s'obscurcit sur un point de l'horizon ; des rafales de vent s'élevèrent et la température se refroidit très-sensiblement. A environ 1 kilomètre de distance, un point blanc sembla tomber d'une masse de nuées sombres qui s'avançaient avec rapidité, les entraîna en forme de colonne conique jusqu'à la surface du sol, et se dirigea vers le village en suivant le fond de la vallée.

Une sorte de crépitation se faisait entendre, paraissant sortir du sommet de la trombe dont la blancheur éclatante contrastait avec la couleur plus sombre de la partie inférieure.

Cette trombe parait, m'a-t-on dit, s'être formée d'abord par un fort tourbillon qui enlevait les feuilles, les branches légères, les menues pierres. Elle s'est dirigée en ligne droite sur un parcours d'environ 3 kilomètres, et sa force de rotation et d'attraction augmentant sans cesse, les ravages qu'elle a causés sont considérables.

Au milieu de la plaine était un vaste champ de pommiers couverts de fruits. Le premier d'entre eux avait été brisé à environ 1 mètre du sol. A partir de cet endroit, la puissance du météore avait dû s'accroître con-

[1] Notice d'Arago sur les trombes.
[2] *Annuaire de la Société météorologique de France*, t. XXII.

sidérablement, car une quarantaine de ces arbres, dont
plusieurs mesuraient de 25 à 30 centimètres de diamètre, avaient été soulevés de bas en haut, arrachés du
sol avec leurs racines, et gisaient tous à peu de distance
du trou qu'avait produit leur arrachement. La motte
de terre qui y était encore adhérente cubait de 4 à
5 mètres. Les têtes de ces arbres étaient toutes tombées
vers l'axe de la route que suivait la trombe. Les feuilles
vertes encore, les pommes déjà légèrement rougeâtres,
attestaient que la puissance d'absorption, dont je parle-
rai plus tard, n'avait pas encore acquis son complet
développement.

Plus loin s'étendaient d'immenses champs de blé et
d'avoine ; la moisson était en partie faite ; les javelles,
les gerbes et quelques meules de foin couvraient la
plaine : la trombe passa, et dans son terrible remous
les emporta jusqu'aux nuées, en continuant sa course
vers un château situé à 1 kilomètre de distance.

Dans cette partie de son parcours elle paraît avoir
changé de nature et modifié sa constitution première.
Jusqu'alors ses effets avaient été ceux d'une trombe
d'air ; à partir de cet endroit elle se chargea d'électricité, et cette force nouvelle changea et augmenta ses
moyens d'action.

Arrivée près du mur de clôture du château, elle
l'entraîna vers elle à distance, et le mur tout entier s'é-
croula, non *repoussé*, mais *attiré*.

Derrière ce mur existait une allée de grands arbres
avec deux contre-allées qui conduisaient au château ;
la trombe s'engagea presque en ligne droite dans cette
voie, et quelques secondes plus tard il ne restait plus
debout qu'une dizaine d'arbres, mais tous morts et desséchés de la cime à la racine. Les autres, outre qu'ils
avaient été également desséchés, gisaient à terre, pêle-
mêle, les uns sur les autres. La place qu'ils avaient

occupée n'était plus indiquée que par leurs troncs coupés tous à la même hauteur d'environ 1ᵐ,50. Ces troncs avaient reçu deux ou trois entailles nettes, profondes, superposées, et qui semblaient avoir été produites par le taillant d'une cognée gigantesque. Quelques-uns d'entre eux présentaient un aspect bizarre ; comme les autres ils avaient été d'abord coupés horizontalement, mais de plus ils étaient fendus verticalement en tous sens et divisés jusqu'à terre en une infinité de petites lattes minces et d'une extrême légèreté.... Fait étrange, troncs debout, arbres renversés, branches brisées, feuillage, tout était complétement desséché. Je soulevai du bout des doigts des bûches énormes qui, à ma grande surprise, ne pesaient pas plus que si elles eussent été faites de paille.

En quittant l'allée qu'elle avait détruite, la trombe heurta l'angle droit de la façade du château. Où la résistance était trop grande, ou les forces actives du phénomène diminuaient ; elle rasa le mur de côté, enleva une partie de l'avance du toit, et se jeta sur une épaisse charmille de tilleuls qui ombrageaient une terrasse latérale. La trombe y déposa en passant les javelles et les gerbes qu'elle avait enlevées dans la plaine, et les *feutra* de paille d'une manière tellement drue, tellement serrée et entrelacée qu'une taille à fond était absolument nécessaire pour débarrasser ces arbres. A peu de distance se trouvait un hangar ouvert de tous côtés et couvert d'environ trois mille tuiles ; il fut renversé, les tuiles furent emportées dans l'irrésistible tourbillon, pulvérisées les unes contre les autres et déposées çà et là par monceaux sur la route qu'il suivit.

Avant de s'éteindre il lui restait à accomplir un dernier désastre. Au fond d'une petite vallée en entonnoir se trouvait un étang bordé de peupliers, de saules, de frênes et d'aunes. Au milieu des roseaux, et dans les

eaux couvertes de nymphéas et de sagittaires, vivait tout
un monde d'oiseaux, d'insectes et de poissons. La trombe
passa, s'enfonça dans ce cirque de verdure et d'ombre,
et quand elle sortit et reprit sa course vers la plaine
où elle s'abîma, il ne restait plus rien de vivant dans
l'étang ni sur ses bords. Les arbres furent tordus, arrachés, brisés ; l'étang et tout ce qui l'habitait fut pompé
par une aspiration puissante, et, en mourant, la trombe
inondait la plaine et la couvrait des cadavres de milliers de poissons.

J'ai parcouru tous les lieux ravagés, j'ai ramassé au
loin, dans les champs, des oiseaux et des poissons morts ;
j'ai retrouvé des ustensiles de ménage au milieu des
monceaux de débris qui jalonnaient la course dévasta-
trice de la trombe, et ce n'est qu'après un examen con-
sciencieux de quelques jours que j'ai quitté Louvres
pour revenir à Paris.

Je rappellerai que, il y a quelques mois, les journaux
annonçaient les désastres produits par une trombe sur
le territoire d'un village de Bavière. Cette trombe avait
passé sur un troupeau d'une soixantaine de porcs dont
quarante environ furent trouvés morts par asphyxie,
ainsi que cela a été constaté sur les oiseaux et les
poissons trouvés dans les plaines de Châtenay.

Trombe de Monville et Malaunay (Seine-Inférieure),
19 août 1845. — C'est une des trombes qui ont laissé
les plus dramatiques souvenirs. La lettre suivante,
écrite par M. Eugène Noël, peu de temps après l'événement, retrace les principaux épisodes du passage de
cette terrible trombe :

« J'y étais, chers lecteurs, et voilà pourquoi je viens,
après tant d'autres, dire aussi mon mot de ce phénomène terrible qui, tout d'un coup, fit voler en éclats
trois filatures, écrasa des ouvriers par centaines et
renversa des milliers d'arbres. L'épouvantable catastro-

phe mit à s'accomplir moins de temps que vous n'en mettrez à lire ces six lignes. Le propriétaire d'un de ces établissements venait d'en sortir et se dirigeait vers la maison d'habitation située à 100 mètres environ de distance; il entend un horrible fracas, se retourne : sa fabrique avait disparu; saisi de vertige, il se retourne encore pour fuir vers sa maison : il voit sa maison qui s'écroule; pensant que sa mère est sans doute écrasée, il se précipite au milieu des débris, qui déjà prenaient feu, et réussit à la sauver.

« C'était au milieu du jour; l'effroyable nouvelle, en quelques instants, se répandit par toute la contrée : tout Rouen, en moins de deux heures, se transporta, se bouscula, s'étouffa dans l'étroite vallée. Partout les magasins, les ateliers se fermèrent : les travaux de déblayement pour retrouver les morts durèrent jusqu'au matin du 20 août.

« Quand l'épouvante et la stupeur se furent un peu calmées, on commença de s'enquérir de l'origine et de la marche du météore, et voici ce que l'on découvrit :

« Vers une heure de l'après-midi, par une accablante chaleur, des mariniers avaient vu la trombe se former sur la Seine, au pied des hautes falaises de Canteleu : elle avait la forme d'un cône tronqué, dont le sommet qui rasait le sol pouvait avoir 8 à 10 mètres de diamètre. Elle se dirigeait du sud-est au sud-ouest. Un observateur rouennais prétendit qu'au moment où elle commença, le baromètre était descendu tout à coup à un très-bas niveau. Noirâtre à sa partie la plus large, c'est-à-dire à sa partie supérieure et rouge vers le bas, elle rasait de sa pointe tronquée les eaux du fleuve. Des rives de la Seine elle s'élança dans la vallée de Maromme et se dirigea vers Boudeville, le Houlme, Malaunay, Monville. De là elle gagna les hauteurs d'Eslettes et d'Eucoumeville, la Houssaye, Auffray; puis,

vers Clères, elle redescend vers la vallée, jusqu'à ce
qu'arrivée dans la plaine, elle se bifurque pour se diriger à la fois vers la vallée de la Scie et vers la vallée
d'Arques. La trombe ne s'avançait ni en ligne droite ni
par courbes, mais par de brusques zigzags semblables
à ceux de la foudre. Des planches, des ardoises, des
papiers et autres objets furent emportés de Monville
jusqu'à Saint-Victor et Torcy-le-Grand, c'est-à-dire à
25, à 30 kilomètres du lieu de la catastrophe.

La tragédie de Monville occupa presque exclusivement
l'attention publique ; mais ce qui n'a guère été vu que
des habitants du pays, c'est l'*horrible rue*, comme dirait
Victor Hugo, tracée par la trombe dans le bois de Clères :
pas un arbre, sur un parcours de plusieurs kilomètres,
n'avait résisté : les chênes les plus robustes étaient arrachés, brisés, tordus. Des haies avaient été enlevées,
hachées ou roulées en spirale ; l'herbe, çà et là, était
déracinée, tortillée sur elle-même.

Nous avons vu qu'à son point de départ la trombe n'a-
vait pas à sa partie inférieure plus de 8 ou 10 mètres
de diamètre ; il en atteignit jusqu'à 40 dans sa course,
et même, un moment, s'évasa presque de 300 mètres.

La catastrophe eut lieu, je l'ai dit, le mardi 19 août ;
la journée avait été chaude et orageuse ; le ciel s'était
couvert de nuages noirs, mais rien cependant d'extraordinaire n'avait été remarqué.

Je vis d'assez près les choses, car je demeurais alors
entre Clères et Monville, au hameau du Tot, au fond de
la vallée même qu'avait suivie la trombe. La maisonnette
que j'habitais ne fut pas traversée, mais l'air, violemment refoulé par le passage du tourbillon à 100 mètres
au plus de distance, brisa trois des plus beaux arbres de
notre jardin. Souffrant ce jour-là, j'avais dû garder le lit ;
mais à l'ébranlement et au fracas des arbres renversés,
je me levai brusquement pour fermer mes fenêtres. Le

Fig. 14.

TROMBE DE MONVILLE

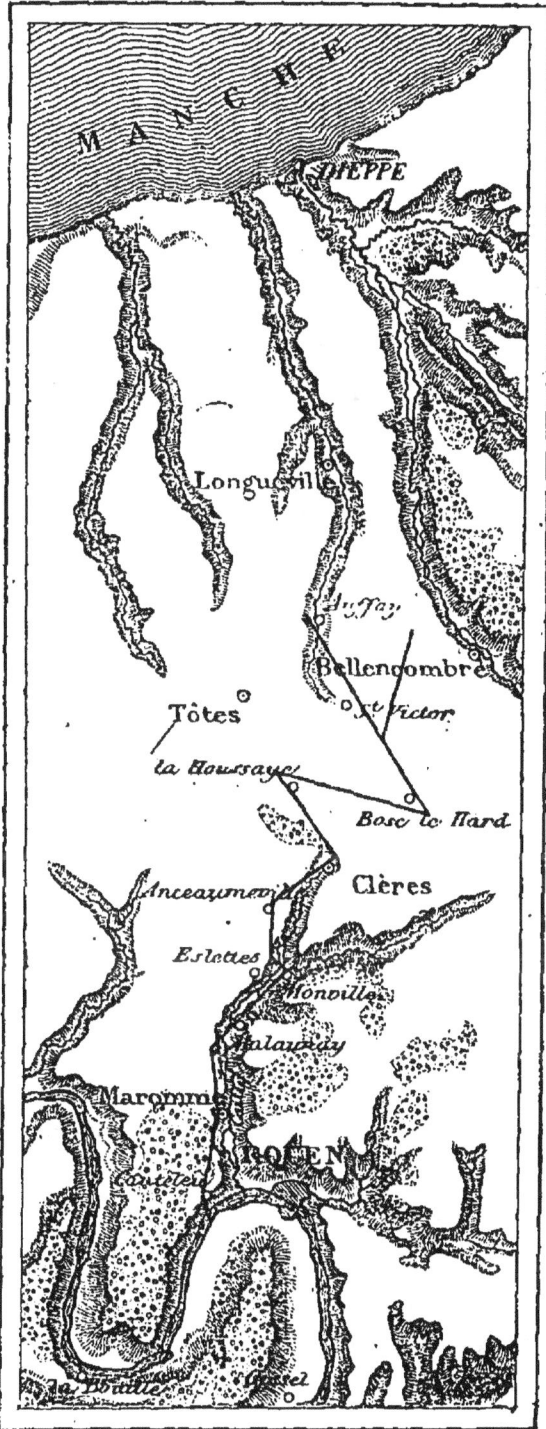

MANCHE

DIEPPE

Longueville

Dufay

Bellencombre

Tôtes

St Victor

la Houssaye

Bosc le Hard

Anceaumeville

Clères

Eslettes

Monville

Malaunay

Maromme

ROUEN

Duclair

la Bouille

Oissel

1
___
570.000
Kilomètres
___
5   10

fils du grand historien, M. Michelet, était chez nous à
passer ses vacances ; c'était un garçon de quinze ans
qui, au moment de la trombe, se promenait dans le bois
de Clères avec un de nos amis, le fils du général Levavasseur ; ils n'étaient pas à 20 mètres de l'*horrible rue*
tracée par la trombe. Ils rentrèrent pâles d'épouvante,
ne sachant comment expliquer l'effroyable craquement
d'arbres qu'ils venaient d'entendre.

Ils étaient à peine rentrés et à peine remis de leur
frayeur, que nous apprîmes l'événement de Monville ; ils
partirent immédiatement dans un cabriolet. On était en
train, lorsqu'ils arrivèrent, de déblayer les morts et ils
se mirent activement au travail....

Le déblayement terminé, le jeune Michelet revint ex-
ténué, pâle et malade. Levavasseur était remonté dans le
cabriolet et avait continué sa route vers Rouen ; mais
nous apprîmes le lendemain, qu'à peu de distance de
Monville il s'était évanoui dans sa voiture, et qu'il n'en
avait été tiré qu'à son entrée dans la ville par les com-
mis de l'octroi, son cheval ayant continué sa route tranquillement.

Nous nous empressâmes d'écrire à M. Michelet pour
le rassurer sur le compte de son fils ; poste pour poste
il nous vint la réponse suivante :

« Je suis ravi, mon cher Noël, d'apprendre que vous
êtes en vie, ainsi que vos parents et Charles. J'ai lu le
journal à huit heures : à neuf j'étais rassuré grâce à
vous. Mais dans cette heure, je l'avoue, j'ai été terriblement inquiet. Je voyais bien que la trombe avait suivi
la vallée, et je pensais, en lisant la destruction de ces
vastes bâtiments, que le Tot et ses habitants pouvaient
bien avoir suivi le même chemin.

« Figurez-vous qu'à ce moment, le 19, nous étions au
Père-Lachaise, Alfred Dumesnil et moi. La scène était
grandiose, lugubre, mais point effrayante.

« La nuit suivante, j'ai vu en songe tout un monde de voyageurs qui sombraient sur la Seine, un millier de têtes noires qui disparaissaient dans un naufrage de nuit.

« Je suis affecté de ce qui est arrivé, mais enfin heureux de ce qui survit....

« Je vous embrasse, vous et Charles, de tout mon cœur. C'est une grave et précieuse occasion pour lui, si jeune, de connaître, par la mort, la vie et la nature humaine.

« Mes hommages à vos parents. »

A ce qui précède, je n'ai plus à ajouter d'autre souvenir que ceci : on parla beaucoup dans le temps des ouvriers écrasés ou morts des suites de leurs blessures ; mais les médecins de la localité furent seuls, ou à peu près seuls, à constater un genre de mort causé aussi par la trombe. L'un d'eux me donna alors des renseignements très-curieux : deux ou trois ouvriers qui, bien que présents dans les filatures avec tous les autres au moment de la catastrophe, n'avaient pas même reçu une contusion, n'en moururent pas moins dans les huit jours qui suivirent sans même être malades. L'un d'eux s'éteignit tout à coup, un matin, en déjeunant. Ce genre de mort était le résultat de la terreur qu'ils avaient éprouvée [1]. »

La plupart des caractères généraux des trombes de terre énumérés dans le précédent chapitre ont été signalés par les physiciens, notamment MM. Ch. Martins et Pouillet, qui se sont rendus sur le théâtre de la catastrophe. Le baromètre qui marquait à midi 757^{mm}, n'était plus à une heure qu'à 740^{mm}. Au milieu des objets emportés à de grandes distances, solives et planches épaisses mesurant jusqu'à 1 mètre de long, on cite un berger soulevé et transporté avec sa petite cabane.

---

[1] *Magasin pittoresque*, t. XXXIX.

M. Pouillet a observé l'orientation des arbres. Les pommiers renversés dont la plaine de Malaunay était couverte formaient trois bandes ; dans la bande centrale ils étaient couchés suivant la direction de la trombe sur ce point ; dans les deux bandes latérales les cimes étaient inclinées vers la bande centrale. Il y eut des arbres déracinés et transportés, des arbres cassés et des arbres tordus. Un grand nombre d'entre eux furent clivés, et M. Ch. Martins, dans son très-intéressant examen des phénomènes produits par la trombe[1], a constaté que ce clivage fut différent dans les différentes espèces d'arbres, chênes, hêtres, ormes, peupliers et trembles. Comme nous l'avons déjà fait observer, ici comme pour d'autres cas semblables, les arbres résineux ne présentaient aucune trace de clivage. Les pommiers du plateau de Malaunay, qui se trouvaient dans la partie centrale de l'action du météore, étaient fendus quelquefois jusque dans les racines, séparés en éclats et cassés à deux mètres environ au-dessus du sol ; mais aucun d'eux n'était divisé en lattes ou allumettes desséchées.

Un fait important est celui-ci, rapporté par des témoins employés au sauvetage. Douze d'entre eux ont affirmé que les briques des murs écroulés étaient chaudes ; six ont dit qu'elles étaient brûlantes. Suivant M. Martins, les vêtements et les corps de la plupart des ouvriers des fabriques étaient recouverts d'un enduit noir, visqueux, adhérent, et ce phénomène s'expliquerait par la formation d'un mélange de terre réduite en poudre avec la vapeur d'eau engendrée par le flux électrique qui aurait enveloppé ces hommes comme un nuage de fumée. On remarqua en effet un semblable nuage qui fit croire à l'incendie des forêts sur lesquelles avait passé le météore.

---

[1] *Annuaire météorologique de la France*, t. I.

On a constaté, d'autre part, que les ouvriers atteints présentaient tous les symptômes des blessés par les armes de guerre : la stupeur, l'absence d'hémorrhagie, l'aspect violacé des plaies contuses, et quelques médecins ont cru reconnaître dans ces symptômes l'action évidente du fluide électrique.

Trombe de Vendôme, 3 octobre 1871. — Ce météore a parcouru un espace d'environ 40 kilomètres en longueur, sur une largeur variant de 150 à 500 mètres, dans la direction de l'ouest à l'est. Voici quelques renseignements intéressants dus à un professeur de physique du lycée de Vendôme, M. Nouel, qui est allé visiter les lieux ravagés. « Il était six heures du soir quand la trombe s'est précipitée sur le sol dans la commune de Montoire. Le temps était pluvieux et orageux. En quelques secondes les toits des maisons étaient enlevés et les arbres arrachés et broyés. Des maisons ont été entièrement détruites dans le bourg des Hayes. En général les maisons d'habitation ont mieux résisté que les granges, dont les portes sont plus grandes, moins bien closes, et dont l'intérieur dégarni de planchers offre plus de prise à la force du vent. Dans l'une de ces granges se trouvait une voiture connue dans le pays sous le nom de carriole ; ce véhicule a été retrouvé à une distance de plus de 100 mètres. Il a été évidemment soulevé et comme aspiré, puisqu'il est passé par-dessus des murs avant d'être transporté au loin. Certains toits, qui auraient dû rester intacts à cause de la direction du vent, ont cependant été soulevés et transportés, tandis que d'autres, en apparence plus exposés, n'ont pas souffert. Il y a là trace évidente d'aspiration et de tourbillon. Un nombre considérable d'arbres sont arrachés ou broyés, même de gros troncs de chênes. De plus, phénomène bizarre, quelques-uns de ces arbres sont fendus dans toute leur longueur, une moitié broyée et

dispersée, l'autre moitié restée debout et intacte ; dans
certains cas, la partie enlevée n'est pas détachée exactement selon un même plan vertical, mais suivant un
plan contournant l'arbre. Ces traces de force tournante,
de tourbillon se retrouvent encore dans ce fait que les
arbres, plantés parallèlement dans les haies, ne sont
pas tous tombés du même côté, mais bien les uns d'un
côté, les autres d'un autre. Au delà de la route suivie, pas
la moindre trace de violence ; le phénomène était parfaitement limité. La direction indiquée est une moyenne.
On a remarqué que la trombe a fait souvent des zigzags,
dans certains cas même suivant un angle très-prononcé.
Un observateur a affirmé qu'elle faisait des sauts, c'est-
à-dire que, sur la route, il se trouve des points com-
plètement intacts, comme s'il y avait eu des ondulations,
des zigzags, dans le sens vertical aussi bien que dans le
sens horizontal. »

Trombe de Hallsberg (Suède), 18 août 1875. — Nous
empruntons aux *Nouvelles météorologiques* (9e année) le
résumé d'une note présentée à la Société des sciences
d'Upsal, par M. Hildebrandsson, à la suite de son enquête sur ce météore :

« La trombe a pris naissance subitement dans une
épaisse forêt de sapins et y a parcouru jusqu'à la lisière
une distance d'environ 500 mètres, du sud-sud-ouest
au nord-nord-est. Sur toute cette longueur, et sur une
largeur de 150 mètres, tous les arbres, au nombre de
plus de mille, étaient abattus, la plupart arrachés avec
leurs racines. Les arbres les plus proches qui restaient debout avaient leurs sommets courbés en fau-
cilles et pliés en dedans vers la ligne du milieu de l'espace ravagé. Cette ligne du milieu, ou trajectoire du
centre, était plus rapprochée du bord gauche que du
bord droit dans le rapport de 70 à 135. Ce fait seul, indépendamment de l'observation directe, suffit à montrer

que la trombe tournait en sens inverse des aiguilles d'une montre, car la vitesse du mouvement de rotation s'ajoutait à celle de la translation dans la bande de droite, et s'en retranchait dans celle de gauche; l'effet mécanique devait donc être plus étendu et plus énergique du côté droit. Tous les arbres abattus étaient dirigés, la tête en dedans, vers la trajectoire du centre et un peu en avant des racines, dans le sens de la propagation du tourbillon.

« Au sortir de la forêt, la trombe rencontra successivement une grange qu'elle détruisit; une machine à battre le blé, qu'elle transporta à 53 mètres au nord-nord-est, en la faisant passer par-dessus les ruines de la grange; puis une petite maison qui disparut complétement et dont on retrouva les parties dispersées à plus d'un kilomètre de distance tout le long de la trajectoire du centre, et enfin un grand corps de bâtiment dont elle enleva tout le premier étage, laissant heureusement le rez-de-chaussée où se trouvaient deux personnes. A quelque distance elle renversa encore quelques arbres et un petit bâtiment, et enfin passa sur un champ d'avoine dont toute la paille était renversée vers le nord-est, comme si on avait passé un rouleau sur elle. A environ deux kilomètres du point de départ, les traces de la trombe cessèrent d'être visibles.

« Les spectateurs la décrivent comme un cône renversé qui aurait tourné autour de son axe vertical. A Hallsberg, situé à trois kilomètres au sud-est de l'espace ravagé, on la suivit nettement; et on prit même pour des oiseaux les débris de toutes sortes qui tourbillonnaient dans la partie supérieure du météore. On a vu les nuages planer tranquillement au-dessus de la trombe, qui n'est pas parvenue à beaucoup près jusqu'à eux.

« La trombe a pris naissance dans un air relativement calme, et dans toute la contrée environnante on n'a constaté le même jour aucun orage. Les phénomènes électriques ont semblé presque entièrement étrangers à sa formation : on n'a entendu qu'un coup de tonnerre pendant toute sa durée. Le matin, le temps était variable, il pleuvait par intervalles, et la trombe a apparu subitement dans la forêt après une averse très-forte. »

M. Hildebrandsson constate une grande analogie entre ce météore et la trombe de Châtenay. Il n'admet pas la formation par courants opposés et considère le phénomène comme le résultat d'un équilibre instable causé dans l'atmosphère par un grand échauffement de la surface terrestre. Pour montrer que la trombe était ascendante, il se fonde en outre sur ses recherches relatives aux cirrus, d'après lesquelles ces nuages posséderaient un mouvement giratoire, divergent au-dessus d'un minimum de pression barométrique et convergent au-dessus d'un maximum.

M. Faye est entré en discussion[1] avec le météorologiste suédois au sujet de ces déductions. Admettant bien le mouvement giratoire d'après les cartes que celui-ci a présentées, il trouve que le sens dans lequel il lui paraît avoir lieu et qui déterminerait l'ascendance ou la descendance n'est nullement démontré. Pour le cas de la trombe de Hallsberg, il se reporte à la déclaration suivante d'un témoin oculaire, placé à 150 mètres du centre du météore et à une vingtaine de mètres seulement de son bord, pour conclure à la descente rapide, qui serait en faveur de la théorie qu'il a émise : « M. Lars Anderson, propriétaire de Wissberga-Utgard, raconte qu'il était avec un valet dans la forêt au moment de la catastrophe, tout près du lieu où la dévastation a commencé. Le temps avait été variable pendant la matinée, il pleuvait par intervalles. Quelques moments

---

1. *Comptes rendus de l'Académie des sciences*, 1876.

après une averse très-forte, une masse de nuages venant du sud s'abaissait subitement au-dessus de leur tête. Il crie au valet de prendre garde. Dans le même instant la foudre tombe sur un sapin à 130 mètres d'eux ; on entend un fracas assourdissant, et tous les arbres jusqu'à la limite du bois sont renversés en un moment. » Masquée sans doute jusqu'alors, ajoute M. Faye, aux yeux de M. Lars Anderson par les arbres de la forêt, la trombe, que de la plaine des spectateurs apercevaient tout entière sur la forêt, est devenue subitement visible lorsqu'elle a passé sur sa tête pour pénétrer tout près de lui au milieu des arbres qu'elle s'est mise aussitôt à faucher.

M. Hildebrandsson a remarqué que sur le bord de la trouée de 150 mètres pratiquée dans la forêt, les arbres étaient tous couchés obliquement au parcours de la trombe et dirigés vers la ligne centrale. Il pense que si le mouvement de l'air avait été descendant, ces arbres seraient tombés en dehors et non en dedans de la tranchée. Mais il faut considérer, réplique M. Faye, que d'après le mode d'action mécanique de la trombe, pénétrant comme un outil tournant dans une épaisse forêt et détruisant tout entre deux hautes bordures parallèles d'arbres restés debout, on ne doit pas s'étonner que sur plus de mille arbres arrachés ou cassés ceux des bords soient tombés en dedans, les parois verticales de la tranchée formant un obstacle bien capable de limiter les angles de chute.

Trombe observée à Morges (Suisse), le 4 août 1875. — Cette relation que nous plaçons à la suite de celle de M. Hildebrandsson présente une conclusion opposée à la sienne. Son auteur, M. A. Foret, qui l'a communiquée à l'Académie des sciences, se prononce pour l'existence d'un courant descendant dans la colonne nuageuse. « Après une série de belles journées d'été, le baromètre fléchit rapidement. Un orage électrique très-fort frappa la côte vaudoise du lac Léman pendant la nuit, et le lendemain matin une pluie abondante, chassée par un léger vent de sud-ouest, dura jusqu'à 6 heures. A midi, le ciel était entièrement couvert de nuages, très-inégaux de ton, depuis le blanc mat jusqu'au gris-noir, témoignant ainsi de différences considérables de niveau. La couche de ces nuages était à une hauteur de 1 500 mètres environ, à en juger par les cimes des Alpes et du Jura, qui y étaient cachées. Les nuages, ou tout au moins les plus bas d'entre eux, dont je pouvais apprécier la direction, étaient entraînés par un très-léger vent du nord-est, tandis qu'à la surface du lac régnait un calme plat. Quelques nuages qui, dans la direction du Jura, se dessinaient au-dessous de la couche générale, étaient très-évidemment inclinés par leur partie supérieure vers le sud-ouest, montrant ainsi que le courant supérieur était plus fort que le courant inférieur et peut-être même de direction opposée.

« C'est dans ces conditions qu'à midi vingt minutes j'ai vu, se détachant d'un nuage gris-noir foncé, une colonne blanche qui se dessinait très-nettement sur le fond noir des forêts du Jura. Cette colonne, évasée à sa partie supérieure, descendait à peu près verticalement dans sa première moitié, puis s'inclinait dans la direction du nord-est, se redressait un peu dans sa partie inférieure, et se terminait en pointe effilée à une certaine distance de terre. Les collines qui bordent notre lac masquaient à mes yeux la vallée où devait cheminer le bas de la trombe ; du reste, au moment où je l'ai aperçue pour la première fois, elle était déjà brisée, et se terminait, comme je l'ai dit, en pointe.

« Les bords apparents de la colonne présentaient de petits renflements, en bourrelets spiraux, indiquant un mouvement de rotation visible, même à la distance où

je me trouvais; ce mouvement m'a semblé marcher en
sens inverse de celui des aiguilles d'une montre; je ne
puis cependant rien affirmer de positif sur ce point;
mais ce sur quoi je puis me prononcer, ce que j'ai vu
très-nettement, l'ayant étudié avec la plus grande attention et ayant tout spécialement dirigé mon observation
sur ce fait, c'est que le mouvement de rotation spiral
des bords de la trombe allait en descendant; les flocons
de neige formant les bourrelets et les saillies sur les
bords de la colonne avaient un mouvement apparent très-
évident de haut en bas, apparaissant successivement des
deux côtés de la trombe à des hauteurs différentes, et
présentant même ce mouvement de descente pendant l'instant très-court où ils formaient le bord de la colonne.

« J'observai la colonne pendant dix minutes environ;
je la vis se déplacer lentement dans la direction du
sud-ouest, se pliant et s'infléchissant plusieurs fois,
diminuant visiblement de diamètre, mais surtout diminuant de hauteur; elle se raccourcissait de bas en
haut, la pointe effilée devenant d'abord plus mousse,
puis s'évanouissant petit à petit, jusqu'à ce que je ne
vis plus qu'un léger nuage légèrement surbaissé, dernier vestige de la trombe.

« Un point qui me frappe surtout dans cette observation, c'est le calme relatif de l'atmosphère. A 4 heures
et demie, au moment où j'écris, le lac est à peine mar-
bré par des airs indécis et j'ai grand'peine à déterminer la marche des nuages, tellement est faible le courant du nord-est, qui les tient appliqués sur les pentes
des Alpes. »

Trombe de Moncetz, 19 octobre 1874. — Un orage
formé sur la rive gauche de la Marne, dit une note ré-
digée par M. A. Lorinet, instituteur[1], s'annonçait aux

---

[1] *Bulletin de l'Association scientifique de France,* n° 371.

habitants de Moncetz sous les plus sinistres apparences :
le tonnerre faisait entendre des grondements sourds et
continus; les nuages, très-bas, bouleversés, livides ou
d'une couleur rouge-brique, étaient sillonnés en tous
sens d'éclairs petits, mais d'un vif éclat. Chacun redou-
tait une catastrophe.

Cet effrayant prélude dura à peine dix minutes; tout
à coup le vent souffla avec une impétuosité incroyable.
Une trombe formée vraisemblablement dans la petite
vallée qui se trouve entre Mairy et Sogny, après un instant d'arrêt, traversait la Marne et se dirigeait droit sur
Moncetz, brisant d'abord les arbres avec un fracas
épouvantable dans les bois qui la séparaient de Moncetz, et dont la résistance semble avoir détourné le trajet du terrible météore et préservé ainsi le centre du
village, puis contournait ces bois, non sans y faire
d'immenses dégâts, et, trouvant enfin une issue, arrivait à l'extrémité du pays, du côté de Chepy, et ruinait
tous les bâtiments sur son passage, en projetant au loin
leurs débris. La trombe continuait alors sa route au
nord-nord-est sans obstacles, ravageant les terres ense-
mencées et renversant une partie des bâtiments de la
ferme de Launa, à Longevas; enfin, après avoir cassé ou
déraciné plusieurs milliers de sapins, il atteignit le territoire de Courtisols, mais perdant déjà beaucoup de sa
foudroyante énergie. Quelques secondes avaient suffi
pour couvrir de ruines une partie de son territoire.
Huit corps de logis et leurs dépendances, granges, écu-
ries, hangars, ne présentaient plus qu'un amas informe
de décombres, sous lesquels trois personnes étaient ensevelies; deux autres ont pu être sauvées et en sont
quittes pour quelques blessures.

La violence de la trombe était extrême, et ses effets
accusent une puissance irrésistible : très-peu d'arbres
sont arrachés; la plupart sont cassés ou tordus à 3 ou

4 mètres de hauteur et renversés dans toutes les directions; quelques-uns sont pour ainsi dire broyés. Le sol,
déchiré par places, est partout recouvert de débris sur
une largeur de 80 à 200 mètres. Des branches de chêne
provenant, à n'en pas douter, des bois de Moncetz, et
d'autres objets, ont été trouvés à plus de 15 kilomètres
de distance.

Un autre témoin oculaire a donné sur cette trombe
les détails suivants :

« Le météore a pris naissance à 4 heures 40 minutes
du soir, à la suite d'un violent orage. La rencontre de
deux nuages noirs très-bas, rencontre marquée par un
éclat de tonnerre qui renversa deux personnes, parait
avoir déterminé la formation du phénomène; immédiatement après, on a vu les nuages se précipiter tumul-
tueusement des deux côtés de la trombe et s'y engouffrer.

« Tous les arbres situés sur le passage de la trombe,
au bord du canal latéral à la Marne, sont coupés sur
une largeur de 80 mètres; un orme ayant à sa base
2 mètres de tour est cassé net à 2 mètres du sol.

« La trombe, composée d'abord d'une seule colonne,
se divise bientôt en quatre ramifications bien distinctes,
touchant plus ou moins le sol; l'une d'elles n'enlève
que les sommets des arbres qu'elle atteint; à la sortie
de Moncetz, la zone ravagée a déjà 200 mètres de largeur; à Longevas, 400 mètres. Le météore ressemblait
à une colonne de fumée noire et épaisse, se mouvant
avec une vitesse de 30 kilomètres à l'heure et animée
d'un mouvement de giration; de près, chaque ramifica-
tion offrait l'apparence d'un cône renversé, de couleur
brun noirâtre, à contours tranchés, ayant de 4 à
5 mètres à la base et 15 mètres de hauteur.

« Plusieurs personnes se sont trouvées sur le passage
de la trombe, n'ont pu l'éviter, et ont été soulevées à

2 mètres de hauteur, puis entraînées avec une vitesse vertigineuse au milieu d'une obscurité profonde. Lorsqu'elles se sont relevées, affreusement contusionnées, elles étaient couvertes d'une matière noire exhalant une odeur de soufre très-prononcée.

« Les chevaux et les voitures étaient soulevés et entraînés ; près du canal, un scieur de long vit sa voiture à bras, laissée à quelques pas de lui, disparaître dans l'air par une ascension presque verticale.

« La puissance du météore est encore attestée par ces faits, qu'une pièce de chêne, pouvant cuber 2 décistères, est transportée à 3 kilomètres de distance, et qu'un chevron détaché d'une maison de Moncetz vient se ficher avec une force prodigieuse dans le mur de la ferme de Sauna, située à 4 kilomètres, où on peut encore la voir.

« L'électricité semble avoir joué un grand rôle dans ces phénomènes : au moment du choc des deux petits nuages, qui a provoqué la formation de la trombe, un champ situé à 500 mètres du passage de la trombe a été couvert pendant deux ou trois secondes d'étincelles qui paraissaient s'élever à 50 centimètres du sol. »

Trombe sur le Rhin, 16 juin 1874. — Nous empruntons au journal *la Nature* la description d'une trombe observée par M. R. Peyton, aux environs de Cologne. « Au lever du soleil, le vent soufflait avec une violence extrême ; le ciel était couvert de nuées épaisses, et la pluie tombait en abondance. M. Peyton, en suivant les bords du Rhin, ne tarda pas à être frappé d'étonnement en remarquant une grande colonne de vapeurs atmosphériques qui descendait des nuages et arrivait jusqu'à la surface du fleuve. Elle formait un cylindre vaporeux du plus bel effet, noir et obscur dans ses parties élevées, clair, brillant et presque éclatant à sa base, qui se perdait dans les eaux. Tout à coup le vent re-

double de violence, l'air se précipite avec force à travers le Rhin, et s'élance de la rive gauche à la rive
droite; la colonne de nuages se met à tourner sur elle-
même avec une vitesse extraordinaire, et bientôt l'eau
est aspirée en une spirale légère, qui s'élève jusqu'au
milieu des vapeurs aériennes. La trombe ainsi formée
ne tarde pas à s'incliner sur son axe, et se dirige vers
la rive gauche, où l'observateur peut la contempler de
très-près. Il remarque que l'eau du fleuve, à la base de
la colonne liquide, est dans un état d'agitation extraordinaire, comme si elle était soumise à l'ébullition. Mais
la colonne est rompue subitement; un intervalle vide la
sépare en deux tronçons; le cône d'eau s'abaisse à vue
d'œil, tandis que le cône supérieur de vapeurs s'élève
dans les nuages. Il ne reste bientôt plus de vestige de
ce remarquable phénomène.

« La gravure montre l'aspect de la trombe du 16 juin
au moment où elle s'offrait dans son complet développement: C'est à dessein que la colonne d'eau inférieure
est représentée tout à fait blanche, car elle présentait
presque l'aspect d'une veine de mercure, tant elle était
éclatante. Elle était parfaitement cylindrique, comme le
jet qui s'échappe du tonneau de nos porteurs d'eau.
Cette belle trombe, mince, élancée, se reflétait dans
l'eau du fleuve comme dans un miroir, et offrait à l'œil
un tableau saisissant. »

Trombe de Palazzolo (Sicile), novembre 1872. — A
environ vingt-cinq milles à l'ouest de Syracuse on trouve
la petite ville de Palazzolo, bien connue des archéolo-
gues qui vont y visiter les ruines de ses antiques édifices
grecs. La *Gazette de Syracuse* a enregistré le récit d'un
témoin oculaire, relatif à une trombe très-violente par
laquelle cette ville a été détruite en grande partie. Nous
en extrayons les faits les plus frappants. Le tourbillon
n'exerça sa fureur que pendant cinq minutes, mais elles

suffirent pour rendre des quartiers inhabitables et pour
plonger des centaines de familles dans la plus affreuse
détresse. Les effets des tremblements de terre ne sont
pas aussi terribles. Le nouveau théâtre et beaucoup de
maisons bien bâties ont été renversés jusqu'aux fondements. Une partie de la façade de l'église Saint-Sébastien

Fig. 15. — Trombe sur le Rhin.

a été arrachée ; les murs d'un couvent de religieuses
renversés dans différents sens ont causé la mort de dix
personnes ; dans un magasin la trombe a dispersé vingt-
cinq hectolitres de blé sans qu'il en restât trace.

Une grande partie des registres des services publics a
dû être recueillie çà et là, souvent bien loin des bureaux
qui les renfermaient. Les barres de fer d'un balcon furent tordues ensemble comme un écheveau ; on a vu la

Fig. 16. — Trombe à l'Exposition universelle de Vienne.

colonne d'un palais emportée à six mètres de la place
qu'elle occupait. Partout il y a eu de nombreux bouler
versements. On a réuni dans une vaste salle les cadavres
successivement retirés des ruines. Beaucoup n'étaient
revêtus que de leurs chemises, .ayant été surpris par la
catastrophe pendant le. sommeil. Au milieu de ces dou-.
loureuses recherches on rencontrait le pathétique mêlé
à l'horrible : un père serrant son petit enfant dans ses
bras, deux frères se tenant étroitement embrassés....

Trombe de Vienne. — Le 29 juin 1873 un orage d'une
violence extraordinaire, qui avait tous les caractères
d'une trombe, éclata sur la ville de Vienne. Un vent
impétueux soufflait en tourbillons, la pluie était torrentielle, mêlée d'averses de grêle ; les éclairs et le tonnerre se succédaient presque sans interruption. Plusieurs parties du palais de l'Exposition universelle et du
parc furent fortement endommagées ; une masse d'eau
considérable pénétra à travers les vitres de la toiture,.
brisées dans une grande étendue ; dans les jardins
inondés et ravagés, des arbres, des mâts à banderoles
et plusieurs kiosques furent renversés. Un certain nombre de vitrines et de pavillons des exposants eurent à
souffrir, notamment dans la section française des ma-
gnifiques soieries de Lyon ; dans les galeries des voitures on signalait aussi de nombreux dégâts. Un ballon
captif, avec lequel on devait faire des essais et qu'on
venait de gonfler à grand'peine, fut enlevé par la bourrasque et disparut dans le ciel orageux, malgré les efforts d'une centaine d'hommes qui cherchaient à le re-
tenir. On le retrouva quelque temps après dans les
plaines de la Hongrie.

Trombe d'Iowa et de l'Illinois, 22 mai 1873. — Ce
météore, dont nous trouvons une description très-com-
plète dans le rapport annuel du *Signal service* des États-
Unis, avait une grande analogie avec la trombe de

West-Cambridge dont les phénomènes ont servi au
Dr Blasius à édifier la théorie que nous avons exposée
dans le précédent chapitre. Les témoignages recueillis
sur tous les lieux qu'il a parcourus sont nombreux et
circonstanciés ; nous les résumons en reproduisant les
principaux dessins dont ils sont accompagnés. C'est à

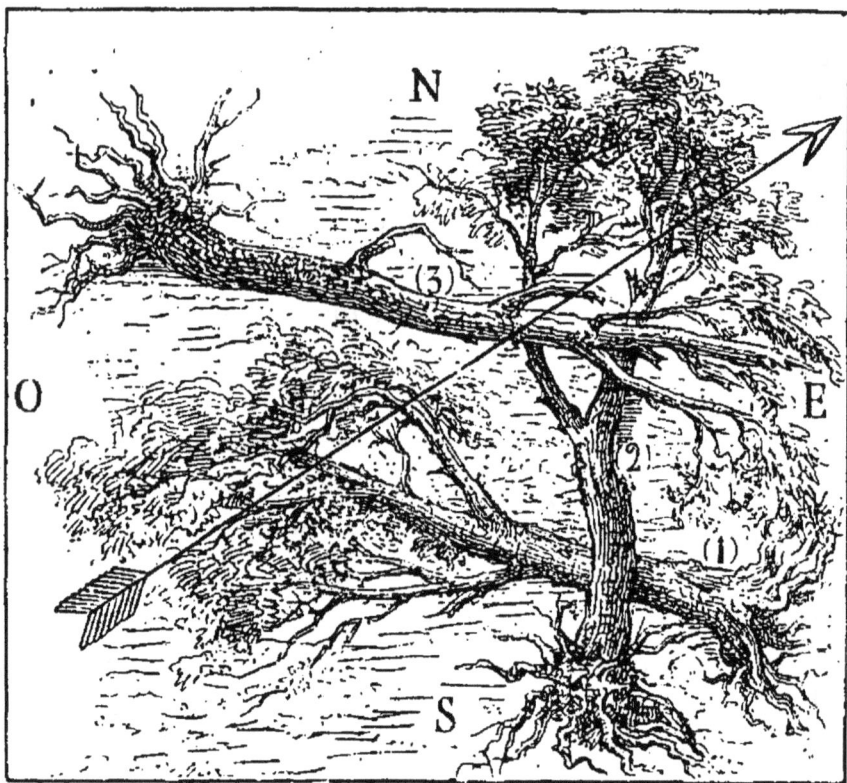

Fig. 17. — Trombe d'Iowa.

la rencontre des courants équatoriaux et polaires qu'on
doit attribuer l'origine de la trombe, qui ne s'est mon-
trée, comme celle de West-Cambridge, à l'état de tourbillon, que dans des districts éloignés les uns des autres. La colonne nuageuse a subi des changements de
forme considérables.

Au moment où elle a pris naissance on pouvait la

confondre avec les bourrasques orageuses qui existaient
en grand nombre dans la contrée. Elle était accompagnée d'un vent violent, de pluie et de grêle. Les premiers ravages ont eu lieu dans un vallon entouré de
collines peu élevées ; elle y a renversé beaucoup de
clôtures et endommagé une maison. On a vu les nuages
tournoyer assez rapidement après s'être réunis en venant du sud-ouest et du nord-ouest ; ils avaient l'apparence d'un cylindre d'environ 35 degrés de diamètre.
Plus loin on a distingué un cône descendant presque
jusqu'à terre et tournant en sens contraire des aiguilles
d'une montre. Suivant un témoin, ce cône se serait al-
longé et contracté alternativement auprès d'une ferme
où toutes les barrières ont été abattues, une charrue
pesant 250 livres a été transportée à trente pas, ce qui
correspond à une force de vent de 70 livres par pied
carré. La marche de la trombe paraissait incertaine
« comme celle d'un enfant qui fait ses premiers pas ».
Elle détruisit une maison d'école où le maître faisait sa
classe et fut transporté avec ses élèves à une trentaine
de pas ; l'édifice avait pourtant des fondations en pierres. La grêle tomba près de là et on ramassa des grêlons gros comme des œufs de poule. Une forte solive,
longue de quinze pieds et pesant trente-cinq livres, fut
enfoncée dans la terre de quatre pieds, à quarante pas
de l'édifice dont elle avait été arrachée. Un témoin a
raconté qu'il se trouvait dans une maison qui s'est
écroulée en grande partie sous l'action de la trombe.
Au moment de son passage, il ressentit un froid très-vif
et bientôt après beaucoup de chaleur, pendant qu'un
épais brouillard l'enveloppait. Il a vu quelques éclairs.
Un bruit de roulement mêlé de soudaines explosions
a été constamment entendu. La trombe se dirigeait
vers l'est-nord-est ; après son passage on observait partout de la grêle et de la pluie. Elle se trouvait à deux

heures de l'après-midi, près du village de Lancaster,
où le vent avait soufflé du sud pendant toute la première
partie de la journée, et reprit dans cette direction quand
le météore se fut éloigné. Plus loin, à Hayesville, le
vent changea et passa au nord-ouest. De grands ravages
furent constatés à Troublesome-Creek, où l'orientation
des arbres abattus prouvait que la tempête avait été
rotatoire et d'une largeur d'environ deux cents mètres.
Un témoin assure avoir aperçu trois cônes descendant
plus ou moins bas, un autre deux seulement. Le plus
grand avait un mouvement de pendule. La trombe acquit surtout une grande violence en descendant vers la
rivière Skunk, où deux ravines profondes, l'une venant
du sud et l'autre de l'est, se rejoignent. Un grand nombre d'arbres y furent cassés et parmi eux un chêne
ayant quatre mètres de circonférence à la base. Beaucoup eurent leur écorce enlevée dans une grande étendue
par des objets massifs lancés par le vent, dont plusieurs
pénétrèrent même dans le bois. Là direction des arbres
déracinés et des branches rompues indiquait un mouvement hélicoïdal vers le centre. Le dessin (fig. 17), pris
au sud de la rivière dans un endroit où celui-ci a passé,
est un type de leur disposition. Les chiffres indiquent
la succession dans laquelle les arbres ont été abattus.

Trois maisons, situées sur des collines à un mille de
là, furent renversées par de violentes rafales venant du
sud-ouest. Pendant que la trombe longeait la rivière,
l'eau cessa de couler par-dessus un barrage, ce qui paraît indiquer qu'elle exerça une aspiration sur sa surface.

La maison et la scierie mécanique (fig. 18) de M. J.
Kohlhaus se trouvaient directement sur la route du météore, à un quart de mille de la même rivière. Ce témoin
le vit arrêté pendant quelque temps, faisant un bruit terrible pouvant se comparer à des décharges d'artillerie.

Fig. 18. — Trombe d'Iowa.

La couleur du cône était bleue avec des parties vertes.
A l'ouest de la trajectoire était un bois touffu et à l'est
un verger ; les arbres de ce dernier furent abattus dans
la direction du sud au nord et ceux du premier dans la

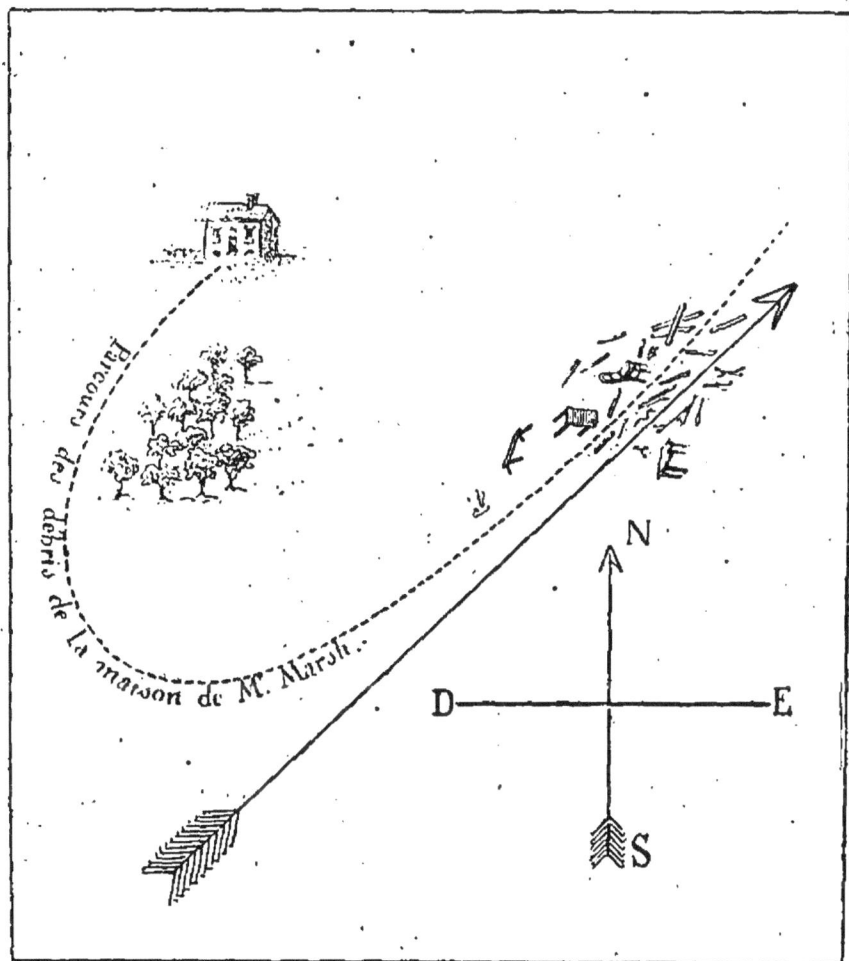

Fig. 19. — Trombe d'Iowa.

direction opposée. Des solives de la maison et des pièces
en fer des machines furent transportées très-loin ; on
trouva une cheminée en tôle à deux milles dans le
nord-est.

Quand la trombe approcha de la maison de M. Marsh,

elle parut animée d'un rapide mouvement giratoire.
Cette maison fut ruinée de fond en comble et ses débris
ont été semés le long d'une route marquée dans le dessin (fig. 19) en forme de demi-cercle. Un enfant fut tué
et sa mère blessée grièvement. De nombreux bestiaux
périrent dans l'étable et dans les champs. On trouva de
toutes parts les débris des poutres presque réduites à
l'état d'allumettes. Plusieurs machines aratoires et des
chariots furent entraînés assez loin ; les barrières couvraient le sol jusqu'à un demi-mille du côté du nord-
est.

Le centre de rotation et la route qu'il a suivie apparaissent très-bien dans les barrières et les champs de
blé bouleversés : on voit les poteaux et les épis couchés
dans des sens différents, conformes au mouvement indiqué (fig. 20). Un arbre de deux pieds de diamètre
déraciné en A fut trouvé abattu au sud de ce point,
ayant sa cime tournée vers le nord-est ; le vent a dû lui
faire parcourir la route indiquée par la flèche.

La destruction de la maison de M. Campbell, à La-
fayette, présente la plupart des circonstances précédemment relatées. La trombe principale avait à ses côtés deux mamelons beaucoup plus courts, émergeant du
gros nuage noir. Elle opéra en ce point ses derniers ravages dans le comté de Keokuk. Son extrémité cessa de
toucher le sol et il est remarquable qu'à partir de ce
moment on n'entendit plus aucun bruit. On constata cependant encore la giration dans le cône.

L'observateur du *Signal Office*, M. J. Mackintosh, se
rendit ensuite à Westchester, dans le comté de Washington, où la trombe « avait étendu de nouveau un
bras » vers la surface terrestre. Il apprit qu'elle y
avait laissé tomber beaucoup de grêle et de pluie pendant que le bruit recommençait. Les grêlons atteignirent la dimension des œufs de pigeon et même celle

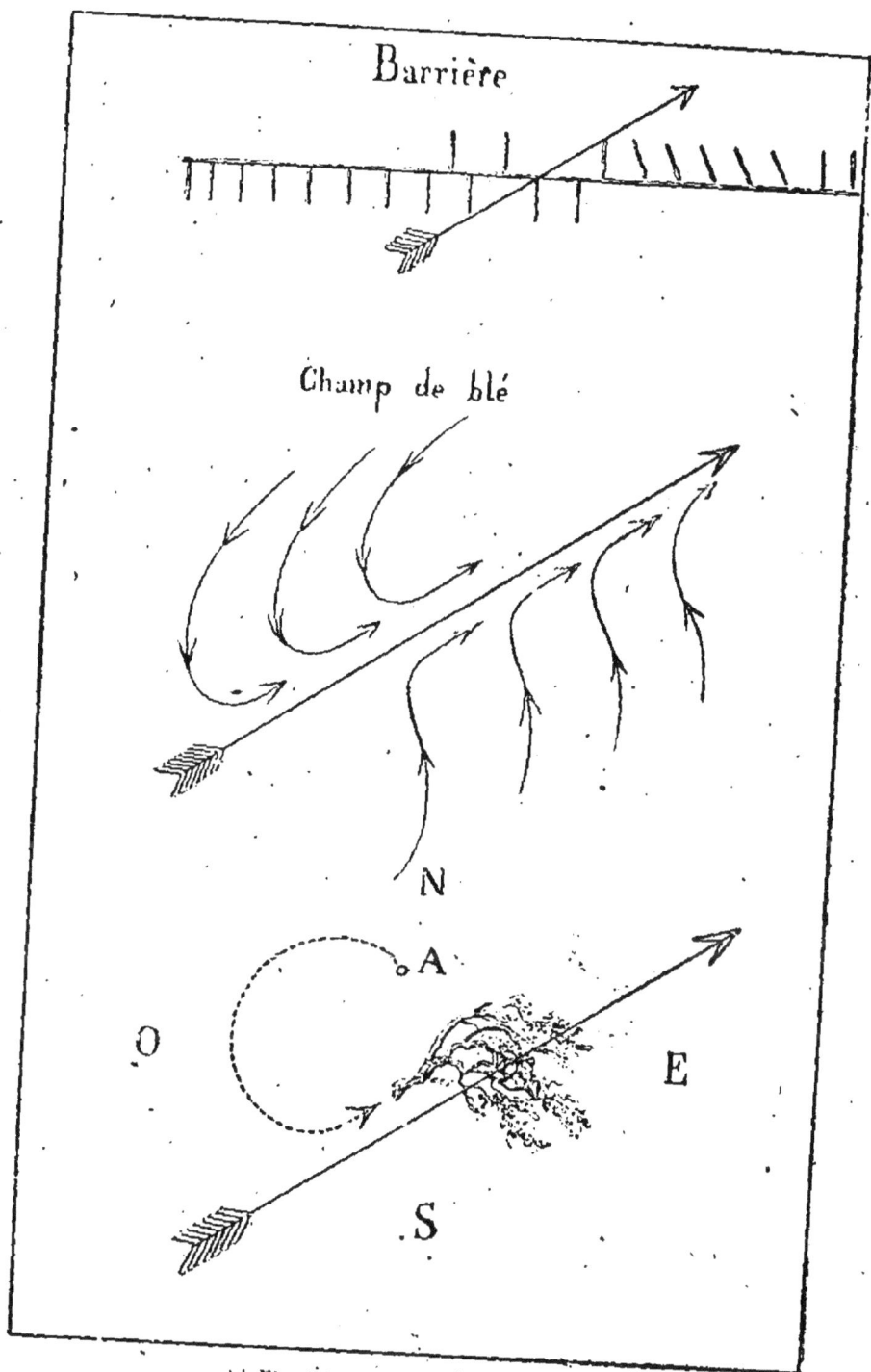

Barrière

Champ de blé

N

A

O

E

S

Fig. 20. — Trombe d'Iowa.

des œufs de poule. Elle fit de nouveaux ravages, endommagea plusieurs fermes. Il était plus de trois heures quand elle atteignit celle de M. Gilchrist, dans le territoire de Cedar, qui fut abattue, et dont on trouva les débris distribués sur un demi-cercle d'un grand rayon.

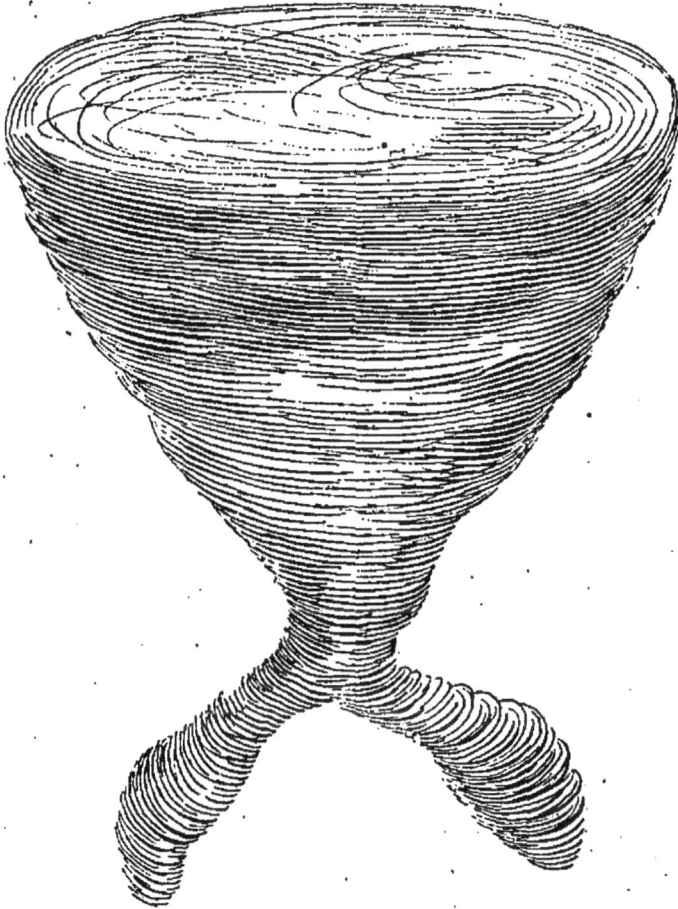

Fig. 21. — Trombe d'Iowa.

Les nuages qui couvraient le ciel devinrent tellement denses, qu'il se fit une obscurité comme à minuit.

La destruction de la maison de M. Waters est un fait intéressant à noter. Suivant le propriétaire, la trombe, en arrivant, parut rouler sur la terre comme une vague énorme. Il se réfugia (fig. 22) dans une cave située à huit mètres au sud de la maison, qu'il vit de là emportée par la tourmente à vingt-quatre mètres dans le nord-est, sans qu'elle fût tournée ou inclinée. Elle labourait la terre et s'enfonça progressivement, jusqu'à ce que la résistance devint si grande, à la base, qu'elle dut chavirer et se démolir. Ses dimensions étaient de 30, 16 et 11 pieds ; son poids atteignait au moins 10 tonnes. Ce qu'il y eut de curieux, c'est qu'un petit arbre situé entre la cave et la maison et qui était soutenu par un tuteur, resta intact. Au sud-ouest de la cave, il en fut de même des arbres contenus dans un espace triangulaire assez étendu, tandis que tous les autres, qui couvraient la propriété, furent déracinés ou brisés.

Un autre témoin qui aperçut le météore près de ce point l'a vu sous une forme très-remarquable. Il paraissait composé de deux petits appendices en forme de cônes réunis au sommet d'un cône beaucoup plus grand (fig. 21), mais ne tournant pas toutefois l'un autour de l'autre. Une maison sur laquelle ils passèrent fut démolie, et ses poutres prirent un mouvement ascendant. Le toit d'une école voisine disparut aussi et les élèves furent couverts d'une couche de boue apportée par la trombe. En plusieurs endroits on constata que le vent, primitivement du sud, passa au nord-est après le passage du météore et que l'atmosphère devint très-froide. La grêle, quelquefois de très-forte dimension, tomba fréquemment, et on trouva dans le noyau de beaucoup de grêlons de menus débris de branches, de feuilles et de brins d'herbes.

De l'État d'Iowa, la trombe passa dans l'Illinois et atteignit les environs d'Utica, où elle fut l'objet d'assez nombreuses observations qui n'eurent toutefois pas la précision de celles dont nous avons précédemment rendu compte. A ses côtés tombèrent d'abondantes

averses de pluie, avec des décharges électriques fréquentes. Une dépêche envoyée d'Ottawa au *Chicago
Times* est ainsi conçue : « La trombe qui a parcouru
la partie centrale d'Iowa est aussi venue déployer sa
violence dans notre région pendant cette soirée. Une
énorme quantité de pluie est tombée en un temps très-
court, et la marche de deux trains du chemin de fer a
été arrêtée durant plusieurs heures. Des ponts ont été
emportés et il y a eu beaucoup d'autres désastres. »

Du point d'apparition du météore, voisin de la rivière
Sud-Skunk jusqu'à Peoria, où sa trace a été perdue, la
distance est de cent cinquante milles, mais par suite
de sa marche sinueuse la trajectoire réelle est beaucoup plus longue. On peut considérer la quantité de
pluie tombée pendant cette marche comme équivalente
à environ vingt-trois millions de pieds cubes d'eau.
M. Makintosh a calculé la quantité de calorique que
cette condensation rend libre, et évaluant d'autre part
la formidable énergie mise en jeu dans une telle trombe,
il a trouvé que cette dernière surpasse considérablement l'énergie correspondant au dégagement de la chaleur latente. Il a été, par suite, conduit à chercher une
autre source de force, qui lui paraît consister dans la
destruction de l'équilibre atmosphérique régnant entre
un courant du sud échauffé d'une manière anormale et
une couche d'air plus froide et douée, par suite, d'une
plus grande pesanteur spécifique. Il déduit de là d'intéressantes considérations sur les conditions atmosphériques correspondant à la naissance des trombes.

« Une aire de dépression barométrique, dit-il, existait dans les vallées du Mississipi et du Missouri les 20,
21 et 22 mai, et se mouvait lentement vers le nord. Il
en résulta l'introduction d'un courant méridional, plus
chaud que d'ordinaire dans cette saison, sur une grande
partie centrale du continent. De là une série de violen-

tes tempêtes locales ou convulsions spasmòdiques le
long de. toute la déclivité sud de l'aire de basse pression, tempêtes souvent accompagnées de chutes de
grêle et d'explosions électriques, qui atteignirent leur
plus grand développement dans la trombe précédem-

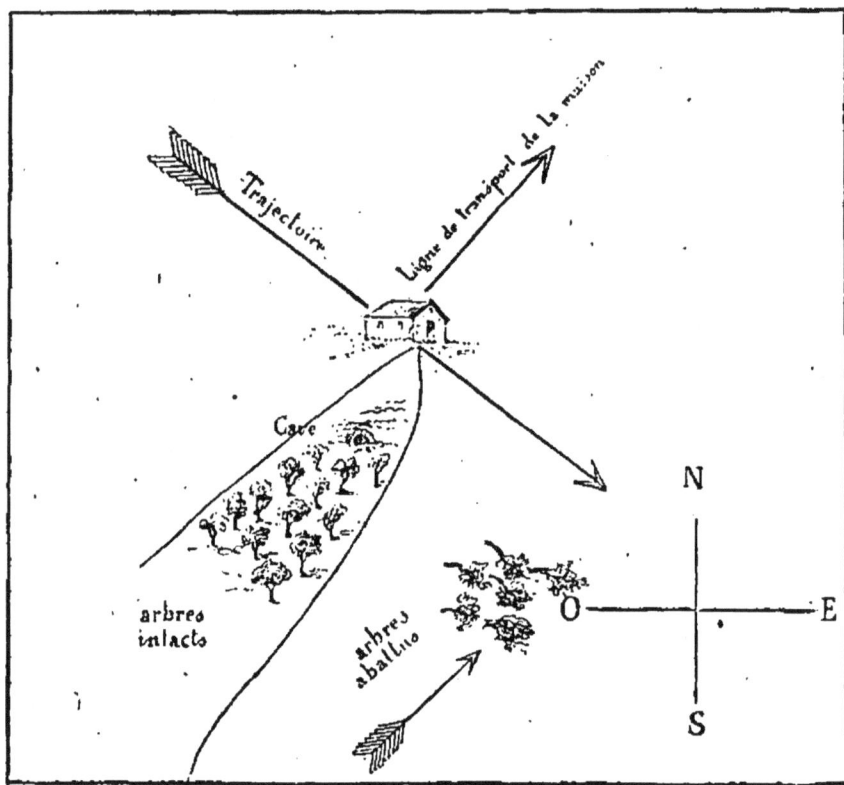

Fig. 22. — Trombe d'Iowa.

ment décrite et dans une autre qui dévasta en même temps
une partie du Kansas. Les circonstances dans lesquelles
naissent ces terribles météores sont donc faciles à comprendre. Elles sont les mêmes que celles qui produisent les orages, mais elles donnent lieu à des phénomènes plus violents. Le courant chaud du sud attiré vers
le minimum barométrique arrive sous un air plus froid
et plus lourd. Aussi longtemps que la pesanteur spécifique d'un volume d'air donné de la couche supérieure,

pesanteur due à une plus basse température, est balancée dans la couche inférieure par une plus grande densité dérivant d'une plus forte pression supportée par le même volume d'air, l'atmosphère est dans un état d'équilibre instable. Une cause perturbatrice peut le détruire, la pression peut arriver à s'égaliser, et alors l'air inférieur tendra à s'élever; une ouverture se fera dans la couche supérieure et il en résultera un puissant courant ascendant. L'état d'équilibre instable continue donc à exister jusqu'à ce que la densité provenant de la basse température surpasse celle qui résulte d'une plus grande pression. A ce moment l'équilibre instable est détruit. Plus l'atmosphère approchera de cette condition, plus la convulsion sera intense, et il est probable que cette destruction de l'équilibre se produit dans le plus grand nombre des trombes. »

V

TORNADES ET BOURRASQUES

Formation des tornades. — Leurs rapports avec les trombes et les cyclones. — Grains arqués. — Pampères. — Tornades de la côte occidentale d'Afrique. — Ecnéphies. — Tempêtes de poussière. — Simoun et khamsin. — Tourbillons des steppes et de l'Australie. — Tornades des États-Unis. — Éruptions volcaniques et tourbillons. — Tempêtes de neige.

Entre les trombes et les cyclones se placent les tornades, tourbillons dont le diamètre est moindre que celui des grands ouragans, mais qui, par leur développement, échappent en grande partie aux observations d'ensemble que permet le diamètre restreint des trombes. Toutefois, comme nous le verrons, certains signes précurseurs des tornades indiquent leur centre de formation et offrent aux météorologistes un intéressant sujet d'observations, en même temps qu'ils mettent les marins en garde contre ces violents tourbillons, qui sont presque toujours de courte durée. Leur principale cause réside probablement dans la dilatation locale de l'air produite par l'action calorifique du soleil sur les régions tropicales, ou sur quelques parties des régions tempérées où se manifeste aussi en été une température anormale élevée, qui met en mouvement de grandes

masses aériennes chargées d'électricité, dont la rencontre fait naître les grands remous qui se développent
en tourbillons à la surface du globe.

« Je pense, dit Piddington, que les tornades, les trombes et les tourbillons de poussière ont un certain rapport avec les cyclones ; c'est le même météore sous une
forme concentrée, mais nous ne pouvons pas dire encore le point ou la loi qui régit les mouvements des
plus grandes espèces cesse d'être invariable. »

Dans quelques tornades, comme dans les *grains arqués*
et les *pampères*, le vent paraît souffler en ligne droite,
mais les phénomènes qui accompagnent les bourrasques se rapprochent beaucoup de ceux qu'on observe
dans les trombes et les cyclones.

Les grains arqués les plus remarquables sont ceux du
détroit de Malacca, qui arrivent le plus ordinairement
la nuit ou tard dans l'après-midi. Ils sont très-fréquents
vis-à-vis de Malacca, où le détroit est complétement fermé
par l'île de Sumatra. Ils s'élèvent presque toujours entre le nord-nord-ouest et l'ouest-nord-ouest, de l'horizon
au zénith, donnant à peine le temps de réduire la voilure. Les forts grains qui viennent du sud-ouest sont appelés *sumatras;* ils se lèvent comme des grains ordinaires et ne présentent pas les apparences qui distinguent
ceux dont Piddington donne la description suivante :

« Une masse de nuages noirs se rassemble et monte
rapidement en formant un arc immense et magnifique,
au-dessous duquel on observe toujours, même dans la
nuit la plus sombre, une lumière terne phosphorescente ;
par moments elle devient plus vive, particulièrement
lorsque l'arc approche du zénith. On observe souvent
des nappes d'éclairs très-pâles qui traversent cet espace.
A mesure que l'arc s'élève on peut entendre le sourd
grondement du tonnerre, la chute de la pluie et le mugissement éloigné du vent. Sa première bouffée est tou-

jours terrible et suffisante ·pour démâter et désemparer
la plus fine frégate, si elle s'aventurait à la recevoir
sous d'autres voiles que les voiles de cape. Bien des navires ont été perdus par des officiers endormis ou témé-
raires qui se laissent surprendre. Vers la fin du grain,
le vent varie un peu ; mais, d'après toutes les relations,
·rien ne peut faire supposer que cette bourrasque souffle ·
autrement qu'en ligne droite. »

M. T. Hopkins, de Manchester, dans son ouvrage intitulé : *Des changements atmosphériques produisant la
pluie, le vent et les tempêtes*, donne la description d'un
pampère dans le Rio de la Plata : « Le 30 janvier 1829,
le *Beagle* arrivait.au fort de Maldonado. Avant midi, la
brise était fraîche du nord-nord-ouest; mais peu après
elle devint modérée ; puis l'obscurité ·et une chaleur
presque étouffante semblèrent présager tonnerre ·et
pluie. Pendant les trois nuits précédentes on avait remarqué près de l'horizon, dans le sud-ouest, des bancs
de nuages sur lesquels il y avait une réflexion fréquente
d'éclairs très-éloignés. Le baromètre descendait depuis
le 25, lentement, mais régulièrement ; et le 30, à midi,
il était à 747mm,7, le thermomètre à 78° F. Vers trois
heures, le vent était faible et variant du nord-ouest au
nord-est; il y avait un fort banc de nuages dans le sud-·
ouest, et on voyait par instants des éclairs dans cette
direction, d'où venaient des bouffées de vent chaud. A
quatre heures la brise fraîchit du nord-nord-ouest et
nous obligea de serrer toutes nos voiles légères. Bientôt
après le.temps devint si noir au sud-ouest et les éclairs
augmentèrent tellement, que nous réduisîmes notre voilure aux huniers avec des ris et à la misaine. Un peu
avant six heures, les nuages supérieurs, dans la partie
du sud-ouest, prirent une apparence singulièrement
violente et tournoyante ou touffue comme de grandes
balles de coton noir, et changèrent de formes si rapi-

dement que j'ordonnai de diminuer de toile et de serrer les huniers, ne gardant établie qu'une misaine neuve. Des rafales de vent chaud venaient de la terre la plus voisine. Le vent changea rapidement et souffla si fort du sud-ouest, que la misaine fut emportée en lambeaux et le navire presque jeté sur le côté. Le grand hunier fut instantanément arraché des mains des hommes, et le navire allait apparemment chavirer, quand le mât de hune et le bâton de foc cassèrent près de leurs chouques et le soulagèrent. Nous perdîmes deux hommes. L'embarcation de tribord fut défoncée par la force du vent, et l'autre fut emportée par la mer. Le bruit de la tempête était si fort, que je n'entendis pas les mâts se briser, quoique je me tinsse au gréement d'artimon. Je n'avais jamais été auparavant témoin d'une telle violence, ou, je puis le dire, d'une telle lourdeur de vent ; tonnerre, éclairs, grêle et pluie vinrent avec lui, mais on y faisait à peine attention en présence d'un aussi formidable accompagnement. Après sept heures, les nuages avaient presque tous disparu, le temps s'établit en coup de vent de sud-ouest régulier, avec un ciel clair. »

Dans un voyage de M. Webster, sur le *Chanticleer*, cité par Piddington, les pampères de Buenos-Ayres sont ainsi décrits :

« Le temps reste étouffant pendant quelques jours, avec une légère brise de l'est au nord-est finissant par un calme. Une légère brise froide s'établit au sud ou au sud-est, mais est entièrement confinée aux couches les plus basses de l'atmosphère, tandis que les nuages supérieurs se meuvent dans la direction opposée, du nord-ouest au sud-est. Lorsque la nuit avance, l'horizon, au nord, s'assombrit d'épais et bas nuages accompagnés d'éclairs de l'est au nord-est ; le vent du sud cesse alors et est suivi de vents variables du nord. Les épais nuages s'avancent ainsi, et les éclairs accompagnés de tonnerre suivent, de la manière la plus terrible ; le vent varie graduellement à l'ouest par rafales violentes ; les éclairs deviennent plus vifs et le tonnerre plus terrible. Un coup de vent du sud-ouest violent éclate ensuite ; mais il est de courte durée et le beau temps commence. »

Le colonel du génie Reid, auteur d'un remarquable ouvrage sur la loi des tempêtes[1], croit que les tornades de la côte occidentale d'Afrique, comme les pampères des côtes de l'Amérique du Sud et les grains arqués de l'océan Indien, sont des phénomènes différents du tourbillon. Mais s'il est probable qu'un certain nombre de ces tornades sont simplement des rafales de vent et de pluie dans une direction rectiligne, il n'est pas douteux qu'elles présentent souvent tous les caractères de véritables tempêtes circulaires, de cyclones en miniature.

Piddington a observé que les grains arqués du Bengale, qui égalent en volume ceux du détroit de Malacca, sont parfois précédés d'un tourbillon ayant l'aspect d'une trombe dans l'allongement du nuage orageux. Ces grains soulevaient les eaux du Hooghly, et étaient assez forts pour enlever à terre le toit de bungalows bien construits.

Un savant médecin de la marine française, le Dr Borius, a très-bien décrit dans un intéressant ouvrage[2] les tornades du Sénégal :

« La tornade, dit-il, survient le plus souvent après une journée de chaleur accablante. La brise du sud-ouest, qui dominait pendant l'hivernage, a fait place à un calme dans lequel la girouette indique par instants des vents très-faibles du nord au nord-est. Malgré cette direction des vents, à laquelle est dû un ciel complète-

---

[1] *Essai de développement de la loi des tempêtes et des vents variables.* — Londres, 1849.

[2] *Recherches sur le climat du Sénégal.* — Paris, 1875.

ment découvert de nuages, la partie méridionale de l'horizon s'assombrit, une petite masse nuageuse, noire, peu étendue apparaît au sud et au sud-est, et permet de présager déjà la formation d'une tornade. Après un temps qui varie de deux à trois ou quatre heures, cette masse noire se met en mouvement et tend à se rapprocher du zénith en s'étendant de manière que le segment de la calotte céleste qu'elle couvre va en grandissant. Ce mouvement est lent; je l'ai toujours vu se faire dans une direction voisine de celle du sud au nord. Lorsque la masse de nimbus s'est élevée à environ 25° au-dessus de l'horizon, elle y forme un demi-cercle régulier au-dessous duquel on peut parfois apercevoir le ciel.

« La direction du sud au nord du nimbus supérieur indique bien la marche générale du météore, son mouvement de translation qui est le seul apparent, tant que la bande supérieure demi-circulaire qui circonscrit ces nuages n'a pas atteint le zénith.

« Le bord de cette masse en mouvement tranche, par sa teinte d'un noir sombre, sur le bleu du ciel à peine parcouru par quelques flocons blancs qui, sur un autre plan, se meuvent dans la direction des vents de nord-est devenus un peu plus énergiques dans les couches inférieures de l'air.

« Ce bord a l'apparence d'un bourrelet. On peut juger aisément à la manière dont ce bourrelet est formé, à sa convexité, regardant le nord, tandis que sa partie inférieure frangée regarde le sud, qu'un obstacle s'oppose à la progression du météore et retarde son ascension; il y a, semble-t-il, lutte entre la faible brise du nord qui règne dans la partie découverte de l'horizon et la masse météorique qui s'avance d'un mouvement propre en sens contraire de cette brise.

« Lorsque cette accumulation de nuages s'est avancée jusqu'à une distance de 45° du zénith, elle offre un aspect des plus caractéristiques. C'est un vaste cercle noir, une sorte de champignon sans pied qui serait vu de trois quarts et par-dessous; ses contours sont bien limités en avant et sur les bords droit et gauche, mal définis en arrière dans la partie qui se confond avec l'horizon. Quelquefois cette forme, comparable à celle d'un champignon incomplétement ouvert, possède un double bourrelet, comme si une calotte sphérique plus petite en surmontait une autre.

« Parfois la marche du météore est si lente, qu'il met une demi-heure à atteindre le zénith; d'autres fois il s'écoule à peine cinq minutes entre le moment où les nuages commencent à se mouvoir et celui où ils arrivent au-dessus de nos têtes. Si un navire est surpris alors avec toutes ses voiles, il n'aura pas le temps de les serrer au moment où, se trouvant placé sous ce vaste tourbillon, il en ressentira les redoutables effets.

« Les nuages sont parfois, mais rarement, sillonnés de quelques éclairs; en général on n'entend pas le tonnerre. Au-dessous de la partie la plus reculée de cette masse noire on distingue de gros nuages blancs et parfois des traînées sombres, analogues aux grains de pluie, venant alors compléter la ressemblance de la tornade avec un immense champignon dont les traînées de pluie représenteraient le pied.

« A un moment qui est ordinairement celui où le bord antérieur de la tornade atteint le zénith, souvent un peu plus tôt, et parfois seulement au moment où les deux tiers du ciel se trouvent couverts, un vent d'une violence extrême se déchaîne à la surface du sol dans la direction du sud-est. La masse météorique, vue en dessous et de près, n'a plus alors de forme définie; la partie du ciel qui était restée découverte est promptement envahie par les nuages qui semblent se mouvoir en désordre. Comme le météore continue sa marche vers le

nord, il est facile de constater que la direction du vent
n'est due qu'à un mouvement propre du météore sur
lui-même, combiné avec son mouvement de progression.

« Cette bourrasque dure au plus un quart d'heure
pendant lequel le vent prend une direction qui passe à
l'est, puis au nord-est, au nord, enfin au nord-ouest,

Fig. 23. — Tornade au Sénégal.

puis au sud-ouest, avec une intensité qui va généralement en faiblissant d'abord, et qui reprend de l'énergie
lorsque les vents passent au sud-ouest.

« La succession des vents n'offre pas toujours la régularité de cette description, car de temps en temps il y a
des reprises de sud-est. Quelquefois le vent va en faiblissant jusqu'au nord-ouest et ne dépasse pas cette direction. Il y a des tornades dans lesquelles la rotation
des vents s'arrête au nord : la tornade disparaît, du

calme et de la pluie lui succèdent, puis les vents se
fixent au sud-ouest faibles. La seule chose constante,
c'est la plus grande énergie du vent au début de la tornade. Cette énergie n'existe qu'alors avec une force vé-
ritablement dangereuse et dans la direction du sud-est.

« Au bout d'un quart d'heure, parfois dix minutes,
le météore a disparu. Il n'a consisté qu'en ce mouvement brusque de vent, ce passage de nuages noirs, sans
pluie ni orage. La tornade est alors ce qu'on appelle la
tornade sèche, c'est la forme la moins fréquente. Ordinairement, lorsque les vents passent au sud-ouest, un
orage éclate, la pluie tombe avec une abondance extrême pendant un quart d'heure, puis devient modérée
et le vent reste au sud ou au sud-ouest faible.

« Il est à remarquer que, même lorsque la tornade
est sèche, elle est toujours suivie d'un abaissement de
la température, très-sensible au thermomètre. Ce qui
prouve qu'elle se forme, non au niveau du sol ou de la
mer, mais dans les régions supérieures de l'atmosphère,
et que l'axe de son mouvement giratoire s'éloigne de la
verticale ou que le mouvement de l'air est plutôt en spirale que circulaire.

. . . .

« Nous croyons pouvoir conclure de ces observations
que la tornade est un mouvement cyclonique, prenant
son origine dans le sud-est, marchant du sud au nord
ou du sud-est au nord-ouest ; que la vitesse de ce mouvement doit être d'environ 15 lieues à l'heure (en France,
la vitesse moyenne des mouvements orageux est de 10 à
12 lieues à l'heure), qu'il a une grande analogie avec
les bourrasques d'été accompagnées d'orages qui s'observent en France, que la plus grande régularité et
l'origine de ce mouvement sont la seule différence qu'il
y a entre lui et ceux des bourrasques observées dans
les climats tempérés.

« Comme les cyclones, les tornades n'apparaissent que pendant une certaine période de l'année, correspondant toujours au moment où le soleil séjourne dans l'hémisphère où se trouve le lieu de l'observation. Comme les cyclones, elles ont un mouvement giratoire qui, dans l'hémisphère boréal, se fait dans le sens contraire à celui des aiguilles d'une montre.

« Les mouvements du baromètre présentent trop peu d'étendue pour pouvoir, dans la pratique, servir aux marins à prévoir les tornades, mais il n'en existe pas moins une relation importante entre la pression atmosphérique et leur passage.

« Nous avons constaté l'absence de l'ozone avant la tornade comme avant les orages, et son apparition abondante et rapide à la suite de ce tourbillon, qu'il ait été ou non suivi de pluie. »

Aristote, dans sa *Météorologie*, dit que « lorsque le vent (*pneuma*) s'étend et s'épure, il engendre le tonnerre ; s'il est moins épuré, si ses parties sont moins subtiles, il en sort une *ecnéphie* (tempête). L'ecnéphie, comme le typhon, ne vient pas pendant les jours neigeux, parce qu'elle est le produit d'un souffle chaud et sec. » Ces ecnéphies, suivant les relations des marins rapportées par plusieurs auteurs, sont communes sur les côtes occidentales d'Afrique, dans les parages du cap de Bonne-Espérance et sur les côtes orientales de l'Amérique du Sud. On ne voit d'abord paraître, à une grande hauteur dans le ciel parfaitement clair, qu'une petite nuée de forme circulaire, une tache de couleur argentée (*œil de bœuf*), qui s'accroît bientôt et descend vers l'horizon avec un mouvement visible. En approchant, elle s'entoure d'un anneau noir, qui s'étend dans toutes les directions et finit par l'envelopper d'épais nuages d'où jaillit l'éclair d'une large flamme électrique. Le tourbillon se rapproche rapidement et se précipite sur le sol avec une incroyable violence; au milieu des formidables éclats de la foudre et d'une pluie torrentielle. Quelquefois, au lieu d'une tornade, l'œil de bœuf amène un grain blanc furieux.

En Grèce, les ecnéphies dont parle Aristote sont probablement de simples tourbillons, qui ne sont annoncés que par l'obscurcissement du ciel, et apparaissent même sans aucun signe visible. Dans la plaine très-aride qui s'étend entre Athènes et le Pirée, nous avons vu, dans les jours les plus chauds de l'été, par un temps calme et un ciel serein, des tourbillons de poussière s'élever du sol, atteindre une grande hauteur et former quelquefois de véritables trombes. Un vaisseau anglais, au mouillage de Salamine, atteint par une de ces trombes, donna une très-forte bande et subit quelques avaries. A Tunis, dans les mêmes circonstances et à la même époque de l'année, un semblable phénomène mit notre bâtiment en danger. Citons encore les nombreux tourbillons qu'on voit parfois, sous le vent des îles de l'archipel grec, courir sur la mer calme à une faible hauteur et la faire écumer, aux approches des violentes bourrasques du nord qui, pendant la mauvaise saison, rendent la navigation si pénible dans cet archipel.

Les mouvements de l'atmosphère qui soulèvent ainsi les poussières du sol s'étendent souvent sur un vaste espace et donnent lieu à de véritables tempêtes, à des tornades dévastatrices.

Le docteur Baddeley, que nous avons déjà cité, a décrit, dans un très-intéressant article daté de Lahore, les tempêtes de poussière si fréquentes durant les mois secs dans les provinces nord-ouest de l'Inde : — « Les tempêtes de poussière sont causées par des colonnes de fluide électrique passant de l'atmosphère à la terre; elles ont un mouvement en avant, un mouvement rota-

toire et un mouvement spiral particulier de haut en bas.
Il paraît probable que dans une tempête étendue de
poussière, la plupart de ces colonnes se meuvent ensemble dans la même direction, et que, pendant la durée de la tempête, des rafales soudaines et nombreuses
ont lieu à des intervalles dans lesquels la tension électrique est à son maximum. Ces tempêtes commencent
généralement du nord-ouest ou de l'ouest, et dans le
cours d'une heure, plus ou moins, elles complètent presque leur cercle tout en marchant en avant. On peut observer les mêmes phénomènes dans toutes les tempêtes
de poussière, depuis celles de quelques pouces de diamètre jusqu'à celles qui ont 50 milles d'étendue et au delà.

« C'est un fait curieux que quelques-unes des plus petites tempêtes de poussière, qu'on voit par occasion dans
les plaines à la fois étendues et arides de ce pays, et qu'on
appelle *diables* dans le langage vulgaire, sont longtemps
stationnaires, presque une heure, et pendant tout ce
temps la poussière et les corps légers du sol conservent
en l'air leur mouvement tourbillonnant. Dans d'autres
cas, on voit les petites tempêtes de poussière avancer
lentement, et quand elles sont nombreuses, elles marchent ordinairement dans la même direction. On voit
souvent des oiseaux, les milans et les vautours, planer
au-dessus, et suivre évidemment la direction de la colonne, comme s'ils s'en réjouissaient. Je pense que les
phénomènes liés aux tempêtes de poussière sont iden-
tiques à ceux qui se présentent dans les trombes, dans
les grains blancs à la mer, dans les tempêtes rotatoires
et dans les tornades de toute espèce, et qu'ils naissent
de la même cause, c'est-à-dire de colonnes mobiles
d'électricité.

« En 1847, à Lahore, désireux de m'assurer de la
nature des tempêtes de poussière, je plaçai en l'air un
fil de cuivre, isolé sur un bambou, au sommet de ma

maison; j'amenai une extrémité du fil dans ma chambre, et je le fis communiquer avec un électromètre à lame d'or et un fil détaché communiquant avec la terre. Un jour ou deux après, pendant le passage d'une petite tempête de poussière, j'eus le plaisir d'observer le fluide électrique passant par vives étincelles d'un fil à l'autre

Fig. 24. — Tourbillon de poussière.

et affectant fortement l'électromètre. Le fait était désormais expliqué ; et depuis lors j'ai observé, par le même moyen, au moins soixante tempêtes de poussière, de diverses grandeurs ; au fond, elles présentaient toutes le même phénomène.

« J'ai observé que, communément, vers la fin d'une tempête de cette espèce, la pluie tombe soudain, et qu'instantanément le courant d'électricité cesse ou diminue beaucoup. Quand il continue, il semble que c'est seulement dans le cas où la tempête est forte et doit encore avoir une certaine durée. Tout le temps le baromètre monte régulièrement . . . .

« Quelques-uns de ces tourbillons arrivent avec une grande rapidité, comme si leur vitesse était de 40 à 60 mètres à l'heure. Ils ont lieu à toute heure, souvent près du coucher du soleil.

« Le ciel est clair ; pas un souffle d'air en mouvement ; vous voyez bientôt un banc de nuages très-bas à l'horizon, que vous vous étonnez de n'avoir pas observé auparavant. Quelques secondes se sont écoulées et le nuage a couvert un demi-hémisphère ; il n'y a pas de temps à perdre, c'est une tempête de poussière, et chacun à la hâte se précipite dans sa maison pour éviter d'y être enveloppé.

« Le fluide électrique continue à descendre sans cesse par le fil conducteur pendant la durée de la tempête ; les étincelles ont souvent plus d'un pouce de longueur et émettent un sourd craquement ; son intensité, qui varie avec la force de la tempête, est plus forte pendant les rafales. J'ai quelquefois essayé de déterminer le genre de l'électricité et j'ai trouvé qu'elle n'est pas invariablement de même espèce ; elle paraît changer pendant les tempêtes. »

Ces *tourbillons de poussière* n'ont pas été observés seulement dans l'Inde. Ils sont aussi très-communs dans les grandes plaines de la Perse, dans la Nubie, dans l'Arabie, dans les déserts de l'Afrique, où leur violence est telle que des caravanes ont été détruites sur leur passage, suffoquées, ensevelies par le mur épais de poussière qu'ils transportent. Le *khamsin* d'Égypte, le *simoun* du Sahara doivent être rangés, suivant Piddington, dans la classe des vents circulaires. Leur souffle embrasé soulève des montagnes de sables qui obscurcissent l'air et engloutissent tout sur leur passage. Le simoun est un véritable ouragan auquel rien ne résiste. Dès qu'il commence, la chaleur s'élève rapidement jusqu'à 55 degrés. La lueur rougeâtre et vibrante qui l'accompagne rend plus effrayante encore l'obscurité qui envahit soudainement le désert. La lutte est impossible devant cette formidable tempête de sable. La seule ressource est de se coucher sur le sol et de la laisser passer, en respirant avec peine l'air brûlant et desséché sous l'abri des vêtements. Dans les villes, tant que le simoun dure, on ne respire dans les appartements les mieux clos, comme nous l'avons vu à Tripoli, qu'un air étouffant, chargé d'un sable impalpable qui pénètre partout, s'introduit dans les yeux, dans les oreilles, dans la bouche et dans les narines, enflamme le gosier et exaspère la soif.

Bruce, dans le désert de Nubie, a fréquemment rencontré de grandes colonnes de sable s'avançant avec une grande rapidité ou restant à peu près stationnaires. Il en a compté jusqu'à onze ensemble, auxquelles il donnait environ 60 mètres de haut et 5 mètres seulement de diamètre. — Humboldt[1] et Tschudi ont décrit les tourbillons de poussière de l'Amérique du Sud et du Pérou. Le même phénomène a été observé au milieu des steppes de la Russie méridionale, où les chevaux des grands pâturages, à l'approche du tourbillon, se forment en cercle, réunissant leurs têtes au centre, comme lorsqu'ils sont menacés par les bêtes fauves. — M. T. Bell a donné une relation des colonnes rotatoires de poussière qui, en Australie, emportent les tentes des chercheurs d'or. Ces tourbillons ont un mouvement en spirale, indiqué par les feuilles et les légers débris qu'ils soulèvent. Quelquefois ils sont stationnaires, mais généra-

---

[1] *Tableaux de la nature.* — T. I. Sur les steppes et les déserts.

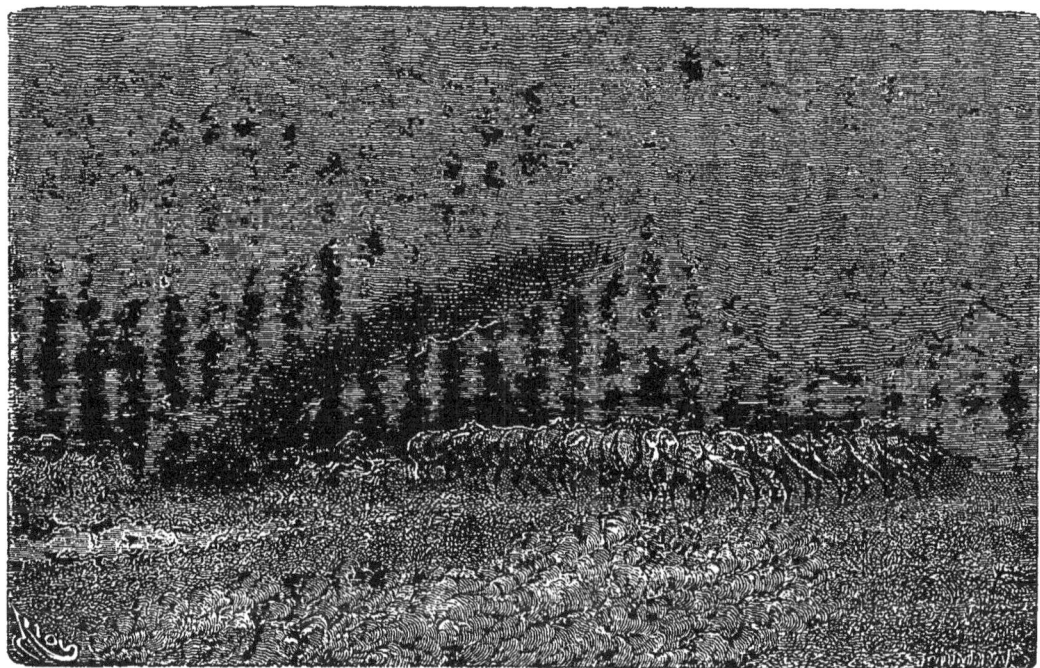

Fig. 25. — Trombes dans les steppes.

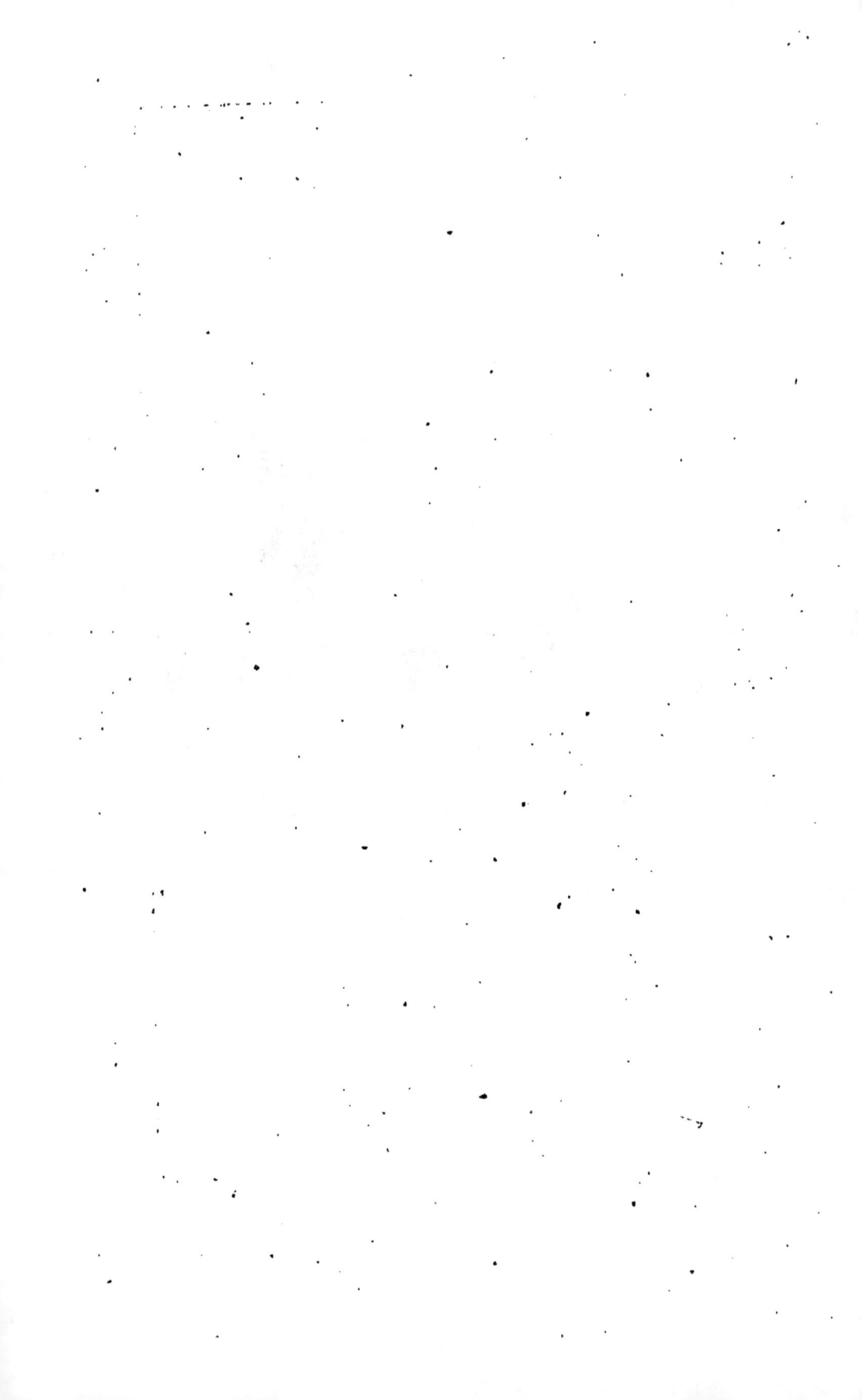

lement ils s'avancent avec un mouvement régulier. Les
nuages de poussière qu'ils transportent s'élèvent souvent à une grande hauteur, où les courants supérieurs
font dévier la colonne qu'ils forment de sa position verticale. Comme partout, ils se montrent principalement
dans les grandes plaines sans arbres qu'échauffent les
rayons d'un ardent soleil.

Les tornades des États-Unis, par leurs dimensions et
leurs effets désastreux, semblent former une transition
entre les trombes et les cyclones. Les traces de leur
passage ont parfois un mille d'étendue en largeur et
s'étendent en longueur jusqu'à 800 milles. Leur mouvement de translation, presque toujours rapide, atteint
en moyenne plus de 30 milles à l'heure, mais cette vitesse n'est rien auprès du prodigieux mouvement rotatoire de leur centre. Ces tornades, qui souvent main-
tiennent leur course pendant plusieurs heures, achèvent
en un instant leur œuvre de destruction dans les lieux
qu'elles traversent, terribles comme la foudre et les
tremblements de terre. Dans la tornade de Natchez (Mississipi), le 7 mai 1840, un tourbillon furieux, accompagné de grêlons énormes et de torrents de pluie, produisit des désastres semblables à ceux d'une explosion, et
causa la mort de plus de 300 personnes, noyées sur les
bâtiments qui sombrèrent dans le fleuve.

Piddington cite la remarquable rencontre de deux tornades, à Charleston, dans la Caroline du Sud, le 2 mai
1761 : « La première traversa la rivière Ashley et tomba
sur les navires au mouillage de la Rébellion, avec assez
de furie pour menacer la flotte entière. On la vit, de la
ville, venir d'abord rapidement vers la crique Wappo,
semblable à une colonne de fumée et de vapeur, dont
le mouvement était très-irrégulier et tumultueux. La
quantité de vapeur qui composait cette colonne et sa
prodigieuse vitesse produisirent une action tellement

puissante qu'elle agita la rivière Ashley jusqu'au fond,
et laissa le chenal à découvert. Quand elle atteignit la
rivière, elle fit un bruit pareil à un tonnerre continu.
— Elle fut rencontrée à la pointe Blanche par un autre
tourbillon, qui descendait de la rivière Cooper. A leur
rencontre, l'agitation tumultueuse de l'air fut beaucoup plus grande ; l'écume paraissait jetée à la hauteur
de 40 degrés, pendant que les nuages, qui couraient
dans toutes les directions vers le point de rencontre,
semblaient s'y précipiter et tourbillonner en même
temps avec une incroyable rapidité. Le météore se dirigea ensuite vers les navires en rade et mit trois minutes à les atteindre, quoique la distance fût de près de
deux lieues. Sur quarante-cinq navires, cinq sombrèrent sur-le-champ, douze autres furent démâtés. Les navires coulés bas furent engloutis si rapidement que les
personnes qui étaient en bas eurent à peine le temps
de monter sur le pont, encore y eut-il quatre d'entre
elles qui perdirent la vie. Le tourbillon de la rivière
Cooper changea la marche de la tornade de la crique
Wappo, qui sans cela aurait, en continuant sa route,
dévasté la ville de Charleston. Cette terrible colonne fut
aperçue d'abord vers midi, à plus de 50 milles dans
l'ouest-sud-ouest de Charleston, où elle arriva vers deux
heures et demie ; elle détruisit tout sur sa route, faisant
avenue complète quand elle passait dans les arbres. »

Le 10 septembre 1811, pendant une grande tempête,
la même ville fut ravagée par une très-violente tornade
qui causa la ruine d'un grand nombre de propriétés et la
mort de vingt personnes. La route de cette tornade était
perpendiculaire à la marche de la tempête principale.

La tornade de New-Brunswick décrite dans le *Journal américain des sciences*, t. XII, qui traversa la ville
de même nom le 19 juin 1835, et qui accompagnait
aussi une tempête générale, peut être mise au nombre

des plus désastreux tourbillons. Tout fut brisé ou renversé sur son passage. Son action foudroyante a été constatée par le rapport d'un fermier, dont la propriété fut entièrement dévastée dans le court intervalle de temps qu'il mit à passer du devant au derrière de sa maison. D'après les témoins, le bruit qui accompagnait cet effrayant météore était formidable, et pouvait être comparé à celui d'un grand nombre de charrettes pesamment chargées, roulant sur le pavé. Les phénomènes de destruction observés rappelaient complétement ceux qui marquent le passage des trombes.

« A diverses reprises, dit le naturaliste Audubon [1], et sur plusieurs points de notre pays, on a eu à souffrir d'ouragans terribles dont quelques-uns, après avoir parcouru les États-Unis dans presque toute leur étendue, ont laissé de leur passage des impressions assez profondes pour qu'on ne les ait pas facilement oubliées. Témoin moi-même d'un de ces redoutables phénomènes que j'ai pu contempler dans toute sa grandeur, j'essayerai de décrire, telle que je me la rappelle, cette étonnante révolution de l'élément aérien dont, maintenant encore, le souvenir me cause une sensation si pénible, qu'il me semble que, sur le coup, mon sang se glace dans mes veines.

« Un jour, je m'en revenais de Henderson, situé sur les bords de l'Ohio, par un temps agréable, mais plus chaud, si j'ai bonne mémoire, qu'il ne l'est d'ordinaire à l'époque de l'année où l'on se trouvait alors. J'avais franchi à gué la crique des *Highlands*, et j'étais sur le point de m'engager sur une étendue de terrain déprimé, formant vallée, entre cette crique et une autre dite la crique du *Canot*, lorsque soudain je m'aperçus que le ciel avait entièrement changé d'aspect; un air épais et

---

[1] *Scènes de la nature dans les États-Unis et le Nord de l'Amérique*, ouvrage traduit d'Audubon, par Eugène Bazin, t. I.

lourd pesait sur la contrée, et pendant un moment je m'attendis à un tremblement de terre. Mon cheval, toutefois, ne manifestait aucun désir, ni de s'arrêter, ni de se prémunir contre l'imminence d'un tel péril, et j'étais presque arrivé à la limite de la vallée. Enfin, je me décidai à faire halte au bord d'un ruisseau, et je descendis pour apaiser la soif qui me tourmentait.

« Je m'étais mis sur mes genoux, et mes lèvres touchaient à l'eau.... Tout à coup, penché comme je l'étais vers la terre, j'entendis un sourd, un lointain mugissement d'une nature très-extraordinaire. Je bus cependant ; et au moment où je me remettais sur mes pieds, regardant vers le sud-ouest, j'y observai comme un nuage ovale et jaunâtre dont l'apparence était tout à fait nouvelle pour moi. Mais je n'eus pas grand temps pour l'examiner, car, presque au même instant, un vent impétueux commença d'agiter les plus hauts arbres. Bientôt il se déchaîna avec fureur, et déjà je voyais les menues branches et les rameaux au loin chassés vers la terre. En moins de deux minutes toute la forêt se tordait devant moi, d'une manière effrayante. M'étant instinctivement tourné dans la direction d'où soufflait le vent, je vis avec stupéfaction les plus nobles arbres courbant un moment leur tête majestueuse, puis, incapables de résister à la tourmente, tombant, ou plutôt volant en éclats. Si rapide fut la marche de l'ouragan, qu'avant même que j'eusse songé à prendre des mesures pour ma sûreté, il était passé à l'opposite de l'endroit où je me tenais. Jamais je n'oublierai le spectacle qui, à ce moment, me fut offert : je voyais la cime des arbres s'agiter de la façon la plus étrange, tourbillonnant au centre de la tempête, dont le courant entraînait pêle-mêle une telle masse de branches et de feuillages, que la vue en était totalement obscurcie. On voyait les plus gros arbres ployés et tordus sous l'effort

du vent ; d'autres, d'un seul coup, rompus en deux, et
plusieurs, après quelques moments de résistance, déracinés et bientôt jonchant la terre. Toute cette masse de
branchages, de feuilles et de poussière, soulevée dans
les airs, tournoyait, emportée comme une nuée de plu-
mes ; et quand elle était passée, on découvrait un large
espace rempli d'arbres renversés, de tiges et de monceaux d'informes débris qui marquaient la trace du
tourbillon. Cet espace avait environ un quart de mille
de largeur, et représentait assez bien à mon imagination
le lit desséché du Mississipi, avec ses milliers de grosses souches et de troncs étendus sur le sable, enchevê-
trés l'un dans l'autre et inclinés en tous sens. Quant à
l'horrible fracas que j'entendais, il ressemblait à celui
que font les grandes cataractes du Niagara ; et comme
on eût dit un effroyable hurlement, suivant en quelque
sorte les ravages de la tempête, il produisait sur mon
esprit une impression que je ne peux décrire.

« Cependant la plus grande furie de l'ouragan était
passée. Le ciel était maintenant d'un verdâtre livide,
et une odeur sulfureuse remplissait l'atmosphère. J'at-
tendais stupéfait, mais n'ayant souffert aucun mal, que
la nature eût enfin repris son aspect accoutumé. Pendant quelques instants, je restai indécis si je devais retourner à Morgantown, ou bien essayer de me frayer un
passage à travers les ruines qui me barraient le chemin.
Mais comme mes affaires pressaient, je m'aventurai sur
les pas de la tempête, et après des efforts inouïs, je
parvins à m'en tirer....

« Quand je fus arrivé chez moi, je racontai ce que
j'avais vu, et, à ma grande surprise, on me dit que dans
le voisinage l'on n'avait ressenti que très-peu de vent,
bien que dans les rues et les jardins on eût vu tomber
beaucoup de grosses et de petites branches, sans pouvoir se rendre compte d'où elles venaient.

« Un dommage énorme fut causé par cet épouvantable fléau. .Aujourd'hui encore, la .vallée n'est plus qu'un lieu désolé, encombré de ronces et de broussailles se mêlant aux cimes et aux troncs des arbres dont la terre est couverte, et où se réfugient les animaux de rapine.

« Depuis lors, j'ai traversé le chemin parcouru par le tourbillon : une première fois à la distance de deux cents milles du lieu où j'avais été témoin de toute sa fureur ; une autre fois, à quatre cents milles plus loin, dans l'État de l'Ohio ; récemment enfin, à trois cents milles au delà, j'ai observé les traces de son passage sur les sommets des montagnes qui font suite aux grandes forêts de pins de la Pensylvanie ; et sur tous ces différents points, elles ne m'ont pas paru excéder en largeur un quart de mille. »

Divers météorologistes ont indiqué la relation qui semble exister entre les grands centres volcaniques du globe et la formation des tempêtes tournantes. Piddington fait observer que la course du terrible cyclone de Cuba, en 1844, s'étendit depuis le grand volcan de Coseguina, sur la côte du Centre d'Amérique, jusqu'à l'Hécla. En 1821, l'éruption de l'un des autres principaux volcans de l'Islande, le Eya-fjeld Yokul, fut suivie, dans toute l'Europe, d'orages et de tempêtes.

Humboldt, MM. Espy et Purdy, ont cité plusieurs autres cas de la connexion des volcans avec les perturbations de l'atmosphère. Quelques auteurs ont aussi tracé les courses des cyclones d'un foyer volcanique à un autre.

M. Walterhausen, dans une étude sur le climat de l'Islande [1], donne la description suivante des tempêtes de cette île, qui paraissent constituer parfois une espèce de tornades : — « Des tempêtes d'une force de dévasta-

---

[1] *Journal philosophique d'Édimbourg*, t. XIV.

tion terrible sont très-communes en Islande; elles enlèvent tout devant elles et placent souvent le voyageur dans des positions dangereuses. — Nous éprouvâmes l'une de ces tempêtes le 8 juin, sur le Hvalfiord, à Thyrill, dans une région où elles sont bien connues et qui a déjà été signalée par Olafsen dans son *Voyage en Islande*. Celle que nous essuyâmes semblerait incroyable, si notre description ne s'accordait pas avec les relations de cet éminent voyageur.

« Dans la matinée où nous quittâmes Reynevellir, un vent violent soufflait déjà, et fraîchit de plus en plus jusqu'au moment où nous atteignîmes, un peu avant midi, la hauteur qui sépare le Svinadal du Hvalfiord. Là, la tempête commença à souffler avec tant de fureur que nous pouvions à peine avancer et que nous perdions quelquefois la respiration. Notre voyage devint extrêmement hasardeux lorsque nous commençâmes à descendre la pente escarpée qui conduit à Botusdalr, extrémité est du Hvalfiord. La tempête soufflait du S. E. avec une telle violence qu'elle renversa de son cheval un de nos domestiques, et menaça de nous jeter dans les précipices. Tandis qu'elle sévissait sur le Fiord, la surface de l'eau se couvrit d'un nuage d'écume qui parvint même jusqu'à nous, après avoir passé sur des hauteurs de 600 mètres.

« On y voyait un arc-en-ciel aux brillantes couleurs, qui avait l'apparence d'un pont unissant les deux côtés du Fiord, gris et sombre. Pendant l'après-midi, la tempête continua toujours de souffler avec une égale furie; ce ne fut que vers le soir qu'elle commença à mollir. Elle ne se borna pas, conformément aux remarques d'Olafsen, à un espace limité, mais elle fut ressentie au contraire le long de toute la côte S. O. de l'île, et, dans la même matinée, un navire destiné pour Reykjavik fut jeté à la côte à Oereback. Selon les rapports de quelques caboteurs, un calme parfait régna au large pendant ce temps, à 24 milles environ de la côte.

« D'autres tempêtes de forme semblable se répétèr nt pendant notre voyage et furent encore plus destructives que celle que nous venons de décrire; car elles furent accompagnées de pluie, de grêle et d'impénétrables nuages de brouillard ou de poussière. Le voisinage de l'Hécla est particulièrement sujet aux tempêtes de poussière, enlevée par le vent des vastes champs de cendres volcaniques répandues autour du volcan. »

Le voyageur Olafsen, cité dans cette relation, dit au sujet de Thyrill : « Thyrill est un pic rond, très-haut, escarpé, qu'on appelle ainsi parce que, autour de lui, l'air tourbillonne fréquemment et cause des rafales terribles contre lesquelles les voyageurs ont besoin d'être en garde. Ces tempêtes sont assez fortes pour emporter l'eau de la mer comme la neige dans l'air, pendant qu'en même temps, dans la région sud, au delà des rochers du Borgarfiord, il n'y a que très peu de vent ou même pas du tout. Par cette raison, le district du Hvalfiord est appelé *Widrakista*, coffre des vents. »

Nous verrons plus loin que les terribles manifestations de l'énergie volcanique sont souvent accompagnées ou suivies, comme nous venons de l'indiquer, de phénomènes météorologiques, de tourbillons ou de cyclones, quelquefois aussi destructeurs que l'éruption même.

Dans les régions polaires, dans les steppes glacées de la Sibérie, les tourmentes auxquelles on donne le nom de chasse-neige sont presque toujours accompagnées de tourbillons, tellement épais, qu'on ne sait si la neige tombe du ciel ou s'élève de terre. Ces tourbillons de neige sont très-fréquents en hiver sur les hautes montagnes, dans les grandes gorges où le vent s'engouffre, et ont parfois enveloppé et englouti les voyageurs qui s'aventurent dans ces mornes solitudes. Pendant son exploration de la mer de glace du Mont-Blanc, durant l'hiver de 1859, l'éminent et courageux physicien Tyndall fut assailli par un de ces ouragans de neige, dont il a donné une saisissante description [1].

« Les tempêtes de neige sont un des plus terribles phénomènes des Alpes. Il est impossible à ceux qui n'ont pas été témoins des impétueuses manifestations de la puissance des éléments sur ces hautes cimes de se faire une idée de leur prodigieuse violence. Elles rappellent par leur furie, quoique dans des régions si différentes, le simoun du désert. De même que l'ardente bourrasque soulève dans l'air des tourbillons de sable, la tempête glacée des Alpes chasse devant elle d'épais nuages de petits cristaux de neige, qui pénètrent partout, obscurcissent le ciel, et forment avec l'atmosphère une masse dense et confuse. La relation qui existe entre ces deux redoutables phénomènes est remarquable, et se retrouve dans les moindres détails, quoique dans les conditions d'un si grand contraste de température [2]. »

Ces tourmentes sont surtout violentes dans les étroits passages auxquels conduisent les routes de montagnes, et on a remarqué qu'elles se forment souvent pendant que les vents du nord soufflent sur la pente méridionale et les vents du sud sur la pente opposée. Les passes du grand Saint-Bernard, du Saint-Gothard, du Bernhardin et du Panixer, sont fréquemment balayées par les tempêtes de neige, qui, en 1799, causèrent la perte d'une partie de l'armée russe, durant sa retraite sous le commandement de Suwarov.

Berlepsch décrit ainsi la lutte et les angoisses des voyageurs assaillis par ces tourmentes : « Les flots pressés des aiguilles de glace le frappent comme les vagues

---

[1] *Les Glaciers.*
[2] *Les Alpes*, par H. Berlepsch.

de la mer, et de même que les vagues soulevées en écume s'abandonnent, pour ainsi dire, à l'ouragan, les nuages de poussière neigeuse s'élèvent en tourbillons tout autour de lui. Il ne peut plus rien voir, et couvre avec sa main, avec son bras, ses yeux, ses joues, sa face, qui commence à se gonfler sous l'incessante action des froides piqûres de la bourrasque. Il ne peut plus respirer; l'air, chargé de glace, pénètre dans ses poumons comme un poison corrosif, et à chaque aspiration lui fait subir l'impression d'un millier d'aiguilles. La terrible tourmente des Alpes éclate autour de lui dans toute son horreur, dans sa sauvage furie, gronde, rugit et siffle autour des pics, des rocs escarpés, dans l'air obscurci qui semble revenir au chaos. Au milieu de ce formidable bouleversement, l'homme, vaincu par les éléments, dans l'affreuse solitude, dans le cirque infranchissable des monts glacés, tombe sans espoir, voué à une mort certaine, si son énergie l'abandonne, épuisée en vains efforts. »

VI

LES CYCLONES

Mouvements tournants de l'atmosphère. — Cartes synoptiques. —
Bulletin international de l'Observatoire de Paris. — Bourrasques,
trombes et orages. — Tempêtes rotatoires de mars 18.6. — Pluies
et inondations. — Bureau météorologique de Londres. — Cartes de
l'Atlantique. — Disparition du *City of Boston*. — Tempêtes tournantes de février 1870. — Tempêtes tournantes des États-Unis. —
Origine et marche des cyclones. — Tremblements de terre. — Gaz
grisou. — Flot de tempête. — Cyclones et moussons. — Segmentation des cyclones. — Lois des tempêtes. — Signes précurseurs des
cyclones. — Manœuvres des navires.

Nous avons à étudier maintenant les plus grands
mouvements tournants qui se manifestent dans l'atmosphère et dont chaque observateur ne peut connaître
qu'une faible partie. Pour faire cette étude il a fallu
réunir sur des cartes synoptiques les données météorologiques recueillies sur un certain nombre de navires
compris dans l'étendue de ces mouvements, ou dans
les stations d'observation reliées par les réseaux électriques de l'Europe et de l'Amérique. Les premières
cartes ont été publiées dans le *Bulletin international*
de l'Observatoire de Paris par M. Marié Davy, sous la
direction de M. Le Verrier. Nous extrayons du numéro

du 15 octobre 1864 la description suivante, qui donnera une idée assez exacte des bourrasques constituant un premier genre de cyclones : « La carte de ce jour présente une baisse très-prononcée du baromètre en Angleterre où la pression est descendue à 729 millimètres à Holyhead et dans le voisinage de Shrewsbury. Autour de ce point les pressions montent graduellement à mesure qu'on s'éloigne : la courbe 730 l'enveloppe d'un cercle presque régulier ; un peu plus loin se trouve la courbe 735 notablement déformée vers-le nord-est, sens dans lequel se propage la tourmente ; encore plus loin nous rencontrons la courbe 740 qui est incomplète du côté de l'Océan où les documents faisaient défaut ; enfin une ligne 745 longe le nord de l'Espagne, contourne le massif des Alpes, traverse l'Italie centrale et s'étend vers la Russie. La direction des vents n'est pas moins remarquable : ils soufflent de l'E. assez fort à Skudesnoës (Norvége), du N. E. faible à Leith (Écosse), du N. N. O. fort à Valentia (Irlande), du N. O. fort à Penzance (Angleterre) et à Brest, de l'O. très-fort sur les côtes occidentales de France ; du S. O. assez fort à Cherbourg, S. S. O. très-fort au Havre, du S. E. faible à Groningue. Le tour du compas est complet. On comprend qu'il existe là un grand mouvement tournant, dont le centre est marqué par le minimum de Shrewsbury. A ce centre le ciel est beau ou peu nuageux ; le rayon du disque tournant s'étend à plus de 400 lieues ; le vent est à son maximum sur les côtes de France et généralement sur le demi-cercle méridional, assez faible dans le demi-cercle nord. Le lendemain le centre se trouvait transporté sur le midi de la Suède à 250 lieues environ de la position occupée la veille, ce qui accuse une translation de 10 lieues à l'heure...

« Cette première tempête disparaissait à peine dans le

nord-est qu'une seconde arrivait sur l'Irlande, à une latitude un peu plus élevée que la précédente. Nous trouvons encore une dépression circulaire dont le centre est enveloppé par une courbe continue correspondant à la pression 750 millimètres, et par une série d'autres courbes correspondant à des pressions croissant de 5 en 5 millimètres. Nous retrouvons la même tendance des vents à tourner autour du centre de dépression. Cette seconde tempête, refoulée vers le nord par une troisième, qui la suit de près, reprend sa route vers l'est. Nous la retrouvons le 19 au N.-E. des îles Shetland, le 20 sur la Baltique, et le 21 dans les environs de Moscou. »

A ces grands mouvements tournants correspondent, selon les saisons, un nombre plus ou moins grand d'orages et de trombes sur divers points de leur rayon d'action. Ainsi, le 6 juillet de la même année, nous voyons que plusieurs trombes étaient liées à la présence d'une dépression barométrique qui avait passé dans la matinée sur l'Angleterre. A Montoire (Loir-et-Cher), à Romorantin et dans le Calvados, on signala des dégâts causés par des trombes. Le 25 juillet, une autre bourrasque venant de l'ouest apparut sur les côtes d'Irlande ; elle marcha vers le sud-est et son centre se trouva à trois heures du soir au nord de Paris et le lendemain matin en Hollande. Un nombre considérable de mouvements secondaires accompagnèrent le phénomène général et produisirent des orages et des trombes. Un violent coup de vent avec grains sévit à Paris vers midi. Une trombe se forma dans l'Oise à une heure et demie. Près de Compiègne elle détruisit onze maisons et un millier d'arbres dont quelques-uns avaient 2 mètres de circonférence à la base. Les mêmes phénomènes furent produits dans l'Aisne. A Autremencourt elle détruisit les récoltes, enleva des gerbes et des branches d'arbres qu'elle transporta à une grande distance. En Belgique, à quatre heures et demie, une autre trombe coupa net par le milieu cinquante peupliers et tordit beaucoup d'autres arbres. Dans le Luxembourg, à une lieue du village de Sinsin, un observateur écrit qu'il aperçut l'amas de vapeurs dirigé de l'ouest à l'est. « Les nuages environnants semblaient venir se fondre dans un énorme cône de plus de 30 mètres de diamètre. Il avançait avec une rapidité effrayante, animé d'un mouvement giratoire très-remarquable et d'une extrême violence. Il parcourait une zone de 200 mètres de largeur, lançait la foudre et était accompagné d'une pluie torrentielle. Soixante-deux peupliers ont été cassés à 2 ou 3 mètres de hauteur ; le craquement a duré à peine deux secondes. » Dans cet exemple la trombe suit un chemin entièrement analogue à celui qui a été signalé pour les orages, et sa route est liée très-nettement à la route parcourue par la grande bourrasque.

Nous ajouterons quelques détails sur une période récente (mois de mars 1876), dans laquelle l'occident de l'Europe a été extrêmement troublé par le passage de tempêtes rotatives de grande étendue, par d'abondantes pluies et les désastreuses inondations dont elles ont été suivies. Au commencement un cyclone, avec 740 millimètres de pression barométrique seulement au centre, apparaissait sur les côtes d'Irlande, pendant qu'une aire de haute pression (770 millimètres), désignée sous le nom d'anticyclone, se maintenait sur l'Espagne, d'où elle avançait lentement vers le nord-est. Sur la carte du 4 on voit une série de courbes très-rapprochées ayant leur centre commun au nord de l'Angleterre, avec le baromètre un peu au-dessous de 730 millimètres ; l'anti cyclone était arrivé à Moscou. Les jours suivants le centre de dépression d'Angleterre se meut vers l'est, passe sur la Scandinavie et se trouve le 8 à Saint-Pétersbourg pendant qu'un nouveau centre, avec 735 millimètres de pression, s'est avancé sur la mer du Nord. Le 9 on a constaté un remarquable phénomène : les deux cyclones se sont unis et on ne voit plus qu'une seule dépression dont le centre (715 millimètres) se trouve près de Tursö en Écosse. Cette dépression correspond, selon le *Bulletin international*, à la bourrasque la plus intense que l'Europe ait vue depuis longtemps. Un lent accroissement de la pression centrale a eu lieu pendant trois jours et le mouvement tournant s'est avancé vers la Baltique. En même temps d'autres bourrasques avaient fait invasion dans les régions plus méridionales. Le 15 mars, M. Le Verrier signalait à l'Académie des sciences l'influence de ces perturbations sur la crue extraordinaire de la Seine. « Nous avons été, disait-il, cernés par trois tempêtes arrivant à la fois de l'ouest, de l'est et du midi. A Belfort le baromètre est descendu de 12 à 710 millimètres, ce qui ne s'était jamais vu à cette latitude. La tempête d'hier est la plus violente qu'on ait eue à enregistrer à l'Observatoire. Le baromètre s'est relevé, mais si vite, que nous craignons l'arrivée d'une nouvelle bourrasque. » Une terrible trombe a ravagé le 12 la région de Compiègne. « C'est avec le bruit de l'artillerie, dit le *Progrès de l'Oise*, que l'orage s'est précipité sur la forêt de Neuvelle-en-Hez, entre Clermont et Beauvais. Trente mille arbres de haute futaie ont été fauchés instantanément. Là où l'ouragan a passé on voit une tranchée large de 500 mètres, longue de 1 300 mètres, couverte de grands arbres tordus, brisés, déracinés, grimaçants. » Les pertes causées par cette trombe ont dépassé trois millions de francs.

Parmi les cartes synoptiques publiées par le Bureau météorologique de Londres se trouve une série remarquable concernant la partie de l'océan Atlantique située

au nord du parallèle de 30 degrés, pour les onze jours
qui ont précédé le 8 février 1870. Ce travail a été entrepris après la disparition d'un grand bâtiment à vapeur, *City of Boston*, qui avait quitté Halifax le 28 janvier, au début d'une période de mauvais temps, et dont
on n'a plus entendu parler. On fit usage des observations
fournies par trente-six navires dispersés dans la région
atlantique, et par les observatoires des côtes d'Amérique
et d'Europe. Les cartes montrent qu'il y avait constamment du vent de nord sur la côte américaine et que le
vent de sud régnait à une certaine distance dans l'est :
deux centres de pression maxima devaient se trouver
dans les lieux d'où soufflaient ces vents, et entre eux
un minimum, suivant la loi de Buys-Ballot[1]. Ce minimum correspondant précisément au gulfstream, on
avait une situation qui présentait les plus grandes probabilités pour la naissance d'un mouvement rotatoire,
la condition du renouvellement de la force vive du cyclone ainsi produit se trouvant aussi dans la chaleur et
dans l'humidité de ce grand courant.

Sur les cartes synoptiques du 5 février à huit heures
du matin, à trois heures et à huit heures du soir, on
peut suivre les modifications des courbes isobares qui
enveloppent un centre de dépression situé à peu près
par 30 degrés de longitude ouest et 50 degrés de latitude nord. Sur celle du 6, le centre s'est un peu dé-
placé vers l'est, et sur celle du 7 la courbe, toujours
formée autour d'un centre, s'étend sur les îles Britanniques. Le capitaine Toynbee, qui s'est principalement
occupé de cette enquête, pense que le mouvement de

---

[1] M. Buys-Ballot, directeur de l'Institut météorologique d'Utrecht, a
déduit la règle suivante de très-nombreuses observations : Placez-vous
de manière à ce que le point où le baromètre est le plus bas se trouve
à votre gauche et celui où il est le plus haut à votre droite : vous
tournez le dos à la direction d'où le vent soufflera.

l'aire de dépression vers le nord-est est causé par le changement de position du point où les deux courants aériens qui engendrent le tourbillon se rencontrent, la dépression ancienne se comblant constamment pendant qu'une dépression se forme en avant d'elle. Le tourbillon paraîtra avancer à mesure que le contact s'étendra lui-même, mais en réalité le mouvement tournant est formé de nouveau dans l'atmosphère, comme nous l'avons fait voir, d'après M. Blasius, pour les trombes de West-Cambridge et de Iowa.

On a commencé à étudier les tempêtes tournantes qui, descendant du nord vers la Méditerranée, ont franchi cette mer et fait quelquefois irruption dans la partie septentrionale de l'Afrique, jusqu'aux déserts qui s'étendent au sud de la chaîne de l'Atlas. M. H. Tarry, secrétaire de la Société météorologique de France, en a signalé plusieurs qui, arrivés dans cette région, auraient rebroussé chemin pour remonter dans le nord en y portant des sables dont la chute a été signalée en divers lieux le long de leur trajectoire, particulièrement en Italie et dans le sud de la France. D'après cette observation, lorsqu'une bourrasque descend vers ces basses latitudes, son retour au nord pourrait être annoncé avec une assez grande probabilité.

Nous ajouterons quelques considérations générales sur les tempêtes des États-Unis, d'après les remarquables travaux de M. E. Loomis. Ce savant les divise en deux classes : la première comprend celles qui arrivent de l'ouest et du sud-ouest, et ont leurs trajectoires situées au nord du 40ᵉ degré de latitude ; — la seconde se compose de celles qui proviennent le plus souvent du Texas et du golfe du Mexique. Celles-ci sont relativement rares, et forment à peine le sixième du nombre total ; elles apparaissent le plus souvent en hiver et au printemps, atteignent la côte atlantique au-dessous du parallèle de 40 degrés, et la suivent ensuite à peu de distance vers le nord.

Quelquefois les tempêtes de la première classe restent stationnaires pendant deux où trois jours de suite. Dans leur marche elles se dirigent souvent vers la région des grands lacs et principalement du lac Supérieur. L'inspection des nombreuses cartes dont M. Loomis a fait l'étude lui fait penser qu'environ les trois quarts des tempêtes de la première classe proviennent des environs de l'État de Nébraska et que la rencontre de l'air humide de l'océan Pacifique avec les sommets élevés de l'Orégon, qui donne lieu à de très-fortes pluies, joue un rôle important dans leur formation.

D'après les courbes isobares, les dépressions ont en général une forme elliptique présentant des variétés dont voici un classement opéré sur deux cents cas : cent dix avaient un grand axe dépassant le petit de plus de moitié ; dans soixante il en était le double, dans neuf le triple et dans quatre le quadruple. Ce résultat tend à montrer que la force centrifuge engendrée par la rotation n'est pas la cause principale de ces dépressions, car dans ce cas la forme des courbes se rapprocherait davantage du cercle. Nous ajouterons que les grands axes sont placés dans des directions diverses, mais que celle du N. 40° E. peut être considérée comme prédominante.

De remarquables recherches théoriques ont été faites sur ces tempêtes tournantes des régions tempérées par M. Mohn, directeur de l'institut météorologique de Christiania. Avant de les résumer nous devons donner la définition du terme nouveau de *gradient* barométrique dont l'emploi aide beaucoup dans les recherches. On nomme ainsi la différence (exprimée en millimètres) des pressions de deux lieux rapportées à la distance convenue d'un mille géographique. La direction et la grandeur de ces gradients font bien connaître la distribution de la pression autour de chaque lieu. Sel la loi de Buys-Ballot, en tournant le dos au vent régnant on a toujours la moindre pression un peu en avant à gauche ; une con‑struction graphique fait voir qu'à l'inverse le vent souffle en général dans une direction intermédiaire entre celle du gradient et celle de l'isobare, et en traçant d'après cette règle des flèches figurant les vents distribués au‑tour d'un minimum barométrique, on reconnaît qu'ils produisent un mouvement rotatoire s'opérant dans notre hémisphère en sens inverse de celui des aiguilles d'une montre, s'approchant du centre par une série de spirales. L'intensité de ces vents dépend de la grandeur du gra‑dient et là où elle augmente les isobares se rapprochent.

En même temps que l'air tend à se mouvoir dans le sens des gradients, il subit l'action de la rotation ter‑restre et celle de la force centrifuge qui se développe dans tous les mouvements tournants. Elles produisent une déviation décomposable à son tour en une force perpendiculaire aux gradients, qui fait tourner l'air au‑tour du centre de dépression, et en une force dirigée vers ce centre le long des gradients. Tant que le tourbillon existe, cette dernière porte de nouvelles masses d'air vers l'espace dilaté, et ce qui a été dit sur les trombes engendrées par les surfaces échauffées peut être appli‑qué ici. M. Mohn fait cette remarque importante que les conditions dont dépend l'ascension de l'air dans la par‑tie centrale ne sont pas les mêmes dans tous les sens ; représentant le tourbillon par une série de flèches se di‑rigeant sur des spirales vers le centre, il étudie les con‑ditions atmosphériques de ses deux parties séparées par une perpendiculaire à la trajectoire supposée dirigée de l'ouest à l'est. Il trouve dans la partie antérieure des vents de l'est au sud-est, sud, sud-ouest et ouest, arrivant des régions méridionales, le thermomètre montant, l'hu‑midité croissante, des nuages de plus en plus denses et la pluie tombant abondamment pendant que le baro‑

mètre baisse; — dans la partie arrière, au contraire, des
vents soufflant de l'ouest au nord-ouest, nord, nord-est
et est, la température s'abaissant sous leur influence,
une notable diminution de vapeurs et de nuages, la pluie
rare et par averses, le baromètre à la hausse. On reconnaît les caractères des courants équatoriaux dont M. Blasius a montré l'influence dans la formation des trombes,
et qui interviennent dans les tourbillons de la manière
suivante, d'après M. Mohn : — « Pendant que les vents
de la partie postérieure remplissent le vide relatif qui
se trouve au centre, ceux de la partie antérieure provo-
quent la formation d'un nouveau minimum en avant de
ce centre, et il résulte de là que le minimum correspon-
dra au lieu dans lequel le baromètre descendra le plus
rapidement. Le transport de la dépression n'est donc
qu'un mouvement apparent ; elle se forme toujours dans
de nouvelles parties de l'atmosphère et cette progression
pourrait être comparée à celle des vagues de la mer.
Ordinairement les vents chauds et humides du sol
créent le minimum avec des courants ascendants entre
le centre et le bord antérieur du tourbillon, pendant
qu'à ce centre une sorte de succion crée un afflux d'air,
mais il peut y avoir prédominance de pression sur l'un
ou sur l'autre point suivant diverses circonstances.

Les courants ascendants, en arrivant dans les régions
supérieures, se dilatent et s'étendent de tous côtés en
condensant leur vapeur ; de là des modifications très-
différentes dans l'aspect du temps, sur lequel influent
aussi la grandeur et le sens des gradients.

Les maxima barométriques s'étendent le plus souvent
sur de grandes surfaces, par exemple sur la moitié ou
la totalité de l'Europe, tandis que les minima ont de
bien moindres dimensions. Les premiers restent longtemps stationnaires ou se meuvent très-lentement, tandis qu'il n'est pas rare que la vitesse de propagation des

seconds atteigne 40 kilomètres à l'heure ; elle est arrivée quelquefois au double. Cette vitesse peut être très-différente dans les diverses parties de la trajectoire du tourbillon. Ainsi une tempête qui a passé sur le nord de l'Europe du 7 au 10 février 1868 marchait très-rapidement pendant qu'elle se trouvait sur l'océan Atlantique ; elle se ralentit beaucoup sur la presqu'île Scandinave et sa vitesse diminua encore dans la Russie septentrionale. Il devait en être ainsi, parce que les vents manifestés dans la partie antérieure étaient des vents terrestres et ne pouvaient faire descendre le baromètre comme les vents de mer affluant dans cette partie avant son arrivée en Norvége. Plus tard les vents secs et froids de la Russie remplirent l'espace dilaté de la région centrale où régnait une pression très-basse, avec une telle rapidité, qu'en un seul jour ce minimum disparut complétement.

Autour des maxima barométriques les gradients sont généralement faibles et les vents modérés, tandis qu'autour des minima de grands gradients, de 3 millimètres et davantage, sont la source de violentes tempêtes. Il n'y a que des gradients de tempêtes autour du centre des cyclones de la zone intertropicale ; l'air se précipite en ouragan du haut de ces pentes rapides, et dévié de la direction centripète par les forces que nous avons indiquées, il étend son mouvement dans un espace circulaire ou un peu elliptique dont le diamètre moyen est compris entre 18 et 80 milles. Au centre du tourbillon on observe une pression extraordinairement basse, peu supérieure à celle de 700 millimètres, et autour de ce point elle se relève à peine dans un rayon de deux à quatre milles, tandis qu'au delà elle s'accroît en proportion de l'éloignement, toujours en rapport avec la projection des gradients sur leurs directions, et arrivant promptement à une valeur moyenne. Les plus fortes rafales correspondantes

aux plus grands gradients ont un mouvement courbe
d'où naît une force centrifuge tendant à projeter l'air
soit à droite, soit à gauche, suivant qu'on se trouve au
nord ou au sud de l'équateur, et la direction du vent
fait presque un angle droit avec celle du gradient. Sa
grande vitesse fait paraître très-faible le mouvement
centripète, qui pourtant amène encore des afflux considérables vers le centre. La température et l'humidité
varient peu dans les diverses parties du cyclone, à cause
de la rapidité des mouvements intérieurs. Au-dessus s'é-
tend constamment un sombre nuage qui répand une
pluie abondante, et dont le sommet atteint quelquefois
une hauteur de quatre milles au-dessus de la surface de
la mer, car on a pu l'apercevoir à l'horizon quand le
cyclone se trouvait encore à 90 milles. Sous ce nuage
principal flottent des masses nuageuses déchirées,
chassées de l'intérieur vers les bords; la plus grande
densité règne toujours dans sa partie moyenne placée un
peu en avant du centre, du côté vers lequel se meut le
météore. Il y a là un grand développement de phénomènes orageux; quelquefois aussi on est témoin d'un
singulier contraste, de la formation au milieu du nuage
d'une ouverture circulaire qui laisse voir le ciel bleu
et que les marins ont nommée « l'œil de la tempête ».

Les cyclones naissent le plus généralement aux latitudes de 10 degrés, nord et sud. Ils suivent une route
dirigée vers l'ouest en s'éloignant en même temps de
l'équateur. Près des tropiques elle tourne directement
au nord et au sud et s'élève dans les zones tempérées
vers le nord-est et le sud-est, de sorte que la trajectoire
complète ressemble à une parabole ayant son sommet
entre le 20ᵉ et le 30ᵉ parallèle de latitude. Il y a des
parties du globe où une seule branche de la parabole
est décrite par les cyclones; le cas est fréquent aux
Indes occidentales, dans la région ouest de l'océan Pa-

cifique et dans l'océan Indien. Dans la mer de Chine, où on leur donne le nom de typhons et où ils ont en géné-, ral un petit diamètre, on les voit quelquefois rester sta- tionnaires, mais le plus souvent ils se dirigent vers l'occident entre le S. S. O. et le N. N. O.

La marche de plusieurs cyclones a pu être suivie en entier sur une grande partie de l'océan Atlantique. Ainsi, par exemple, celui qui avait son centre le 50 août 1853 au sud des îles du cap Vert se trouvait le 5 septembre par la latitude de 20° au nord des Antilles après avoir franchi l'Atlantique en quatre jours. Le 6 septembre il avait son centre à peu de distance du cap Hatteras, par 50° de latitude, et il croisait le 8 le parallèle de 40° au sud d'Halifax. Après avoir longé le banc de Terre-Neuve il était le 10 dans l'Atlantique entre Terre-Neuve et l'Irlande, et le 11 au N. O. de l'Écosse, d'où il prit la direction de la mer Glaciale.

Les cyclones augmentent d'étendue à mesure qu'ils atteignent des latitudes plus élevées, et en parcourant la seconde branche de leur trajectoire, ils prennent d'or- dinaire les caractères des tourbillons des zones tempé- rées, dans lesquelles les vents ont une moindre violence. Quand on ne connaît que ces derniers, il est difficile de se faire une idée de la puissance mécanique des cyclo- nes tropicaux, à laquelle se joint encore une autre cause pour accroître leurs dévastations. Par suite de la faible pression régnant dans la région centrale, la mer s'y élève au-dessus du niveau général, en même temps que les vents y font affluer sous tous les angles d'énormes vagues : il se forme ainsi un amoncellement d'eau ap- pelé *flot de tempête*, dont la rencontre avec des côtes basses a souvent produit de terribles inondations et qui, au large, expose de grands navires au danger de som- brer. D'autre part l'affaiblissement de la pression peut rendre libres, pendant le passage d'un cyclone sur une surface terrestre, des forces souterraines par lesquelles des secousses de tremblement de terre sont produites ; dans ces circonstances on a souvent constaté le dégagement du gaz grisou dans les galeries des mines de houille.

Les cyclones ne sont heureusement pas aussi fréquents que les tempêtes des zones tempérées et glaciales. Leur apparition est soumise à une sorte de périodicité, dont le tableau suivant, que nous empruntons à M. Mohn, peut donner une idée :

	JANVIER	FÉVRIER	MARS	AVRIL	MAI	JUIN	JUILLET	AOUT	SEPTEMBRE	OCTOBRE	NOVEMBRE	DÉCEMBRE	TOTAL
Océan Atlantique nord : cyclones en 50 ans....	5	7	11	6	5	10	42	96	80	69	17	7	355
Océan Indien nord.....	1	2	4	9	14	6	3	5	11	17	17	5	88
Mer de Chine : en 55 ans.						2	5	5	18	10	6		46
Océan Indien sud : en 40 ans	9	15	10	8	4				1	1	4	3	53
Ile Maurice : en 25 ans. .	9	15	15	8								6	53

Dans les deux hémisphères les cyclones apparaissent pendant les mois les plus chauds de l'année. Il est à remarquer que dans le nord de l'océan Indien, 53 des 88 cyclones enregistrés correspondent à la période de juin à novembre, et que deux maxima marquent les époques du changement des moussons, phénomène périodique qui paraît avoir une influence bien caractérisée sur la formation des tempêtes.

Dans son ouvrage sur la *loi des tempêtes*[1], le météorologiste allemand Dove montre comment s'engendre le.

---

[1] Traduit en français par M. Legras, capitaine de frégate, et publié par le Dépôt des cartes et plans de la marine.

mouvement des cyclones à l'encontre de la règle suivant
laquelle les vents se remplacent généralement et comment
ces perturbations se lient en particulier aux change-

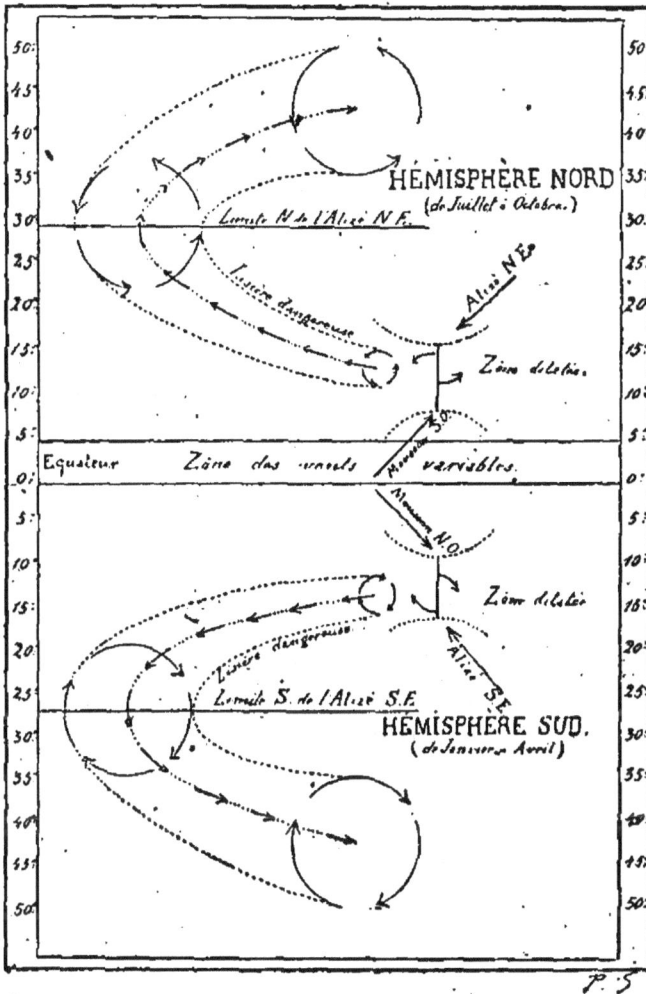

.Fig. 26. — Origine et marche des cyclones.

ments des moussons. L'ingénieur hydrographe Keller,
qui s'est occupé un des premiers du même sujet en
France, a donné l'explication de cette relation de la
manière suivante [1] : « Les ouragans prennent naissance

---

[1] Annales maritimes : Mémoire sur les ouragans, typhons, tornados
et tempêtes.

à la rencontre des moussons opposées dirigées vers le
maximum thermal. Les vents variables qu'on observe
au maximum thermal résultent du mouvement giratoire inverse imprimé par les courants nord et sud as-
pirés par le mouvement ascendant de l'air. Le lieu
d'ascension de l'air se déplace avec la déclinaison du
soleil. Quand le déplacement s'opère sans entraves, le
mouvement giratoire imprimé à l'air de la région des
calmes est représenté par des vents variables de faible
intensité; mais si, par suite de l'inégale distribution
des terres et des mers, ou par d'autres causes, le point
d'appel des moussons opposées persiste dans une certaine position au delà du temps assigné par le déplacement du soleil, plus cette persistance sera longue, plus
le changement de position sera brusque et considérable quand les forces régulières l'emporteront sur les forces perturbatrices, et la détente des forces régulières n'ayant pu s'opérer progressivement par le
mouvement giratoire de faible intensité des vents variables, cette détente s'opérera brusquement, la masse
d'air retardée se précipitera avec impétuosité vers son
nouveau point d'appel, et le couple résultant de la
déviation des moussons opposées fera tourbillonner avec
furie la masse d'air intermédiaire.

« Au nord de l'équateur, chaque trombe atmosphérique sera mise en mouvement par un couple de deux
forces, dont l'une, au sud, sera dirigée vers le N. E.;
l'autre, au nord, dirigée vers le S. O. (fig. 26). Il
est évident, à l'inspection de la figure, que le mouvement de rotation aura lieu de droite à gauche, c'est-
à-dire dans le sens inverse du mouvement des aiguilles
d'une montre. — Ce sera l'inverse dans l'hémisphère
sud. »

Le mouvement de translation est attribué par M. Keller à la marche du tourbillon entraîné par les courants

généraux. Suivant lui, « la masse d'air qui vient de l'équateur dans l'hémisphère nord, par exemple, et dont l'arrêt par le vent alizé forme le tourbillon, a une tendance à s'avancer vers le nord, ou, à cause du mouvement de la terre, au nord-est. Les alizés l'arrêtent et l'entraînent avec eux vers l'ouest. Ces vents ont une composante sud, et retardent par conséquent la marche du tourbillon vers le nord, jusqu'au moment où il atteint leur limite polaire ; alors les courants généraux de sud-ouest l'entraînent vers le nord-est, c'est-à-dire dans sa direction naturelle, et sa vitesse de translation augmente. »

Aux époques d'apparition des cyclones l'atmosphère est extraordinairement chaude pour la saison et très-riche en vapeur d'eau. La grande puissance des courants ascendants qui s'y développent est indiquée par l'épais nuage dont ces tourbillons sont accompagnés ainsi que par les objets terrestres que les courants soulèvent et qu'ils laissent ensuite retomber.

M. Mohn explique le mouvement de progression des cyclones comme il a expliqué celui des tourbillons des zones tempérées, par l'existence d'une prédominance du courant ascendant dans leur partie antérieure accompagnée d'une plus forte baisse barométrique, mais il constate le manque d'observations bien exactes relatives à la provenance de l'air qui donne lieu à ce phénomène, et au nombre de révolutions qu'il fait autour de la région centrale. Les typhons des mers de Chine, en avançant vers l'ouest, ont souvent leur moitié nord sur les côtes d'où proviennent des vents à peine assez chauds et humides pour provoquer la progression du météore, tandis que les vents marins arrivant du sud remplissent parfaitement ces conditions.

Nous avons vu que la théorie des trombes de M. Faye est principalement fondée sur l'étude des propriétés

caractérisques des tourbillons des cours d'eau. Il fait
remarquer que c'est l'étendue seule du milieu dans lequel ces derniers se produisent qui en limite la grandeur, et que l'analogie peut-être poussée assez loin.
« Il existe, dit-il, des tourbillons, de dizaines et de centaines de mètres. Dans nos mers il y a des girations bien
plus grandes encore ; il en est même de colossales : témoin les vastes mouvements tournants de l'Atlantique
avec un espace immobile au centre où s'accumulent
d'énormes amas de *fucus natans* (mer de Sargasse).
Sur le soleil, nous voyons des mouvements tourbillonnaires encore mieux caractérisés et de toute taille, depuis les pores grands comme nos cyclones jusqu'aux
taches cinq ou six fois plus grandes que notre globe. De
même, dans les mouvements tournants de notre atmosphère, vous trouvez de petits tourbillons passagers de
quelques décimètres, des trombes plus durables de dix
à deux cents mètres, des tornados de 500 à 2,400 mètres.
Au delà l'œil ne saisit plus bien les formes de la colonne
giratoire : on leur donne un autre nom, mais le fond est
le même. Plus grands encore, sous des diamètres de 3,
4, 5 degrés, c'est-à-dire de 3000, 4000, 5000 mètres et
au delà, ils portent le nom d'ouragan ou de cyclones ;
mais le mécanisme ne change pas pour cela ; ce sont
toujours des mouvements giratoires, circulaires, à vitesse croissante vers le centre, nés dans les courants
supérieurs aux dépens de leurs inégalités de vitesse, se
propageant vers le bas dans les couches inférieures
malgré leur état de calme parfait ou indépendamment
des vents qui y règnent ; exerçant leurs ravages dès
qu'ils atteignent l'obstacle du sol, et suivant dans leur
marche les courants supérieurs, en sorte que leurs dévastations dessinent en projection sur le globe terrestre la route de ces courants invisibles. »

On ne trouve cependant pas dans les cyclones cette

forme d'une longue colonne conique que nous avons
constatée dans les trombes. Le rapprochement du sol les
réduit à la partie supérieure à ce qu'on peut appeler
l'entonnoir de la colonne dont le diamètre est puissam-
ment accru, et au milieu de cette partie, qui a été assi-
milée par Piddington à un disque tournant, existe un
espace calme, comme dans les grandes girations de la
mer.

D'après M. Faye il faut se reporter aux courants supérieurs de l'atmosphère pour expliquer la progression
des cyclones. Les courants élevés, à partir de la zone
équatoriale, dévient tout d'abord vers l'Ouest et puis
vers l'Est, en décrivant des sortes de paraboles dont les
sommets sont situés près des limites polaires des vents
alizés inférieurs. Cette marche se démontre par l'action
de la chaleur solaire sur la vapeur d'eau, qui prend
entre les tropiques un mouvement ascensionnel dont le
maximum se trouve sous les rayons verticaux du soleil.
Une moitié de la masse atmosphérique reste par suite
en arrière de le rotation diurne, les molécules soulevées décrivant des cercles plus grands avec les vitesses
linéaires du point de départ inférieur. Au delà des tropiques, dans les zones tempérées, l'atmosphère arrivant
à des parallèles de plus en plus petits se trouve au contraire en avance sur la rotation. On aura par suite entre
les tropiques des courants s'éloignant de l'équateur en
portant vers l'Ouest, et de là ils continuent à s'en écar-
ter en marchant vers l'Est.

« Les fleuves aériens, dit M. Faye, qui se dessinent
au sein de ces grands mouvements, par lesquels l'équilibre, incessamment troublé, tend sans cesse à se rétablir, ont donc précisément l'allure qui a été reconnue
aux trajectoires des cyclones, tandis que les alizés des
couches inférieures n'ont aucun rapport avec ces mêmes
courbes. Cet accord est une preuve de plus que les cy-

clones doivent prendre naissance en haut et descendre
jusqu'au sol, en traversant des couches d'air immobiles
ou mues d'une manière totalement indépendante, chose
incompréhensible dans tout autre système d'explication.
Quant au sens de rotation des cyclones, il resulterait de
ce que, dans ces courants fortement recourbés, la vitesse va en diminuant transversalement de la rive con-
cave à la rive convexe. » Il y a encore lieu de remarquer que la vitesse moyenne des courants augmente à
mesure qu'ils avancent dans les zones tempérées, et que
cette accélération est aussi constatée pour les cyclones
dans la seconde branche de leur trajectoire.

On observe assez fréquemment dans les cyclones le
phénomène de la segmentation. Ils se divisent et leurs
tronçons tendent à se reformer ensuite en d'autres
aussi parfaits qui suivent de concert des routes peu différentes. Lorsque cette décomposition se produit, le cyclone dévie pendant quelque temps de la forme circulaire, mais elle se retrouve bientôt dans les segments.

Nous devons faire remarquer au sujet des considérations théoriques qui précèdent que l'hypothèse des mouvements descendants de l'air dans les tourbillons a été
combattue par un certain nombre de savants, parmi lesquels nous citerons M. Peslin, ingénieur des mines.
Les idées qu'il a développées dans un mémoire publié
en 1868[1] se rapprochent de celles de M. Mohn. Deux
faits bien constatés lui paraissent trancher la question
du sens des mouvements de l'air dans les cyclones :
1° la pluie qui accompagne la tempête ; 2° la température normale et le degré d'humidité élevé du vent qui y
souffle. Avec un mouvement descendant il n'y aurait pas
de pluie et le vent serait à la fois très-chaud et très-sec,
comme celui qu'on désigne sous le nom de *foehn* en

---

[1] *Atlas météorologique de l'Observatoire de Paris.*

Suisse et qui descend des cimes dans les vallées alpes-
tres. L'afflux d'air paraît donc avoir lieu par la partie
inférieure du tourbillon et être dirigé suivant une
spirale vers les couches moyennes qui se meuvent plus
rapidement que les couches inférieures, retardées par
le frottement et d'autres résistances. Ceci admis, M. Peslin calcule la valeur du travail moteur qui entretient la
tempête, et la discussion de la formule à laquelle il arrive le conduit aux conclusions suivantes : « Un tourbillon qui se propage dans une atmosphère y trouvera
d'autant plus d'aliments pour entretenir sa violence que
la loi de décroissance des températures y sera plus rapide. Si la loi de décroissance est plus lente que la loi
théorique donnée pour l'air saturé, l'atmosphère est
dans un état d'équilibre instable, et le moindre tourbillon produit une immense perturbation. Si la loi est
intermédiaire, ce qui est le cas ordinaire pour l'atmosphère terrestre, les tourbillons d'une amplitude suffisante trouvent passage et peuvent conserver leur violence; mais ceux qui ne s'étendent que sur une faible
hauteur dans l'atmosphère seront arrêtés ou amortis.
Toutes choses égales d'ailleurs, le travail moteur créé
par le tourbillon, et qui entretient sa violence, est d'autant plus grand que l'air de l'atmosphère où il se propage est plus près du point de saturation. »

Nous citerons encore une intéressante opinion émise
par M. le capitaine Toynbee sur la formation des cyclones, dans le cours de ses travaux sur la météorologie
de l'océan Atlantique. Cet officier, chef de la section
maritime du Bureau météorologique de Londres, a étudié en premier lieu la région importante désignée sous
le nom de carré n° 3 dans la division Marsden généralement adoptée. Ce carré (fig. 27) est compris d'une part
entre l'équateur et la parallèle de 10° nord ; de l'autre,
entre les méridiens de 20° et 30°, de sorte que le maxi-

mum thermal le traverse deux fois par an. L'alizé S. E.
y pénètre, tandis que, par suite du voisinage de la côte
d'Afrique, l'alizé N. E. n'a sa pleine influence que dans

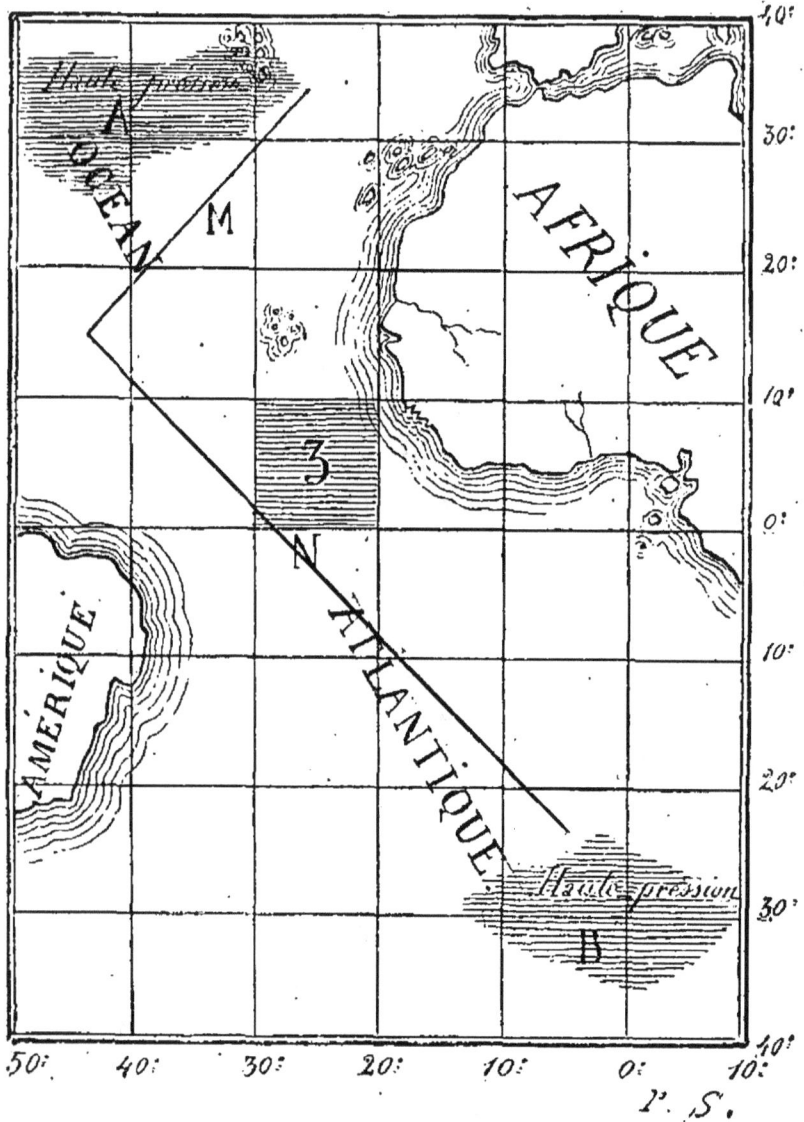

Fig. 27. — Formation des cyclones.

le coin nord-ouest et se trouve rejeté vers la côte américaine. Dans la carte des isobares moyennes construite
par M. Buchan, les aires de haute pression A et B se

trouvent sur les côtés polaires de la zone des vents alizés et les alimentent. La plus forte pression se produit
dans le carré au mois de juillet, avec la prévalence des
alizés sud-est. Le minimum de pression se trouve alors
au nord, au-dessus des eaux les plus chaudes, et
M. Toynbee fait remarquer que c'est dans cette situation que les circonstances sont les plus propres à la
naissance des tempêtes tournantes. En effet, les vents
M et N se rencontrent perpendiculairement de manière
à former des tourbillons, et les grandes quantités de
calorique et d'humidité qui se trouvent dans la zone
intermédiaire favorisent leur développement en cyclones.
On constate que c'est bien à partir du mois de juillet
que ceux des Indes occidentales commencent à apparaître, et nous venons de pénétrer dans le principal
laboratoire où ils prennent naissance.

Lorsque les premiers auteurs, le savant américain
Redfield et le général anglais Reid, soupçonnant l'existence de lois générales dans les formidables perturbations de l'atmosphère, sont arrivés à les déterminer,
ils ont été d'accord pour signaler un mouvement circulaire de l'air dans les tempêtes, et ce qu'ils ont
nommé leurs *lois* a consisté : 1° dans le sens constant
de leur *rotation*, inverse dans les deux hémisphères ;
2° dans la forme parabolique de leurs trajectoires dispo-
sées symétriquement des deux côtés de l'équateur. A la
suite de ces auteurs se rangèrent de nombreux météorologistes et des navigateurs qui corroborèrent leur découverte, qu'on peut considérer comme une des plus importantes de notre siècle. Aux météorologistes anglais
Piddington et Thom, à l'allemand Dove, à l'américain
Maury, se joignirent chez nous MM. Bridet et Keller, et
tous s'occupèrent aussitôt de l'application des lois découvertes à la science nautique, ainsi que de la réunion
des signes météorologiques à l'aide desquels les naviga-

leurs peuvent prévoir l'approche de ces tempêtes. D'excellents *Guides* ont été rédigés et leur usage a certainement préservé un grand nombre de bâtiments des dangers auxquels les exposait la lutte avec le terrible météore. Évitant le détail de ces ouvrages techniques, nous nous bornerons aux indications les plus générales, en mettant particulièrement à profit une des plus récentes *Notices*[1] publiées par ordre de l'Amirauté anglaise.

Selon tous les météorologistes des cirrus précèdent généralement les cyclones. Ces nuages apparaissent quelquefois plusieurs jours avant la tourmente et ils font bientôt place aux cirro-cumulus distribués en houppes détachées qui produisent en se dissolvant un ciel laiteux. Des halos se forment autour du soleil et de la lune. Les nuages prennent la forme de cumulus et de cumulo-nimbus. L'horizon devient menaçant; d'épaisses pannes s'y montrent, émergeant lentement et sillonnés de pâles éclairs. Aux levers et aux couchers du soleil, le ciel a souvent une teinte orangée, aux reflets cuivreux. Peu d'heures avant l'arrivée du cyclone on aperçoit des nimbus fuyant rapidement dans diverses direction.

L'état de la mer se modifie et la houle précède quelquefois la tempête de deux à trois jours; les houles qui se croisent en plusieurs sens constituent un pronostic très significatif.

L'air devient lourd, étouffant. L'impression produite sur les animaux est surtout remarquable. Ils paraissent agités par une vive anxiété; on voit les oiseaux de mer rallier la côte et y chercher un abri contre la tempête qu'ils pressentent.

Piddington cite de nombreux exemples de cyclones annoncés par des bancs de nuages s'étendant à l'hori-

---

[1] *Remarks on revolving Storms. London,* 1875.

zon en manifestant des effets électriques d'une grande intensité. « Souvent, dit-il, des éclairs multiples *s'en écoulent*, semblables à une cascade lumineuse. »

Il importe de remarquer que le navigateur ne doit pas s'attendre à tous ces signes avant l'apparition d'un cyclone. Certaines de ces tempêtes ne sont accompagnées que d'un petit nombre d'entre eux.

L'avertissement le plus assuré est celui que fournit le baromètre. Son langage ne peut tromper, surtout dans la zone torride, où d'ordinaire il n'a que de très faibles fluctuations d'une parfaite régularité. Suivant M. Bridet, un navire qui se trouve sur la ligne de parcours du cyclone peut s'estimer à vingt-quatre heures de distance du centre quand le baromètre baisse de $0^{mm},3$ par heure ; à dix-huit heures, s'il baisse de $0^{mm},6$; à douze heures, s'il baisse d'un millimètre ; à neuf heures, s'il baisse de $1^{mm},5$; à six heures, s'il baisse de 2 millimètres ; à trois heures, s'il baisse de 3 millimètres. Au voisinage du centre la baisse est de 4 à 5 millimètres et même quelquefois davantage. Cette progression dans la baisse moyenne n'est plus valable pour un navire qui se trouverait à une certaine distance de la ligne de parcours ; elle ne pourrait alors servir à déterminer la distance approximative du centre.

Le premier soin d'un capitaine doit être de déterminer la position de ce centre par rapport à son bâtiment et il y parvient en se reportant à la première des lois des tempêtes : la rotation inverse dans les deux hémisphères, contraire au mouvement des aiguilles d'une montre au nord, et dans le sens de ce mouvement au sud. Voici à ce sujet la règle générale formulée par Piddington : Faites face au vent, si vous êtes dans l'hémisphère nord, et étendez le bras droit : le centre est dans cette direction. Ce serait le bras gauche, si le navire se trouve dans les mers australes.

L'expérience a montré que suivant qu'on traverse un cyclone sur sa partie droite ou sa partie gauche, relativement à la ligne de translation, le vent qu'on éprouve est plus ou moins intense. Cette différence est facile à expliquer. Quand le navire se trouve dans la partie droite, la puissance du vent qui le frappe se compose de la vitesse giratoire augmentée de la vitesse de translation. Dans la partie gauche les effets sont inverses : les deux mouvements se contrariant, l'air se meut avec la différence seulement des vitesses. La première partie est appelée demi-cercle *dangereux*, et la seconde, demi-cercle *maniable*. De nombreuses observations ont permis d'évaluer les forces inégales des vents que le navire y rencontre. Dans les cas ordinaires celle du vent de la partie dangereuse peut se composer d'une vitesse giratoire de quarante milles à l'heure, plus, d'une vitesse de translation s'élevant en moyenne à quinze milles, ce qui fait cinquante-cinq milles pour l'effet du choc ; la différence des vitesses réduit le choc à vingt-cinq milles pour le côté maniable, c'est-à-dire à moins de la moitié de celui du côté dangereux.

Il est facile de reconnaître le demi-cercle dans lequel on se trouve en observant la succession des vents. Dans l'hémisphère nord (fig. 28), par exemple, avec des vents de la partie du N. E. à l'E. N. E., variables vers l'É et le S. E. on se trouve dans le demi-cercle dangereux — avec des vents de la partie du N. ou N. N. O. variant vers l'O. on est dans le demi-cercle maniable.

Lorsque le navire se trouve sur la ligne parcourue par le centre il éprouve des vents de direction constante, mais de sens diamétralement opposés dans les parties antérieure et postérieure du cyclone. Les deux périodes sont séparées par le calme central qui dure un temps proportionné à la violence de la tempête et à sa vitesse de translation. Mais tout ce que nous avons dit des centres des tourbillons doit conseiller au capitaine d'en éviter l'approche à tout prix. Enveloppé par une zone circulaire dans laquelle le vent, atteignant la plus grande intensité, se déchaîne en rafales furieuses, cet espace présente le constraste d'un air tout à fait calme avec la mer soulevée par des vagues s'entre-choquant dans toutes les directions, et atteignant ainsi d'énormes dimensions, accrues encore par la réduction extrême de la pression atmosphérique.

Les règles de la manœuvre à exécuter par le navire enveloppé par un cyclone dépendent de la position qu'il occupe dans le champ de la tempête.

Navigue-t-il, par exemple, dans l'hémisphère nord, et l'observation des vents lui a-t-elle démontrée qu'il se trouve dans le demi-cercle dangereux, il devra s'orienter de manière à recevoir le vent par la droite ou par tribord. Les avantages de cette manœuvre sont de présenter constamment l'avant du navire à la lame, et en même temps d'être entraîné par la dérive au dehors de la tempête. Si on recevait le vent par la gauche, au contraire, la route ferait entrer le navire dans le tourbillon, et, suivant les variations du vent, on prendrait la lame par l'arrière, circonstance qui expose à de très-grandes avaries.

Dans le demi-cercle maniable il faut fuir vent arrière, tant qu'on peut se tenir à cette allure. Si on est obligé de venir en travers il faut toujours présenter la gauche (bâbord) au vent, afin de prendre la mer par l'avant, mais dès que la violence des lames vient à s'amoindrir il faut revenir à une manœuvre qui éloigne du centre, vers lequel on est entraîné par la dérive tant qu'on prend le vent par bâbord.

Les règles données pour l'hémisphère nord doivent être prises en sens inverse dans l'hémisphère sud. Il y a une manœuvre contre laquelle il convient d'être sur-

tout en garde : c'est celle qui consisterait à marcher
toujours vent arrière, et à circuler ainsi plusieurs fois
dans l'intérieur du tourbillon, en avançant avec lui
sans chercher à s'en dégager. C'est ce qui est arrivé au
brick anglais le *Charles Heddle*, au voisinage de l'île

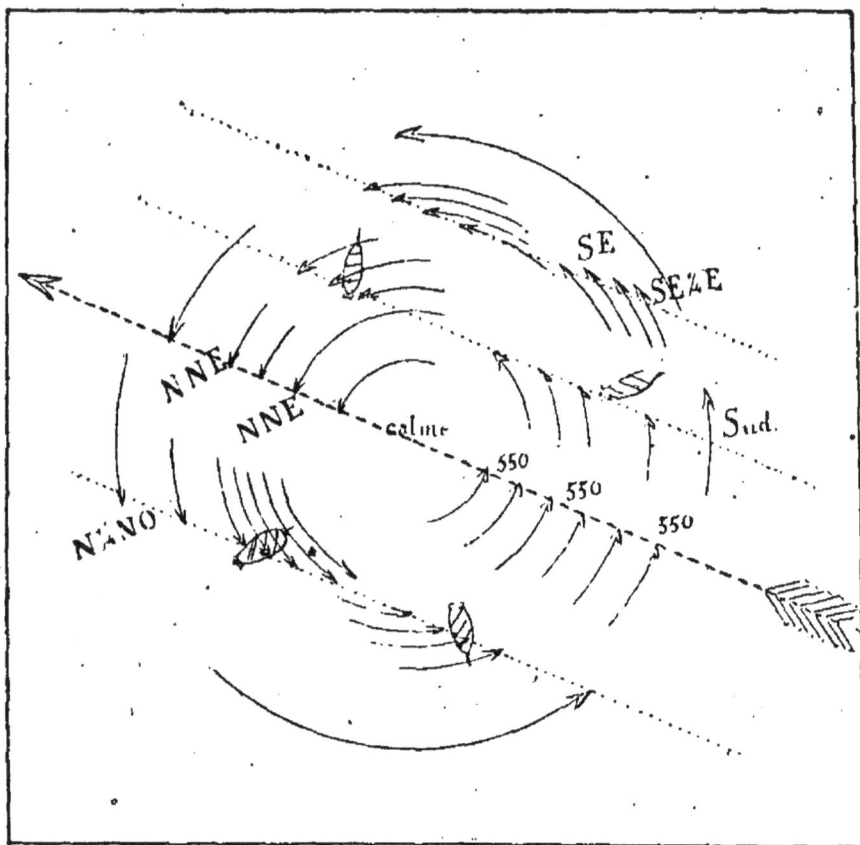

Fig. 28. — Tourbillon de l'hémisphère nord.

Maurice. Le rayon du cercle qu'il décrivit était d'environ 40 milles et il a fait ainsi un chemin évalué à
1,500 milles, pendant que sa route réelle n'a pas dépassé
300 milles.

M. Bridet indique des cas où un navire a pu profiter
d'un cyclone pour faire bonne route. Il recommande

aux capitaines de passer hardiment devant les cyclones
avançant du côté de l'île de la Réunion, quand ils ont
reconnu le gisement de leur centre et déterminé le chemin maximum qu'ils doivent parcourir pendant leur
manœuvre. La réussite dépend surtout de la position
relative du navire et du centre. Nous venons d'indiquer
la règle à appliquer pour cette détermination en supposant le mouvement de l'air parfaitement circulaire dans
le tourbillon, mais le directeur de l'observatoire de l'île
Maurice, M. Meldrum, a recueilli pour ces parages d'assez nombreux cas exceptionnels. D'après ses recherches
l'air décrirait des spirales aboutissant au voisinage du
centre où seulement cette courbe se confondrait avec
un cercle. Les deux diagrammes ci-contre sont extraits
du mémoire de M. Meldrum[1]. La ligne A B traverse
Maurice parallèlement à la route du centre. Chaque
flèche indique les directions du vent observées à bord
du navire placé au point qu'elle occupe. Au lieu de se
trouver à 90 degrés de la direction du vent, ce centre,
dans les cas cités, serait plus en arrière à 100 ou 110 degrés. On ne pourrait donc appliquer la règle énoncée.
M. Faye, en discutant[2] les observations qui ont servi de
base au météorologiste anglais, a montré que les diagrammes obtenus peuvent se ramener à des diagrammes circulaires, en défalquant l'influence des alizés
sud-est de la direction des vents dans le mouvement
tourbillonnant. Il ajoute qu'en tenant compte de cette
circonstance on est conduit à formuler une règle nautique plus correcte qu'il soumet aux navigateurs : « Pour
déterminer le centre d'un cyclone dans la région des
vents alizés, si l'observateur se trouve près du bord
dans le demi-cercle exposé à ces vents, il devra appli-

---

[1] *Notes on the form of cyclones in the southern Indian Ocean.*
[2] *Comptes rendus de l'Académie des Sciences*, 12 juillet 1875.

quer la règle habituelle, non pas au vent qu'il reçoit.

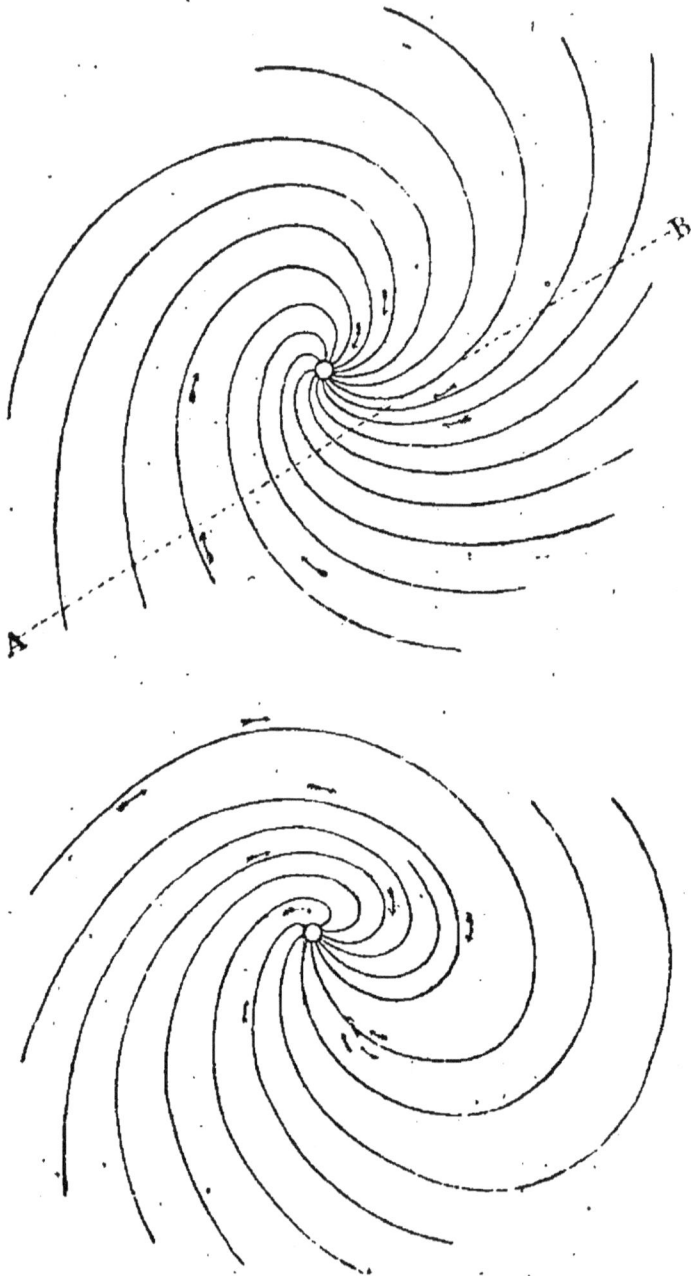

Fig. 29. — Tourbillon des cyclones, d'après M. Meldrum.

mais à celui qui, composé avec l'alizé connu, donnerait

pour résultante le vent observé en grandeur et en direction. Quand on aura obtenu graphiquement deux déter-
minations du centre suffisamment distinctes, on corri-
gera, s'il y a lieu, ces premières constructions en y
introduisant la vitesse de translation. »

VII

OURAGANS DES ANTILLES ET DE L'OCÉAN ATLANTIQUE

Influence du Gulf-Stream sur les ouragans. — Ouragan essuyé par Christophe Colomb. — Ouragan de 1780. — Ouragan aux Barbades. — Ouragan de 1810. — Ouragan de 1782. — Cyclone de l'*Eylau*. — Cyclone de l'*Amazone*. — Cyclone de l'*Heligoland*. — Ouragans sur les côtes de l'Europe occidentale. — Ouragan du *Royal-Charter*. — Ouragan à Cherbourg.

L'influence du Gulf-Stream sur la formation et la marche des ouragans dans l'Atlantique nord a été mise en évidence par les observations des nombreux navigateurs qui traversent ce grand courant, dont les tièdes eaux portent dans l'atmosphère, jusque vers les pôles, une température élevée qui donne naissance, par sa rencontre avec les basses températures des régions boréales, aux tempêtes tournantes que nous voyons si fréquemment aborder les côtes de l'Europe occidentale. Les marins anglais ont donné au Gulf-Stream le nom de *Père des tempêtes*. Les violents coups de vents qui suivent son parcours sont particulièrement redoutables par l'épouvantable mer qu'y soulèvent le vent et le courant lorsqu'ils marchent dans des directions opposées.

Il y a quelques années les journaux des États-Unis signalèrent des changements remarquables dans le grand courant de l'Atlantique, dont la vitesse se serait beaucoup accrue dans les passes de la Floride, à la suite des grands tremblements de terre qui avaient ravagé les Antilles. Nous disions alors à ce sujet : « S'il pouvait être constaté que cet accroissement s'est propagé jusqu'aux branches du courant qui baignent les côtes d'Europe, on devrait s'attendre à une modification notable de nos climats et à une augmentation dans le nombre et la violence des tempêtes amenées par le Gulf-Stream[1]. » Vers la même époque le *Bulletin de l'Association scientifique de France*[2] publiait la note suivante : « Des recherches sérieuses tendraient à montrer qu'en ce moment la température moyenne de l'Angleterre irait en se relevant. La cause en serait due à un changement dans la direction du Gulf-Stream, qui apporte dans les latitudes élevées les eaux chaudes des tropiques. Une commission, placée sous la direction du savant amiral Manners, vient d'être instituée en Angleterre pour étudier cette question, et en particulier la marche du courant atlantique auquel l'Irlande doit son climat exceptionnel.

« Quoi qu'il en soit, en cette année 1869 la clémence excessive de l'hiver détermine partout une végétation précoce et qui pourrait être désastreuse pour l'agriculture, si, les grands vents du S.-O. qui prédominent venant à cesser, la gelée saisissait les plantes pleines de sève. Pour le présent les vents du Midi nous ont amené des bourrasques, des tempêtes, des pluies et des inondations. Les bourrasques ont été si violentes, qu'elles ont amené jusque dans les environs de Paris de petits oiseaux dits *pétrels de Leach*, qui habitent particulièrement les îles Hébrides, les Orcades et le banc de Terre-Neuve. »

[1] *Tour du Monde*, 10ᵉ année, n.° 517.
[2] N° 103. — Janvier 1869.

Ces observations sur les courants de l'Océan, évidemment très-importantes au point de vue de la météorologie, ne pourront conduire à des données certaines qu'après un certain nombre d'années. Mais dès aujourd'hui elles sont l'objet de recherches persévérantes, entreprises par les marines de la plupart des États civilisés, et principalement par l'Angleterre, la Hollande et les États-Unis. Le perfectionnement des instruments d'observation, la science des observateurs, l'esprit méthodique qui préside aux recherches et leur universalité, permettent d'espérer des résultats prochains qu'on peut entrevoir déjà dans les rapports des missions scientifiques engagées dans cet ordre de travaux, dont l'utilité est chaque jour mieux appréciée.

D'après M. A. Poey[1] toutes les régions de l'Atlantique, au nord de 8 degrés de latitude, sont exposées aux cyclones. Les parties de cet océan où sévissent le plus souvent ces dangereuses tourmentes sont les petites et les grandes Antilles, le canal de la Floride avec la Caroline du sud, les Bermudes. En général, au sud de 25 degrés nord, près de l'Amérique, les ouragans se dirigent vers l'ouest et le nord-ouest. On a constaté la même marche près des îles du cap Vert. Elle semble être le fait général dans cette région de l'Atlantique. Les cyclones n'atteignent jamais Cayenne ; on n'en mentionne aucun dans les alizés de l'Atlantique sud ; nulle part ils ne s'approchent à plus de 4 ou 5 degrés de l'équateur.

Ouragan essuyé par Christophe Colomb. — Nous empruntons la description suivante à la relation même du grand navigateur :

« *Dimanche 3 mars* 1493. — Après le coucher du soleil, l'amiral suivit sa route vers l'est ; il lui vint une bourrasque qui rompit toutes ses voiles et le mit dans

Table chronologique de quatre cents cyclones. — 1493 à 1858.

un péril imminent; mais Dieu voulut le délivrer. Il fit tirer au sort pour envoyer à Notre-Dame de la Cinta, à Huelva, un pèlerin qui s'y rendrait en chemise; le sort tomba sur lui. Tout le monde fit également le vœu de jeûner, au pain et à l'eau, le premier samedi qui suivrait l'arrivée du bâtiment. Il fit soixante milles avant que les voiles se rompissent; ensuite on alla à mâts et à cordes, à cause de la violence extraordinaire des vents et de l'agitation de la mer, qui les poussait de tous côtés. On vit des signes qui annonçaient la proximité de la terre : ils se trouvaient en effet tout près de Lisbonne.

« *Lundi 4 mars.* — La caravelle éprouva hier au soir une horrible tourmente; les flots, qui la prenaient des deux côtés, semblaient devoir la submerger; les vents paraissaient la soulever dans les airs; l'eau du ciel tombait à verse et les éclairs sillonnaient les nues. Le spectacle était horriblement effrayant; mais il plut à Notre-Seigneur d'être en aide à l'amiral et de lui montrer la terre, que les matelots aperçurent après le premier quart. Alors, pour ne pas arriver à terre sans la connaître et sans être assuré s'il pouvait trouver un port ou quelque endroit pour se mettre à l'abri et se sauver, il fit appareiller la grande voile, n'ayant d'autre moyen d'avancer un peu, malgré le grand péril qu'il y avait de faire voile; mais Dieu les conserva jusqu'au jour, qu'ils n'atteignirent qu'après avoir passé toute la nuit au milieu des angoisses et de la crainte de faire naufrage. Dès que le jour parut, l'amiral reconnut la terre, qui était la roche de Cintra, située près du fleuve de Lisbonne, dans lequel il se détermina à entrer, parce qu'il n'avait pas d'autre voie de salut, tant était terrible la tourmente qui avait lieu à l'embouchure du fleuve [1]. »

Relation des voyages de Christophe Colomb, publiées par Don M. F. de Navarrete.

Ouragan de 1780. — L'ouragan du 10 octobre 1780, appelé le grand ouragan, qui s'étendit sur toutes les Antilles et jusque dans le nord de l'Atlantique, est un de ceux qui ont montré sur la plus vaste étendue la formidable puissance de ces météores et les désastres qui s'accumulent sur leur passage.

Cet ouragan avait été précédé par une terrible tempête qui commença le 3 octobre, et durant laquelle la mer, qui s'élevait en lames d'une hauteur prodigieuse, envahit la côte avec une impétuosité indescriptible. A Savana-la-Mar, ces lames renversèrent toutes les maisons construites dans la baie, et trois navires furent portés si loin dans les terres, qu'on ne put jamais les en tirer.

L'ouragan du 10 a été décrit dans un grand nombre de relations, auxquelles nous empruntons les détails suivants : — Le diamètre de cet ouragan embrassait dès l'origine les points extrêmes des Iles-sous-le-Vent, la Trinidad et Antigoa. Son centre passa le 10 sur la Barbade et à Sainte-Lucie, qui furent complétement ravagées et où presque rien ne resta debout, ni arbres ni demeures. A Sainte-Lucie, les plus solides édifices furent renversés et six mille personnes restèrent écrasées sous les décombres ; la flotte anglaise, qui s'y trouvait au mouillage, fut presque entièrement désemparée. « Il est impossible, dit sir George Rodney dans son rapport officiel, de décrire l'horreur des scènes qui eurent lieu à la Barbade, et la misère de ses malheureux habitants. Je n'aurais jamais pu croire, si je ne l'avais vu moi-même, que le vent seul pouvait détruire aussi complétement tant d'habitations solides, et je suis convaincu que sa violence seule a empêché les habitants de ressentir les secousses du tremblement de terre qui a certainement accompagné l'ouragan. — Quand le jour se fit, la contrée, si fertile et si florissante, ne présentait plus que le triste aspect de l'hiver : pas une seule feuille ne restait aux arbres que l'ouragan avait laissés debout. » — La mer s'éleva si haut, qu'elle détruisit les forts. Cette élévation soudaine de son niveau avait beaucoup plus le caractère d'une véritable élévation des eaux sur le passage du centre que celui de grandes lames brisant à terre par la force du vent.

Le tourbillon, se portant ensuite vers la Martinique, enveloppa un convoi français de cinquante bâtiments portant cinq mille hommes de troupes ; six ou sept marins seulement échappèrent au naufrage. La plupart des bâtiments isolés qui se trouvaient sur le passage du cyclone sombrèrent avec leurs équipages. Plusieurs vaisseaux de guerre anglais qui retournaient en Europe disparurent dans la tourmente.

A la Martinique, neuf mille hommes périrent ; mille à Saint-Pierre, où cent cinquante habitations disparurent presque en même temps au moment du ras de marée. A Fort-Royal, la cathédrale, sept églises et cent quarante maisons furent renversées ; plus de quinze cents malades et blessés furent ensevelis sous les ruines de l'hôpital, d'où l'on ne put en retirer qu'un petit nombre. Des six cents maisons de Kingstown, dans l'île Saint-Vincent, quatorze seulement restèrent debout. Les bancs de corail furent arrachés du fond de la mer et transportés près du rivage, où on les vit ensuite apparaître. Dans les batteries, des canons furent déplacés par la force du vent, qui porta l'un d'eux à une distance de 126 mètres. — Les Français et les Anglais étaient alors en guerre ; mais dans une telle catastrophe, au milieu de tant de ruines, les haines s'épuisèrent pour faire place à un généreux sentiment d'humanité, et le marquis de Bouillé, gouverneur de la Martinique, fit mettre en liberté les marins anglais devenus ses prisonniers à la suite du commun naufrage.

Ouragan aux Barbades. — Dans la relation suivante
d'un ouragan qui sévit encore aux Barbades, le
10 août 1831, Reid a très-exactement décrit les phénomènes qui accompagnent ces désastreux météores dans
les Indes occidentales : — « A 7 heures du soir, le ciel
était clair et le temps calme ; ce calme dura jusqu'un
peu après 9 heures, moment où le vent souffla du
N. ; vers 10 heures 1/2, on apercevait de temps en
temps des éclairs dans le N.-N.-E. et dans le N.-O. Les
rafales de vent et de pluie du N.-N.-E., avec des intervalles de calme, se succédèrent jusqu'à minuit. Après
minuit, les éclairs et les coups de tonnerre se succédaient avec une grandeur effrayante, et l'ouragan soufflait avec rage du N. et du N.-E. Sa fureur augmenta à
1 heure du matin ; la tempête qui jusqu'à ce moment
avait soufflé du N.-E. sauta brusquement au N.-O. et aux
rhumbs intermédiaires. Pendant ce temps, des éclairs
incessants sillonnaient les nuages, mais les sillons en
zigzag de la lumière électrique étaient encore plus vifs
que la nappe de feu de l'éclair ; la foudre éclatait dans
toutes les directions. Un peu après 2 heures, le bruit
assourdissant de l'ouragan, soufflant du N.-N.-O. et du
N.-O., était impossible à décrire. Le lieutenant-colonel
Nickle, qui s'était mis à l'abri sous la voûte d'une fe-
nêtre basse, en dehors de sa maison, n'entendit pas le
bruit de l'étage supérieur qui s'écroulait, et ne s'en
aperçut qu'en voyant la poussière provenant du dehors.
Vers 3 heures, le vent mollit par moment, mais il y
avait encore des rafales furieuses du S.-O., de l'O. et de
l'O.-N.-O.

« Les éclairs ayant cessé pendant quelques instants
et en même temps que le vent, la ville fut plongée dans
une obscurité vraiment effrayante. On vit quelques météores tomber du ciel ; un surtout, d'une forme sphérique et d'un rouge foncé, sembla descendre verticale

Fig. 30. — Ouragan aux Antilles.

ment d'une grande hauteur. Il tomba évidemment par sa pesanteur spécifique et sans être poussé par aucune force étrangère ; en approchant de terre avec un mouvement accéléré, il devint d'une blancheur éblouissante, prit une forme allongée, et, en tombant sur la place Beckwith, il se divisa en mille morceaux comme du métal en fusion et s'éteignit immédiatement.

« Quelques minutes après l'apparition de ce phénomène, le bruit assourdissant du vent se changea en un murmure solennel ou plus exactement en un rugissement lointain, et les éclairs, prenant un effrayant développement, une vivacité et un éclat extraordinaires, couvrirent tout l'espace entre les nuages et la terre pendant près d'une demi-minute. Cette masse immense de vapeurs semblait toucher les maisons, et elle lançait vers la terre des flammes que celle-ci lui renvoyait aussitôt.

« Immédiatement après cette prodigieuse succession d'éclairs, l'ouragan éclata de nouveau de l'O. avec une violence terrible et indescriptible, chassant devant lui des milliers de débris de toute nature. Les maisons les plus solides furent ébranlées dans leurs fondements, et toute la surface de la terre trembla sous la force de cet effrayant fléau destructeur. Pendant toute la durée de l'ouragan, on n'entendit pas distinctement le tonnerre. Le hurlement horrible du vent, le grondement de l'Océan dont les lames monstrueuses menaçaient d'engloutir tout ce que l'ouragan laissait debout, le bruit mat des tuiles, la chute des toits et des murs, mille autres bruits formaient un fracas épouvantable. Ceux qui ont assisté à une pareille scène d'horreur peuvent seuls se faire une idée de l'effroi et de l'immense découragement que l'homme éprouve en présence de cette rage de destruction de la nature.

« Après 5 heures, la tempête mollissant par moments permit de mieux entendre le bruit de la chute des

tuiles et des débris de construction que la dernière rafale avait probablement soulevés à une grande hauteur.
A 6 heures du matin, le vent était au S., à 7 heures au
S.-E., à 8 heures à l'E.-S.-E., et à 9 heures le temps était
redevenu clair.

« Dès que le jour permit de distinguer les objets, le
narrateur se rendit non sans peine sur le quai. La pluie,
chassée avec une assez grande violence pour faire du
mal à la peau, était tellement épaisse, qu'on pouvait à
peine distinguer les objets au delà du bout du môle. La
scène qui s'offrit à lui était d'une majesté indescriptible ; des vagues gigantesques roulaient sur la plage et
semblaient vouloir tout engloutir ; cependant, elles brisaient sur le carénage où elles venaient se perdre, leur
surface étant entièrement couverte d'épaves de toute
nature. Deux bâtiments seuls étaient à flot en dedans de
la jetée, tous les autres étaient chavirés ou échoués sur
les petits fonds.

« Du sommet de la tour de la cathédrale, on ne voyait
qu'une vaste plaine de ruines ; pas un seul signe de végétation, sauf çà et là quelques petits champs d'herbe
jaunie. Toute la surface de la terre semblait avoir été
brûlée. Les quelques arbres qui restaient, dépouillés
de leurs branches et de leurs feuilles, avaient le même
aspect qu'en hiver ; les nombreuses villas qui sont dans
les environs de Bridge-town étaient mises à nu et en ruines. La direction des cocotiers et des autres arbres qui
avaient été renversés les premiers indiquait qu'ils avaient
été abattus par le N.-N.-E.; mais la plus grande partie
avait été déracinée par le vent de N.-O. » — « Si nous
ajoutons, dit M. Dove[1] après avoir cité cette relation, que
pendant que l'ouragan était dans toute sa force la tension
électrique de l'atmosphère était si grande, que des étin-

---

[1] *La Loi des tempêtes.*

celles jaillirent d'un nègre dans le jardin du collège Cod-
drington, nous pouvons admettre, avec le général Reid,
que tous les grands arbres détruits à Saint-Vincent sans
avoir été abattus le furent par la grande quantité d'électricité qui se dégagea pendant cette tempête. Elle fut
accompagnée d'une pluie d'eau salée, phénomène qu'on
a souvent observé ailleurs. A la pointe nord des Barbades, les vagues brisèrent constamment à une hauteur
de 22 mètres. »

Le « hurlement horrible du vent » dont parle le narrateur, le bruit effrayant que l'on entend au centre d'un
cyclone, a été décrit de plusieurs manières.

Thom dit : « Un silence solennel suivi par un cri effrayant et par un murmure sourd dans le lointain. »

Biden dit que les rafales qui soufflent après le calme
sont « comme des décharges successives et violentes d'artillerie, ou le rugissement de bêtes féroces. »

Cattermole : « un rugissement continuel dans l'air. »

D'après Piddington les expressions employées ordinairement pour les trombes d'eau sont « un bruit sourd et
sifflant, » et pour les cyclones : « Rugissant, foudroyant,
hurlant et perçant. »

L'ouragan de 1810, qu'on peut aussi mettre au nombre des plus violents qui aient ravagé les Antilles, a
été décrit par un témoin, M. Martial Merlin, alors en
garnison à la Guadeloupe : « Les troupes étaient sta-
tionnées au camp baraqué de Beau-Soleil, à une petite
lieue de la ville de la Basse-Terre. Il était midi environ
lorsque les signes précurseurs de l'ouragan vinrent jeter l'effroi dans l'âme des plus intrépides ; l'ordre fut
donné immédiatement de se tenir sous les armes, le
sac au dos, dans les baraques, et prêt à décamper. —
L'ouragan augmentant d'intensité avec une rapidité effrayante, d'énormes torrents sillonnèrent bientôt les
fronts de bandière ; vers trois heures, l'obscurité devint

complète; plusieurs baraques furent renversées par
le vent ou entraînées par les eaux; la place n'était
plus tenable sans de grands dangers. Cependant les
chemins étaient enlevés; il n'était plus possible de
gagner la ville. L'ordre fut donné à chacun de pour-
voir à son salut comme il l'entendrait; on devait rejoindre, comme point de réunion, le fort Richepanse, situé
sur les hauteurs de la Basse-Terre, à une lieue du camp.
— Chacun ne songea plus alors qu'à sa propre conser-
vation, et se mit en devoir de gagner le rendez-vous ou
de chercher quelque abri. Ce ne fut que vers sept heures
du soir que les premiers arrivèrent au fort; ils avaient
été obligés de se traîner sur le ventre en s'accrochant à
des ronces ou à des plantes qu'ils trouvaient sous la
main, car la violence du vent était telle qu'il était impossible même de rester étendu à terre, à moins d'être
retenu par un moyen quelconque, sans courir le risque
d'être entraîné. L'ouragan diminua d'intensité dans la
nuit, mais le lendemain il arrivait encore des hommes;
plusieurs ne rejoignirent jamais : les uns avaient été
écrasés par la chute des baraques; d'autres avaient été
entraînés par les torrents jusqu'à la mer, du moins on
doit le présumer, car ils ne furent pas retrouvés. Quelques-uns enfin périrent par suite des maladies auxquelles cette nuit cruelle donna lieu. — Le lendemain,
les habitations environnantes avaient disparu; de pro-
fonds ravins, creusés par les torrents, coupaient des
champs qui, la veille, offraient l'espérance d'une brillante récolte; les navires de la rade avaient sombré
ou avaient été brisés à la côte; tout n'était plus qu'un
immense théâtre de désolation. »

Après ces relations du passage des cyclones sur les
terres, nous avons maintenant à donner celles de leur
rencontre, sur l'Atlantique, avec les bâtiments qui en
ont éprouvé la terrible violence.

Ouragan de 1782. — Piddington, après avoir indiqué les règles, déduites de la loi des tempêtes, que doivent suivre les navires en fuyant dans les ouragans, cite un grand désastre naval, qui prouve toute l'importance de la nouvelle science dont il a été l'un des plus zélés promoteurs.

L'escadre de l'amiral Graves composée de plusieurs vaisseaux de guerre, d'un grand convoi de navires marchands et des prises faites le 1er avril 1782, par Rodney, fut rencontrée par un cyclone le 16 septembre, vers 42° 30′ lat. N. et 50° 50′ long. O. Cette flotte était à la cape le 17 à 2 heures du matin, avec des vents de l'E.-S.-E., lorsqu'elle fut assaillie par une saute de vent au N.-N.-O. d'une violence extrême.

Le jour montra presque tous les bâtiments avec des signaux de détresse. L'ouragan continua au N.-O., et avant qu'il eût laissé la flotte, tous les navires de guerre, excepté le vaisseau de 74 le *Canada*, avaient sombré ou avaient été mis dans un état désespéré, ainsi qu'une grande quantité de bâtiments de commerce. On estima qu'il avait péri plus de trois mille marins dans ce grand désastre.

Bien que les vaisseaux de guerre, ainsi que les prises, fussent dans un état déplorable, il est probable qu'en manœuvrant suivant les règles aujourd'hui connues, ces bâtiments n'auraient eu qu'un coup de vent ordinaire à essuyer, et auraient pu s'en tirer sans autre dommage que des avaries, tandis qu'une fausse manœuvre, que nous indiquerons plus loin, les avait jetés dans la partie la plus dangereuse du cyclone.

Cyclone de l'EYLAU. — Le 15 octobre 1862, le vaisseau français l'*Eylau*, revenant du Mexique, fut assailli au Nord des Bermudes, dans les parages du Gulf-Stream, par un cyclone, dont son commandant, M. Pagel, capitaine de frégate, a donné une relation que nous résu-

mons : — Vers sept heures du soir, l'ouragan, annoncé
par la baisse du baromètre, par un horizon très-chargé
et par la violence toujours croissante du vent et des
grains, atteignait le vaisseau, dont presque toutes les
voiles étaient bientôt déferlées et déchirées. Les deux

Fig. 31. — Cyclone de *l'Eylau.*

embarcations de tribord étaient emportées. A huit heures,
l'ouragan furieux semblait rugir, il dominait le bruit
éclatant des voiles qui fouettaient et s'en allaient en
lambeaux. Le vaisseau, couché un moment sur bâbord,
embarquait l'eau par les sabords des gaillards et perdait encore un canot, pendant que le grand mât de
hune tombait sous une épouvantable rafale. La mer,
la pluie et le vent étaient confondus dans la plus horrible tourmente. Vers neuf heures, le petit mât de hune

tombait à son tour. Le craquement que les deux mâts brisés auraient dû faire entendre avait été complétement absorbé par le bruit terrible de la tempête. L'inclinaison du vaisseau soulevait les ponts et faisait sauter les épontilles.

L'aiguille du baromètre anéroïde oscillait brusquement de quatre à cinq millimètres. Le feu Saint-Elme parut plusieurs fois; on le vit briller à l'extrémité des mâts. Vers dix heures, le baromètre remontait très-rapidement et l'ouragan était terminé. Peu de temps après, un éclatant météore traversait le ciel.

*Cyclone de l'*AMAZONE. — Le 10 octobre 1871, le vaisseau-transport l'*Amazone* essuyait un cyclone, décrit par son commandant, M. Riondet, capitaine de frégate, dans le rapport suivant adressé au ministre de la marine :

« Le 5 octobre je partis de la Martinique à 8 heures du matin, en destination de Rochefort, avec du matériel pris à la Guadeloupe et à Fort-de-France; et 177 passagers. A 9 heures du matin, le lendemain, me trouvant à 15 milles dans le N.-E. de la Désirade, je fis éteindre les feux et mis à la voile, avec brise de N.-E. et beau temps.

« Le 8, dans la nuit, le vent fraîchit et il y eut quelques grains. — Baromètre 763ᵐᵐ.

« Le 10, le vent hâla le Nord et força un peu; la mer se fit. Des grains mêlés de pluie furent plus fréquents, et on vit des éclairs au Sud et à l'Ouest. — Baromètre : 760ᵐᵐ.

« L'apparence du temps n'était pas bonne. Depuis minuit, la mer, le vent, les grains, devinrent mauvais ; un coup de vent paraissait prochain. Nous prîmes la cape courante sous les huniers inférieurs, l'artimon, la trinquette et la misaine à deux ris. Vers midi le coup de vent s'accentua, la mer devint plus grosse ; le vent toujours de la même partie Nord, très-fort. — Baromètre : 759ᵐᵐ.

« Pour ne pas fatiguer et pour mieux gouverner nous nous mîmes sous le grand hunier inférieur, l'artimon et la misaine à deux ris. L'*Amazone* se comportait très-bien. De fortes rafales se succédaient.

« A midi 1/2 le grand hunier se déchira et fut emporté. Je fis allumer les feux de deux chaudières pour nous soutenir. L'idée d'un cyclone se présenta à mon esprit, mais j'espérais qu'un pareil météore ne fondrait pas sur nous, des coups de vents rectilignes se présentant souvent dans les parages des Bermudes, dont nous n'étions qu'à 120 lieues. Nous étions à la fin d'un quartier de la lune, et l'hivernage se terminait. Cependant nous nous trouvions dans le cas d'un cyclone, juste dans la direction du centre, le vent étant invariable au N.-E. Je poursuivis ma route au Nord-Ouest, comptant que le coup de vent ne tarderait pas à cesser. Le baromètre continuait à descendre et, le voyant à 747ᵐᵐ à 4 heures 45 minutes, je commençai à concevoir des inquiétudes. Le temps empirant toujours, quoiqu'il en fût d'un simple coup de vent à recevoir ou d'un cyclone, je résolus de fuir dans le S.-O., ainsi qu'il le fallait dans le dernier cas, d'après notre position.

« A 5 heures nous étions à la cape sous la misaine seulement. J'avais bien des appréhensions sous cette allure, sachant que mon navire était faible dans les parties arrière, mais je jugeai que de deux dangers menaçants il fallait affronter le moindre. J'allais être convaincu que j'avais bien agi : nous nous trouvions en effet sous les premières étreintes d'un cyclone.

« Le baromètre était descendu à 698ᵐᵐ.

« A cinq heures nous courions donc au S.-O., mais nous gouvernions mal. La mer et le vent, forçant de plus en plus, étaient devenus horribles.

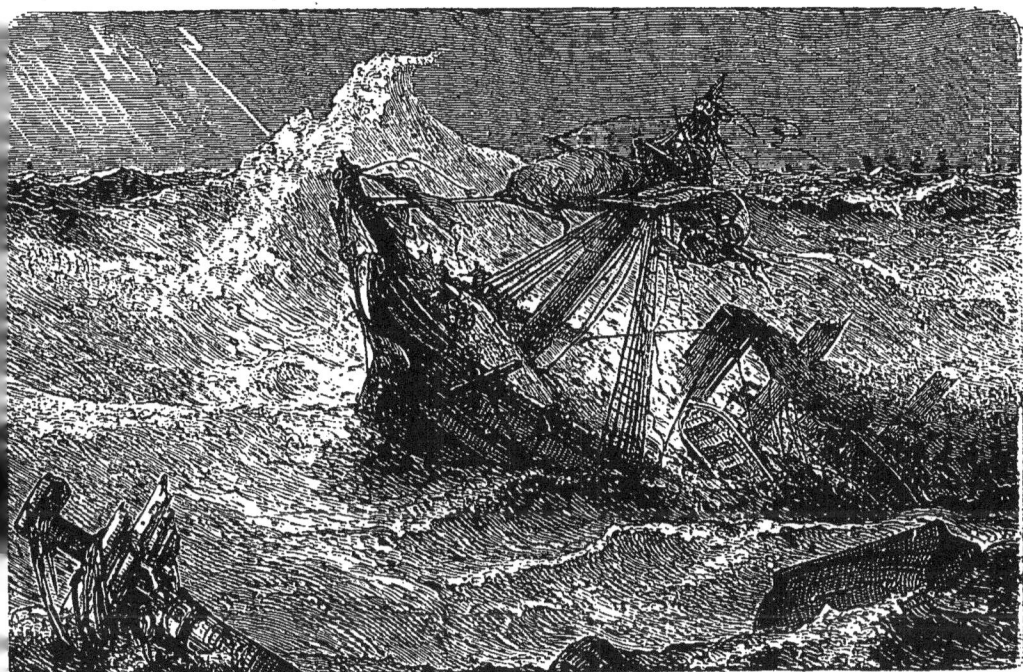

Fig. 32. — Cyclone de l'*Amazone*.

« A 6 heures nous embardions du S. au S.-E., le gouvernail était impuissant à nous faire arriver. Nos embarcations de porte-manteaux s'envolaient pour ainsi dire ; celles de bâbord étaient rabattues sur le pont. Je donnai ordre de couper les galhaubans pour faire tomber le mât d'artimon. Il tomba, mais le navire n'arriva pas. La roue était endommagée, le pont enfoncé au-dessus du carré des officiers par la vergue barrée, le vent, avec des mugissements terribles, des sifflements aigus, renversant, arrachant, dispersant tout. On ne pouvait plus se tenir sur le pont que cramponné à quelque objet bien solide. La mer, sans étendue, tant l'horizon était obscur et rapproché, battait nos flancs en grondant. Une pluie torrentielle, salée par le mélange avec les embruns, les éclairs, la foudre, tous les éléments déchaînés, nous assaillaient à coups redoublés. La misaine disparut vers 7 heures, puis la trinquette, et le petit foc qu'on était parvenu à hisser. Nous restions à sec de toile sur les bords du centre du cyclone, et, je crois, dans le N.-E. de son point central même.

« Vers sept heures et demie nous nous trouvions dans la partie la plus dangereuse du météore. Il allait nous passer dessus dans quelques instants. Le grand mât se brisait ne laissant qu'un tronçon de sept à huit mètres ; le petit mât de hune tombait ; le bout dehors se cassait au chouque du beaupré, et ce mât lui-même craquait près des liures. A tribord et bâbord derrière, devant, la plus grande partie des bastingages était partie à la mer ou abattue sur le pont. Les deux canons de tribord, ayant rompu leurs saisines, glissaient à l'eau avec leurs affûts. La chaloupe et les drômes démarrées de leurs triples attrapes se heurtaient contre les débris des murailles. Par un bonheur inouï, ni la chute des mâts ni la violence du vent n'avaient ébranlé la cheminée.

« Depuis sept heures et demie le gouvernail ne sen-

tait plus l'action de la roue et nous gouvernions à
barre franche, tâchant, mais en vain, de mettre le cap
au S. O. Nous étions invariablement tournés au S. et
nous venions vers le S. E. — Un officier vint m'informer que nous n'avions plus de gouvernail et que la barre
était fendue sur un des côtés de sa mortaise. La chambre de chauffe fut quittée trois fois par les chauffeurs.
L'eau envahissait, et le feu des fourneaux était chassé
en dedans par la force du vent plongeant par la cheminée. L'eau pénétrait à pleins bords par les panneaux et
par le puits de l'hélice défoncé en grand. Tout le monde
était aux pompes. Le danger donnait des forces même
aux malades. Les ouvriers de diverses professions bou-
chaient les voies d'eau, consolidaient et redressaient
tout ce qui menaçait de se démolir. Au milieu de ce
bouleversement, du craquement des murailles, des
bancs, des cloisons, en présence des débris de toute
espèce, aucun cri de détresse, aucun signe de panique.
Chacun travaillait avec courage et résignation.

« A huit heures il se fit un calme subit ; le vent et la
mer s'apaisèrent. Le ciel s'éclaircit au zénith, où brillaient des étoiles. Nous entrions dans le centre du météore. Pendant ce répit, qui dura dix minutes, j'observai que le cercle zénithal avait sa concavité tournée vers
la droite et que son bord paraissait droit au-dessus de
nous. D'après le cap que nous avions (S. au S. E.) cette
observation me montra que j'étais dans le demi-cercle
dangereux, et comme le vent ne cessa de venir de la
hanche de bâbord, j'en conclus que le centre était traversé par l'*Amazone* sur une corde assez petite et parallèle en parcours. Pendant le passage du centre des feux
Saint-Elme parurent sur le navire.

« Bientôt le cercle zénithal s'effaça, les mugissements
du vent recommencèrent, la mer redevint furieuse, en
blanchissant d'une manière éclatante sur le fond noir

de l'horizon. A ce moment, une lame monstrueuse, une immense volute, dépassant le navire de l'avant à l'arrière, s'avança sur nous en nous dominant d'une dizaine de mètres. Elle nous passa dessus, inonda le navire, le coucha sur le flanc à donner le vertige, mais, grâce à Dieu ! nous nous redressâmes. Le navire avait tourné à l'O. et jusqu'à l'O. N. O. Le vent venait encore de la hanche de bâbord, ainsi que la mer.

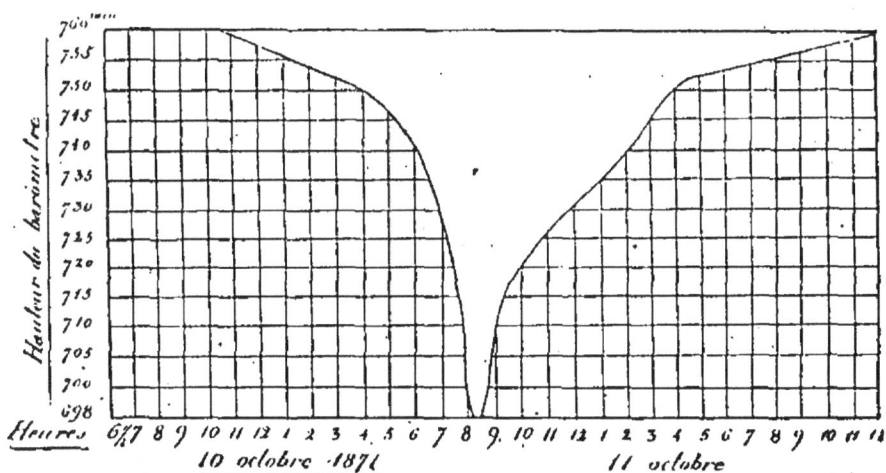

Fig. 55. — Courbe barométrique.

« A partir de notre sortie du centre le baromètre remonta. Le temps était encore affreux, mais tendait à s'améliorer. A neuf heures le vent et la mer étaient tombés. A minuit nous étions hors de danger ; le baromètre, déjà à 732, continuait à remonter. Le vent était au S. S. O., le cap à l'O. N. O.; l'équipage et les passagers pompaient sans désemparer. L'eau pénétrait partout et par les fonds mêmes du navire. Mais les pompes gagnaient sensiblement. La machine ne fonctionnait pas encore.

« Au milieu des débris du pont on trouva un Annamite mutilé, qui mourut peu de temps après. Ce fut notre unique victime. Il était réfugié dans la chaloupe au moment où elle avait été brisée.

« A quatre heures du matin le baromètre à 754^{mm}.
On entreprit le déblayage du pont, qui n'était qu'un
fouillis de débris. On débarrassa les flancs du navire
des restes de mâts, de vergues, d'embarcations. On se
disposa à confectionner un gouvernail de fortune. La
machine fut visitée : elle était heureusement intacte et
en état de fonctionner. »

L'*Amazone* désemparée mit six jours de pénible traversée, le vent et la mer n'étant pas apaisés, à gagner
Porto-Rico. Elle y fut bientôt ralliée par des bâtiments
appartenant à la station française des Antilles, la frégate la *Magicienne* et l'aviso le *Talisman*, qui, les réparations urgentes terminées, la convoyèrent jusqu'à la
Martinique, où elle mouilla de nouveau sur la rade de
Fort-de-France, qu'elle avait quitté vingt-cinq jours auparavant.

*Cyclone de l'*ATALANTE. — Dans les parages du cap
Vert on rencontre assez fréquemment, pendant l'hivernage, des tornades, mais les tourbillons d'un grand diamètre auxquels on peut donner le nom de cyclones
y sont rares. La corvette cuirassée l'*Atalante*, montée par
l'amiral baron Roussin, a rencontré un de ces tourbillons le 7 septembre 1872, à 90 milles dans le S. O. de
l'île Saint-Vincent, et a pu, par une habile manœuvre,
échapper aux dangers qui la menaçaient. Nous donnons
un extrait du rapport de son commandant, le capitaine
de vaisseau C. de Freycinet :

« Nous venions de passer cinq jours à Saint-Vincent,
pendant lesquels la brise de N. E. avait soufflé presque
constamment avec force et d'une façon anormale pour
la saison d'hivernage dans laquelle nous étions.

« Le 6 septembre, à 5 heures du soir, nous quittâmes
ce mouillage et gagnâmes le sud. A six heures on mit
à la voile, on stoppa, et on poussa les feux au fond des
fourneaux dans la prévision de calme possible sous le

vent des îles. La brise était alors au N. N. E., assez
fraiche. Les terres, très-embrumées, ne tardèrent pas à
disparaître. Le temps était chargé, et au couchant on
apercevait dans une déchirure du ciel plusieurs couches
de nuages immobiles d'une teinte cuivrée et blafarde de
mauvaise apparence. On se tenait en garde contre les
grains et les tornades, mais l'idée d'un ouragan n'était

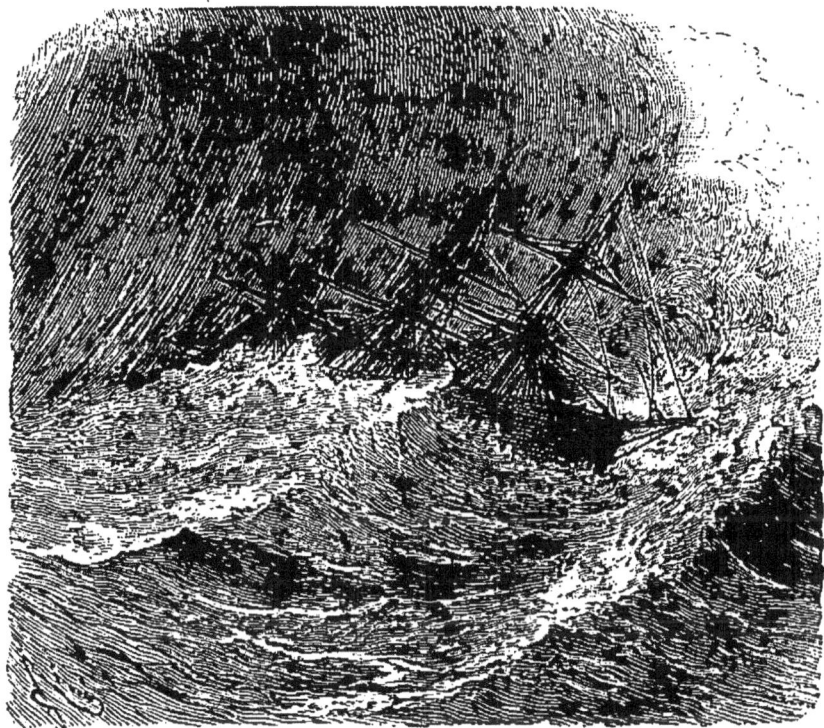

Fig. 34. — Cyclone de *l'Atalante*.

venue à personne. Nous nous trouvions en effet dans
des parages très-fréquentés où nous n'avions jamais entendu parler de cyclones.

« A quatre heures du matin, le doute n'est plus possible : nous sommes en présence d'un cyclone; la baisse
barométrique continue, l'apparence du temps, la varia-

tion du vent, l'indiquent surabondamment. L'ouragan
doit parcourir la branche inférieure de sa parabole vers
le N. O. Nous sommes dans le demi-cercle dangereux,
donc il faut au plus tôt prendre la cape tribord au vent.
L'ordre est donné de pousser les feux. La nuit est très-
sombre. Vers quatre heures et demie des rafales vio-

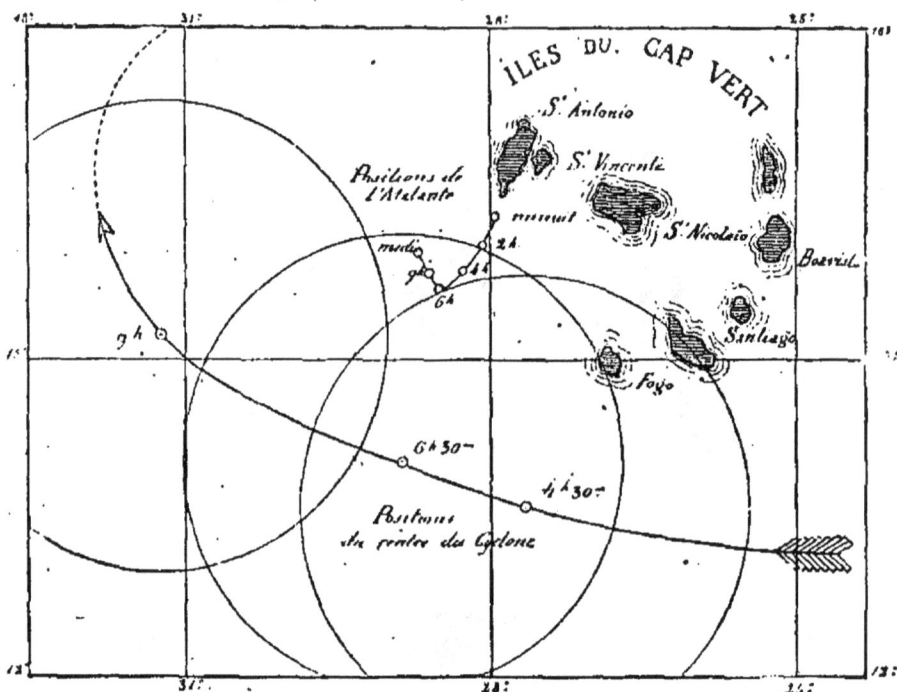

Fig. 35. — Cyclone de l'*Atalante*.

lentes accompagnées de pluie dénotent que nous péné-
trons dans la sphère du cyclone. On laisse porter pour
recevoir le vent de tribord en attendant le moment où
l'on pourra venir en travers sans danger pour les hommes, qui ont de la peine à se rendre maîtres des voiles.
Fort coup de vent d'est. La mer est grosse, et de temps
à autre s'élèvent des lames plus fortes qui viennent déferler avec bruit le long du bord. La corvette, sous la
grande voile goëlette et avec la machine à 30 tours, se
comporte très-bien.

« A six heures 45 minutes le baromètre a atteint le plus bas de sa course (749,5) ; le vent souffle alors entre l'E. et l'E. S. E. A sept heures le baromètre commence à remonter. — A 9 heures (baromètre 755), le mauvais temps fini ; jolie brise par rafales du S., mer houleuse.

« ..... Au coucher du soleil nous assistons à un spectacle assez curieux. Le temps s'est à peu près nettoyé ; seulement, au loin à l'horizon, entre l'O. N. O. et le N. E., on aperçoit un épais et noir rideau de gros nuages projetant sur le ciel des lueurs cuivrées. De l'avis à peu près unanime, c'était notre cyclone qui poursuivait sa course dans le nord. »

*Cyclone de l'*Héligoland. — La corvette de guerre autrichienne *Héligoland* avait quitté l'île de Sainte-Hélène le 6 octobre 1874, pour se rendre à Gibraltar.

La première partie du voyage ne présenta rien d'anormal ; l'alizé du S. E. souffla constamment jusqu'à la latitude de 6° N. A 9° N. on rencontra l'alizé du N. E., qui dura jusqu'au parallèle de 20°, atteint le 4 novembre.

A ce parallèle l'alizé cessa complétement ; il est probable que cette perturbation coïncidait avec un cyclone observé à la même époque aux Indes orientales. Il y eut des brises de S. et de S. O., après lesquelles, le 11, l'alizé N. E. reprit. Le 14, calme et brises variables. Jusque-là le temps était clair et le baromètre n'avait que ses oscillations diurnes régulières.

Mais bientôt il commença à baisser ; le ciel se couvrit de circo-cumulus et de stratus, des houles du N. E. et du S. se croisaient sur la mer. — Dans la nuit du 16 au 17 novembre le ciel se couvrit entièrement de nimbus ; des éclairs brillèrent au N. E., et le vent s'établit au S. S. E. par rafales.

---

[1] *Zeitschrift der œsterreichischen Gesellschaft für Meteorologic,* redigirt von C. Jelinek und J. Hann. Août 1875.

Le 17 à midi la pluie commença à tomber. Bien que le vent soufflât du S. en se renforçant, la houle venait de l'E. S. E. Le baromètre baissa encore et ne marqua plus de maximum diurne. Le vent mollit un peu à 4 heures après midi ; mais la pluie tombait par torrents, et le baromètre continuant à descendre, les dispositions pour le mauvais temps furent prises. — Le ciel, plombé avait très-mauvaise apparence, et la pluie devint si forte qu'après le coucher du soleil on ne voyait plus devant soi à quelques pas.

A 7 heures 3/4, après une baisse presque instantanée du baromètre, un grain violent de l'E. obligea de diminuer la voilure. — Le vent augmenta de violence, en passant de l'E. à l'E. S. E., entre 10 et 11 heures. Le navire, sous ses voiles de tempête, conservait une marche rapide à travers la mer déjà grosse.

Bien que la région où nous nous trouvions, aussi bien que la saison, pût faire porter un autre jugement, la conviction fut acquise que nous étions assaillis par un cyclone ; la baisse continue du baromètre et la nature du vent, soufflant toujours par rafales, ne pouvant se concilier avec une tempête rectiligne. — Si nous ne nous trompions pas, le centre du cyclone, d'après les indications les plus récentes de la loi des tempêtes, se trouvait dans la direction du S. et arrivait directement vers la corvette.

Dans cette position précaire, comme il était également dangereux de chercher à couper la trajectoire ou à marcher parallèlement à elle, on résolut de continuer la course au N. en faisant un angle de 135° avec le vent. Cette résolution fut justifiée, car à minuit le vent s'apaisa un peu, tourna au S. E., et il devint évident que le centre du tourbillon avait passé à l'O. de la corvette. — L'état de la mer était alors vraiment imposant. Les vagues, poussées dans toutes les directions, s'élevaient à une énorme hauteur et brisaient avec une écume phosphorescente, seule lumière dans la profonde obscurité.

La pluie diminua enfin, le vent passa au S. S. E., et le baromètre atteignit son minimum, 744^{mm}, 2, vers 1 heure du matin. — Une saute de vent fut si soudaine, qu'elle rendit vaines les précautions prises ; deux énormes vagues tombèrent sur le pont, enlevant toutes les pièces mobiles, et détruisant le gouvernail, déjà fort endommagé.

A 2 heures, le baromètre remonta de 2 millimètres ; le vent soufflait du S. S. O., d'où on pouvait conclure que le centre avait été dépassé et qu'il s'éloignait vers le N. —Bientôt le vent diminua, le ciel s'éclaircit un peu, quelques étoiles brillèrent au-zénith ; mais tout autour du navire restait comme une muraille nuageuse, particulièrement épaisse à l'O. et au N. O. —A 3 heures du matin, vent du S. O ; à 4 heures, de l'O. S. O., continuant à diminuer. La mer très-houleuse et croisée. La hausse continue du baromètre montre que le cyclone s'éloigne rapidement.

Ouragans sur les côtes de l'Europe occidentale. — Comme nous l'avons déjà dit, les cyclones qui suivent le cours du Gulf-Stream abordent souvent les côtes de l'Europe occidentale. La grande tempête de 1703, décrite par Daniel de Foë, l'auteur de *Robinson*, qui sévit durant toute une semaine de novembre, et qui causa de si grands désastres dans presque toute l'Europe septentrionale, fut un des plus terribles ouragans dont on ait gardé la mémoire. L'amiral Fitz Roy attribuait les nombreux sinistres signalés sur la vaste étendue du parcours de cet ouragan à une succession de cyclones.

Nous avons résumé dans un autre ouvrage [1] le très-

[1] *Les Tempêtes.*

intéressant et si utile travail fait par le Bureau météorologique de Londres pour l'ouragan du 25 au 26 octobre 1859, pendant lequel un grand bâtiment de l'État, le *Royal-Charter*, périt corps et biens au mouillage des îles d'Anglesea. L'amiral Fitz Roy a réuni une série de remarquables circonstances météorologiques qui ont précédé et accompagné cette tempête, et qui la rattachent à tout un ensemble de perturbations atmosphériques observées dans notre zone tempérée, où régnait une chaleur anormale. Nous disions à ce sujet :

« La coïncidence d'une aurore boréale et de perturbations magnétiques avec la tempête du 25 octobre est constatée dans plusieurs lettres, qui relatent aussi une observation remarquable. A l'entrée de la nuit pendant laquelle l'ouragan atteignit son maximum de violence, un globe de feu apparut au milieu des nuages, changeant rapidement de couleurs et se brisant ensuite en éclats. Il fut aperçu au même instant de Plymouth, où son passage fut suivi d'une rafale épouvantable, et de Dublin, où l'observateur se trouvait dans un calme parfait, probablement au centre du cyclone.

« D'après les signes donnés par un électroscope pendant le passage de l'ouragan, il y aurait eu constamment polarité électrique entre les demi-cercles que séparait la ligne suivie par le centre, l'un étant chargé d'électricité positive, et l'autre d'électricité négative.

« On a constaté en outre, du 20 au 26 octobre, un accroissement continu dans la proportion d'ozone, ou oxygène électrisé, contenu dans l'air. Pendant la tempête l'ozonoscope marquait le maximum.

« Des sections de la couche atmosphérique suivant les différents rhumbs du compas ont été tracées au moyen des hauteurs barométriques prises de six en six heures. Une grande dépression y marque clairement les positions successives occupées par le centre du cyclone. Dans cette région centrale la diminution du poids de l'air permet au gaz de s'échapper des parois dans les galeries des mines. Il y eut en effet des explosions de grisou, le 26 octobre, dans le Straffordshire et dans l'ouest de l'Écosse.

« Les relevés statistiques indiquent par des chiffres trop significatifs la terrible période de mauvais temps qui régna en Angleterre pendant l'automne de 1859. D'après les registres de l'Amirauté, sur 139 navires naufragés pendant l'année, 77 périrent dans la courte période comprise entre le 21 octobre et le 9 novembre — Dans les mines de charbon, la proportion des accidents causés par l'explosion du gaz inflammable fut de 12 pour le seul mois d'octobre, à 81 pour l'année entière. »

Ouragan du 11 janvier 1866 à Cherbourg. — Les détails suivants sont extraits d'une note de M. le vice-amiral de la Roncière-le-Noury, qui avait son pavillon sur le vaisseau cuirassé le *Magenta :*

Les journées qui ont précédé le 11 janvier n'avaient rien présenté d'insolite sur la rade de Cherbourg. Le 9, il ventait grand frais d'O. N. O. avec des grains de pluie ou de grêle ; le baromètre était en moyenne à 741ᵐᵐ. Dans la nuit du 9 au 10, le vent mollissait et le temps s'éclaircissait. Le 10 au matin, le vent, assez faible, tournait au S. O., au S. et au S. E. Cela indiquait que le mauvais temps n'était pas fini ; s'il eût dû finir, les vents d'O. N. O. du 9 auraient remonté au N. O. et au N. N. O., où ils auraient cessé, et il aurait fait calme.

Toute la journée du 10, les vents sont restés au S. et au S. E. forte brise, le baromètre baissant lentement d'abord, puis ensuite avec une extrême rapidité. A minuit, il était à 727. Il baissa alors de plus en plus rapidement jusqu'à huit heures et demie du matin, où il s'arrêta à 721^{mm} et commença de monter. Les vents étaient toujours au S. E. tournant à l'E. S. E. ; le temps était couvert et pluvieux. Sauf la situation si exceptionnelle du baromètre, rien n'annonçait une tempête prochaine. Quelques pilotes rentraient, et les nombreux bâtiments de commerce en relâche sur la rade n'appareillaient pas, le signal du mauvais temps ayant été hissé et le retour du vent de l'O. N. O. au S. E. par le S. annonçant, comme il a été dit plus haut, que l'état du temps en mer n'était pas satisfaisant. A dix heures du matin, le vent tourna à l'E., au N. E. et au N., où il se fixa et fraîchit rapidement. Les coups de vent de cette direction sont excessivement rares à Cherbourg et n'y soufflent que dans un grain de courte durée. A dix heures et demie, il ventait grand frais. A onze heures et demie, le vent avait pris toute sa force. La surface des lames était pour ainsi dire enlevée et un nuage de poussière d'eau, s'élevant à une certaine hauteur, empêchait de voir l'état du ciel. Le temps était certainement très-couvert et il devait pleuvoir un peu, mais la pluie se confondait avec l'eau de mer.

De onze heures et demie à trois heures et demie, le baromètre monta de 9 millimètres ; le vent souffla avec la même violence, au point qu'à bord il était impossible de s'y exposer sans se tenir solidement à un point fixe. A trois heures et demie, le vent mollissait un peu par moments ; à cinq heures, ce n'était plus qu'un grand coup de vent ; puis il diminua successivement jusqu'à minuit où il devint très-maniable. En mollissant, le vent avait passé du N. N. O. au N. O. A minuit, le baromètre marquait 754 ^{mm}. Le temps s'est ensuite tout à fait remis. Le 12 au matin, il faisait très-beau avec une jolie brise du N. O. qui a duré toute la journée.

Sur trente-deux bâtiments de commerce, qui étaient en petite rade, neuf seulement ont pu entrer dans

Fig. 36. — Ouragan à Cherbourg.

le port de commerce au commencement du coup de
vent, en faisant quelques avaries; vingt-deux ont été
s'échouer devant la ville, les uns à droite, les autres
à gauche du port ; un seul a pu tenir. Les bâtiments de
guerre avaient pris de bonne heure les précautions nécessaires. Ils avaient calé leur mâture, allumé leurs
feux et mouillé des ancres, bien que tenus par des
chaînes de corps-morts d'une grande puissance. Néanmoins, une des chaînes qui retenait le *Magenta* a cassé
à une heure et demie ; le vaisseau a abattu rapidement ;
il a incliné considérablement sous la puissance de l'ouragan ; mais bientôt il a senti l'effet des autres ancres
qui avaient été mouillées, et l'immense masse revenait
debout au vent en se redressant. A trois heures la même
avarie arrivait à la frégate la *Forte*, qui heureusement
put tenir sur d'autres ancres.

La digue, qui depuis qu'elle est achevée n'avait pas
encore passé par une telle épreuve, n'a subi aucune
avarie sensible. L'œuvre de M. Rebell est définitivement
jugée et constitue un des plus beaux et des plus solides
travaux des temps modernes. Des pierres de deux à trois
mille kilogrammes, formant l'extérieur de l'enroche-
ment sur lequel elle repose, ont été lancées par les
.ames par-dessus le parapet ; quelques-unes sont res-
tées sur le parapet même, elles ont par conséquent été
soulevées à une hauteur verticale de 8 mètres environ.
En frappant la digue, les vagues s'élevaient à une hauteur égale à trois fois la hauteur du fort central qui a
20 mètres de haut ; puis entraînées presque horizontalement par le vent, elles venaient tomber en poussière
à une grande distance et couvraient les bâtiments placés à l'abri sous la digue.

Plusieurs officiers, qui étaient également en rade lors
du coup de vent du 2 décembre 1865, s'accordent à
dire que le vent et l'ensemble du temps étaient alors

bien moins mauvais que le 11 janvier ; la tempête de décembre a été d'une plus courte durée ; le vent avait soufflé du N. O. et non d'une région insolite, comme dans ce dernier ouragan.

La tempête du 11 janvier est en effet très-remarquable par ses allures, bien que dans son ensemble elle n'ait pas eu le degré de gravité présenté par la tempête de décembre. Cette dernière nous arrivait du N. O. Son centre avait traversé l'Angleterre, avait poussé une pointe sur la France, dans l'est de Cherbourg, puis avait rapidement rebroussé chemin sur l'Angleterre. Cherbourg était donc resté dans son demi-cercle méridional avec des vents d'O. N. O. La tempête du 11 janvier est, au contraire, venue du S. E. par l'O. de la France ; en marchant vers le N. E. son centre a passé dans le S. E. de Cherbourg à une petite distance de ce port ; aussi les vents y ont-ils subi une rotation complète et inverse. C'est un cas excessivement rare. Le plus grand rapprochement du centre a eu lieu à huit heures et demie, heure du minimum barométrique. Le port se trouvait alors dans l'accalmie centrale ; ultérieurement, il se trouva dans le bord occidental du tourbillon, où le vent, soufflant du N., était dans les conditions les plus défavorables pour la rade ouverte dans cette direction.

VIII

TYPHONS DE LA MER DE CHINE ET DU JAPON. CYCLONES DE L'OCÉAN INDIEN.

Typhons dans la mer du Japon. — Typhons du Tonquin. — Cyclone d'Ingeram. — Cyclone des îles Rodriguez. — Cyclone de la *Belle-Poule*, et du *Berceau*. — Cyclones de la *Junon* et du *Monge*. — Cyclone de Zanzibar. — Cyclone de Calcutta. — Cyclone de Midnapore.

Malgré leur installation si défectueuse, les jonques entreprennent de longs voyages et se rendent jusqu'aux Philippines, à la Cochinchine et à Java. Elles ne s'éloignent pas beaucoup, il est vrai, des côtes et profitent des moussons régulières qui soufflent tantôt d'un côté et tantôt de l'autre. Leurs naufrages sont nombreux, et ce qui contribue à les augmenter, ce sont les tempêtes tournantes nommées typhons dont la rencontre leur est presque toujours funeste. On a commencé à connaître ces météores en Europe par les relations des missionnaires qui, au milieu du dix-septième siècle sont allés propager la foi chrétienne dans l'extrême Orient. Le P. de Charlevoix en parle ainsi dans son *Histoire du Japon* :

« Après qu'on eut fait environ une lieue en quittant Malacca, il fallut songer à se prémunir contre les typhons, et pour cet effet le capitaine Neceda alla prendre terre à une île voisine. On appelle typhons dans les Indes un vent de tourbillon qui souffle de tous les côtés, et qui domine fort sur les mers de la Chine et du Japon. Un vaisseau ainsi investi ne fait que pirouetter, et les plus habiles pilotes y sont bientôt au bout de leur art. Ce qu'il y a de plus fâcheux, c'est que ces tourmentes durent ordinairement plusieurs jours de suite, en sorte qu'il faut qu'un bâtiment soit bon et bien gouverné pour résister jusqu'à la fin. Par bonheur on peut les prévoir et se mettre en état de n'être pas surpris, car on ne manque jamais d'en être averti par un phénomène assez singulier. On voit un peu auparavant vers le nord trois arcs-en-ciel concentriques de couleur de pourpre. » (L'auteur veut évidemment parler d'un halo.)

Typhons dans la mer du Japon. — Vers la fin du mois d'août 1690, dit le P. Charlevoix, le temps fut toujours variable : nous avions quelquefois beaucoup de vent, quelquefois peu ou pas du tout, et celui que nous avions nous était la plupart du temps contraire, de sorte qu'il semblait que la mousson du nord-est cessait plutôt qu'à l'ordinaire. Le 25 nous eûmes un grand calme et une chaleur excessive. Vers le soir, un vent violent et contraire se leva à l'E. N. E., nous obligea de porter au sud et nous fit passer une très-mauvaise nuit. Le 26 la tempête augmenta, accompagnée de tonnerre et d'éclairs. Le 27, à 9 heures du soir, une jonque chinoise, faisant force de voiles et vent en poupe, passa près de nous pour s'aller jeter dans quelque port. Les matelots de cette côte connaissent à certains signes qu'il va s'élever une tempête et tâchent de se retirer à terre dans le premier port qu'ils peuvent gagner. Le 28 la tempête devint si furieuse que sur le tard nous fûmes obligés de lier notre gouvernail, d'amener la grande voile et la misaine et de laisser aller le vaisseau à la dérive. Le 29, le vent

s'étant changé la nuit en une tempête épouvantable, les
secousses devinrent insupportables…Ce qui rendait notre
état encore plus déplorable, c'était l'obscurité de l'air,
qui était outre cela plein d'eau ; ce qui me paraissait
venir d'une autre cause que de la pluie et des vagues qui
se brisaient et que le vent mêlait avec l'air. On ne pouvait pas se voir à la distance de la moitié du vaisseau et
il était impossible de s'entendre l'un l'autre, à cause du
bruit confus que faisaient le vent, la mer et le vaisseau.
Les vagues nous couvraient comme tout autant de hautes montagnes et l'eau tombait de dessus le pont dans
la cabane en si grande quantité, que tout en était plein.
D'ailleurs le vaisseau commençait à faire eau et il fallut
se mettre aux pompes. Pendant tout ce temps nous en-
tendîmes des coups redoublés à la poupe comme si tout
allait se briser en pièces. Nous n'en pûmes découvrir la
cause que l'après-midi, lorsque la tempête tourna à l'est ;
alors nous vîmes que le gouvernail s'était détaché, ce
qui augmentait beaucoup le danger où nous étions, les
coups pouvant briser le vaisseau et le faire couler à
fond. Pendant ce temps nous étions repoussés au S. O.,
vers les îles de la Chine et nous nous voyions exposés
à de nouveaux périls, qui étaient encore augmentés par
le désordre où se trouvaient nos matelots, étourdis par
les liqueurs fortes qu'ils avaient bues.

« Le 30, au matin, la tempête commença à s'apaiser et
les vagues à se calmer ; sur quoi on mit la civadière
pour servir de gouvernail et par ce moyen nous fîmes
voile au S. devant le vent ; et, n'étant par conséquent
pas tant ballottés, ce qui mit nos charpentiers en état de
rétablir le gouvernail.

« L'après-midi du 6 septembre nous nous trouvâmes
inopinément dans un très-grand danger, mais tout différent de celui que nous avions couru dans la dernière
tempête. Nous faisions route au S. avec un petit vent

frais d'E. S. E,, lorsque nous remarquâmes derrière nous au N. quelques éclairs et peu de temps après de grosses vagues, qui roulaient les unes sur les autres, comme des nuées et s'avançaient rapidement vers notre vaisseau, qu'elles agitèrent si violemment et mirent tellement en désordre et en confusion, que nous en fûmes déconcertés, ne sachant que faire, ni quelle résolution prendre. Peu après le coucher du soleil deux de ces vagues vinrent presque en même temps par derrière comme des montagnes et tombèrent sur tout le vaisseau avec tant de violence, qu'elles l'enfoncèrent bien avant sous l'eau, avec toutes les personnes qui se trouvaient sur le tillac et moi entre autres, croyant tous que nous descendions au fond de la mer. Ce choc fut suivi d'un bruit de craquement si terrible, qu'il semblait que toute la poupe s'était brisée et mise en pièces. Le capitaine et le contre-maître, qui étaient âgés de plus de soixante ans, assurèrent qu'il ne leur était jamais rien arrivé de semblable. On examina d'abord le gouvernail et on trouva qu'il était en ses gonds, avec peu d'avaries. On fit jouer la pompe, mais presque tout était gâté dans la cabane et sur le pont couvert d'eau à hauteur du genou, des débris et des cordages flottaient de côté et d'autre. Nous avions résisté encore au choc de quelques autres vagues lorsqu'il se leva un bon vent du N. accompagné de pluie et d'orage qui hâta la course du vaisseau vers le S. E.

« Le 10 septembre nous eûmes une troisième tempête venant du nord, dans laquelle nous fûmes obligés de tourner, d'amener les voiles basses, de lier le gouvernail et de laisser aller le vaisseau au gré du vent, nous abandonnant du reste à la Providence... »

Typhons du Tonquin. — Le célèbre navigateur anglais, Dampier, décrit ces tempêtes dans son *Voyage à Achem et au Tonquin.* « C'est, dit-il, une espèce particulière de tempêtes violentes soufflant dans les mois de juillet, août et septembre. Elles éclatent communément aux environs de la pleine et de la nouvelle lune et sont précédées d'ordinaire par un très-beau temps, de faibles brises et un ciel clair. Ces faibles brises diffèrent du vent de cette époque de l'année, qui est plutôt S. O.; elles viennent du N. et du N. E. Avant le commencement du typhon un nuage épais se forme dans le N. E.; il est très-noir auprès de l'horizon, d'une couleur cuivrée vers son bord supérieur, et de plus en plus clair jusqu'à sa limite où il est d'un blanc très-vif. Ce nuage inquiétant et menaçant se voit quelquefois douze heures avant l'arrivée du tourbillon. Quand il commence à marcher rapidement le vent s'établit presque immédiatement, augmente avec une grande rapidité et souffle du N. E. pendant douze heures plus ou moins. Il est accompagné de terribles coups de tonnerre, de larges et fréquents éclairs et d'une pluie très-épaisse. Quand le vent commence à mollir, il tombe tout à coup et le calme succède pendant une heure environ; puis le vent s'élève à peu près du S. O., et souffle de ce quartier avec la même fureur et aussi longtemps qu'il avait soufflé au N. E. Il pleut aussi comme avant. »

Cyclone d'Ingeram (golfe du Bengale). — Mai 1787. — La relation suivante est due à un habitant de la ville d'Ingeram, M. Persons, qui a décrit les ravages produits sur les côtes par l'énorme lame formée au centre du tourbillon. « A partir du 17 mai, le vent soufflait dur du N. E., mais on ne craignait rien. Le 19, dans la nuit, il fraîchit en fort coup de vent. Le 20, au matin, c'était un ouragan complet, découvrant les maisons, défonçant les portes et les fenêtres, renversant les murs. Un peu avant 11 heures il vint du large avec une extrême violence. Je vis alors une multitude d'habitants courir vers ma maison en criant que la mer arrivait sur nous. Je jetai les yeux dans cette direction, et je la vis en effet approcher avec une grande rapidité. Elle ressemblait beaucoup à la barre de la rivière du Bengale.

« Je cherchai un refuge dans la vieille factorerie, construite sur un endroit élevé qui ne pouvait être atteint. Je jugeai que la mer devait s'être élevée de plus de quatre mètres au-dessus de son niveau naturel. Le vent favorisa la baisse des eaux, vers 1 heure de l'après-midi, en passant au S. A 5 heures, j'allai dans une autre maison, pendant une accalmie. Mais le vent reprit ensuite violemment et devint très-froid et très-intense à minuit, en passant à l'O. Le coup de vent cessa le matin.

« D'après la tradition des gens du pays, il y a un siècle environ la mer monta à la hauteur des plus grands palmiers. A Coringa, plus près de la mer, il n'y eut que vingt habitants sauvés sur quatre mille. A Jaggernauparam, mille personnes environ périrent et l'inondation s'étendit au N. jusqu'à Apparah situé sur la côte à 15 milles au N. d'Ingeram. On estima que cette inondation avait fait périr vingt mille âmes et cinquante mille têtes de bétail. »

M. de Laplace, commandant de la frégate française l'*Artémise*, a signalé un autre cyclone qui détruisit en 1789 la ville de Coringa, que nous venons de voir déjà si éprouvée deux ans auparavant. « Une seule journée, dit-il, dans la relation de son *Voyage autour du monde*, vit anéantir Coringa ; un phénomène affreux la réduisit à ce qu'elle est maintenant.

« Au mois de décembre, à l'époque où une grande marée atteignit sa plus forte hauteur ; et pendant que le vent de N. E. soufflant avec fureur, amoncelait les eaux dans le fond de la baie, les malheureux habitants de Coringa aperçurent avec effroi trois lames monstrueuses venant du large et se succédant à peu de distance.

« La première, renversant tout sur son passage, se précipita dans la ville et y jeta plusieurs pieds d'eau, la seconde augmenta les ravages en inondant les pays bas; la dernière lame submergea tout. »

Cyclone des îles Rodriguez. Avril 1843. — Ce cyclone a été pris pour base d'une remarquable étude sur les ouragans de l'océan Indien[1] faite en 1845 par un médecin anglais résidant dans l'île Maurice, le docteur A. Thom. Nous extrayons de son ouvrage les passages suivants :

« Il n'est guère possible d'habiter l'île Maurice sans participer à l'anxiété générale pendant la saison des ouragans. Chacun est attentif aux signes qui les annoncent, aussi bien l'habitant des somptueuses demeures que le nègre dans sa hutte fragile. Heureusement ces pronostics ne sont pas toujours réalisés.

« Au commencement d'avril 1843, l'état du ciel et la baisse du baromètre, accompagnant un violent coup de vent, firent penser aux habitants les plus expérimentés qu'un cyclone passait à quelque distance de l'île. Peu de jours après, en effet, le télégraphe signalait la présence en mer d'un grand nombre de navires désemparés, faisant des signaux de détresse et se trouvant dans l'impossibilité de gagner le port. Jamais jusqu'alors on n'avait vu entrer en même temps à Port-Louis autant de bâtiments maltraités par une seule tempête.

« La simple visite au mouillage suffisait pour éveiller un vif sentiment de sympathie. La baie était couverte de navires brisés; quelques-uns sans mâts ou ayant à la

---

[1] *An Inquiry into the nature and course of Storms in the Indian ocean.* London, 1845.

place de ceux qu'ils avaient perdus des mâts de fortune; d'autres inclinés sur un bord par suite du déplacement de la cargaison pendant la tempête. Tous avaient perdu la plus grande partie de leurs bastingages, les agrès du pont, les canots. Beaucoup coulaient bas d'eau et les équipages fatigués ne pouvaient pas la maîtriser avec les pompes.

« Les capitaines déclaraient qu'ils n'avaient jamais assisté à une pareille tempête. On dit que les marins regardent toujours le dernier coup de vent comme le plus mauvais ; mais ceux qui se sont trouvés dans un ouragan des tropiques, en parlent, après une longue vie passée à la mer, comme d'un effroyable péril auquel nul autre n'est à comparer.

« Quinze navires ont éprouvé l'ouragan dans un cercle de 1500 milles de rayon. La vitesse du vent qui s'y est manifestée a été évaluée à cent milles par heure.

« L'état du temps contribue sans doute beaucoup au terrifiant aspect de ces tourmentes. Le ciel et la mer semblent confondus ; les éléments se déchaînent, la pluie tombe à torrents et se mêle à la poussière des vagues ; la mer déferle sur le pont, les mâts se brisent, les voiles se déchirent, mais on ne distingue pas ces bruits particuliers au milieu du grondement général de la tempête. Les éclats de la foudre éclairent seuls par intervalles l'obscurité la plus profonde. Quelquefois les décharges électriques sont presque continuelles et enveloppent les mâts et le gréement.

« C'est la mer qui est surtout terrible dans les tempêtes tournantes. Soulevée en masses pyramidales par le vent qui souffle de tous les points de l'horizon, elle présente un amas confus de vagues pareilles à celles qui se brisent, furieuses, sur les roches d'un récif, et c'est par ces vagues énormes que le navire est souvent mis en danger.

« Il faut un travail presque surhumain, le jeu continuel des pompes, pour épuiser l'eau qui entre de toutes
parts dans le navire et s'amasse dans la cale.

« A ce résumé des rapports des capitaines il faudrait
ajouter le récit des pertes subies par les équipages et
les passagers et celui de leurs angoisses, de leurs souffrances, pendant l'ouragan qui a passé sur les îles Rodriguez. Il y avait à bord de la petite flotille livrée à la
merci de la tempête plusieurs centaines de vieux soldats,
qui, après avoir loyalement servi et vaillamment com-
battu dans l'Inde pendant vingt ans, s'en retournaient
au foyer (*home*), et qui furent ensevelis dans les flots.
Des groupes de laborieux Indiens qui, oubliant les pré-
jugés de leur caste, venaient à Maurice chercher du travail, furent aussi décimés par la tempête. Il fallut aux
matelots toute l'intrépidité; toute la patiente énergie,
toute la force de résistance qui caractérisent le marin
anglais pour rester vaillamment debout dans ce rude
combat. »

Cyclone de la Belle-Poule et du Berceau, décembre
1847. — La frégate française de 60 canons, la *Belle-
Poule*, appareilla de Saint-Denis, le 14 décembre 1847,
vers midi, faisant route de l'Ile de la Réunion pour
Sainte-Marie de Madagascar, et se trouva le 17, à midi,
par 19° 8′ de latitude et 60° 9′ de longitude.

Depuis la veille le temps avait mauvaise apparence
et le baromètre marquait une tendance à la baisse. La
mer était grosse et les vents de S. E. halaient l'est. De
quatre à huit heures du soir, le baromètre, baissant de
5ᵐᵐ descendit à 756ᵐᵐ. Tout annonçait l'approche d'un
cyclone; le vent, fixé à l'est, indiquait le centre du
météore droit au nord. C'était donc le cas de prendre
la cape bâbord amures; on aurait vu le vent varier à
l'E. N. E., N. E., et N, à fortes rafales, mais qui eussent
sans doute été supportables pour une frégate aussi

remarquable par ses bonnes qualités nautiques. Malheureusement la route à faire pour se rendre à Sainte-Marie est le N. O., les vents étaient donc favorables, et dans l'ignorance où on était à bord de la position du cyclone et de sa route probable, on continua à marcher grand largue, tout en prenant les précautions exigées par l'apparence du temps.

De huit heures à minuit les vents d'est, très-violents, reviennent à l'E. S. E. et au S. E.; la pluie tombe avec abondance, la mer, toujours très-grosse, fatigue la frégate qui roule extrêmement. Le canot-major casse ses sangles et les saisines de renfort; il est enlevé par la mer. Le baromètre descendu à 750 indique d'une manière bien claire qu'on approche du centre. On voit déjà par les variations du vent que la frégate devance le cyclone et qu'elle va peut-être le doubler en avant du centre, le vent hâle en effet le S. S. E., puis bientôt le sud.

A minuit vingt minutes, dans une embardée, la frégate se couche sur le côté et reste engagée jusqu'à deux heures du matin. Le baromètre est rapidement descendu à 715^{mm}. Le vent souffle en ouragan du S. O. et la position devient des plus critiques. A deux heures cependant on réussit à faire arriver et on prend la fuite au N. E; mais les roulis sont effrayants, la drosse du gouvernail casse, tous les canots sont enlevés, la frégate se soustrait avec peine aux chocs répétés des lames qui défoncent plusieurs sabords.

A trois heures le vent mollit, l'accalmie subite qui remplace la tempête permet de remettre un peu d'ordre à bord. Le baromètre ne remonte pas encore; la pluie a le goût d'eau salée, et ces deux circonstances rapprochées de l'accalmie ne laissent aucun doute sur la position de la frégate au centre du cyclone.

A quatre heures, en effet, le vent saute au N. O. et

souffle avec la plus grande violence. Le baromètre remonte à 730^{mm}, et la frégate, n'osant pas prendre la cape, fuit grand largue vers l'est. Les roulis recommencent, de nouveaux sabords sont défoncés et livrent passage aux coups de mer, le petit mât de hune casse et entraine avec lui le tenon du mât de misaine.

La route qu'elle fait éloigne rapidement la frégate du centre du cyclone qui continue sa marche vers le sud-ouest. A huit heures du matin le baromètre atteint 754^{mm} et 760^{mm} à midi. Le vent passe au N. N. O., ce qui permet de reprendre la route à l'ouest et la rade de Sainte-Marie est atteinte le 18 décembre.

Nous voyons, d'après cette relation, ce qu'il en a coûté à la *Belle-Poule* pour avoir négligé les prescriptions déduites de la loi des tempêtes, en prenant la fuite avec les vents d'est ; mais quelque graves qu'aient été les avaries éprouvées à la suite de cette manœuvre, nous avons à déplorer une catastrophe bien plus grande encore.

Le *Berceau*, corvette de 50 canons, était parti de Saint-Denis le 13 décembre, vingt-quatre heures avant la *Belle-Poule*, aussi pour Sainte-Marie. Quelle ne fut pas l'anxiété de chacun à bord de la frégate en ne trouvant pas le *Berceau* au mouillage, et se figure-t-on les angoisses de tous ceux qui virent les jours se succéder sans apporter de nouvelles des amis, des camarades qu'ils avaient à bord de la corvette !

Hélas, ce bâtiment n'a jamais reparu, et des 250 hommes et passagers qui se trouvaient à bord, nul n'est venu raconter les terribles accidents de ce drame.

Au départ de Saint-Denis, ainsi que l'indique le journal du port, la brise d'est était faible, et n'a pas pu pousser rapidement cette malheureuse corvette pendant les vingt-quatre heures d'avance qu'elle avait sur la *Belle-Poule*.

Le *Berceau* ne précédait donc la frégate que de quelques heures; sans doute les mêmes variations de vent se sont présentées pour ces deux bâtiments. La saute de vent au N. O. aura surpris le *Berceau* au moment où le calme trompeur permettait de faire un peu de route soit pour se diriger sur Sainte-Marie, soit pour s'éloigner de la côte, et masquée par une rafale terrible, la corvette se sera couchée sans qu'aucun effort soit parvenu à conjurer la perte du navire, engloutissant avec lui 250 victimes [1].

Cyclones de la Junon et du Monge, avril et novembre 1868. — La frégate de l'État, la *Junon*, partie de France sous le commandement de M. de Marivault, capitaine de vaisseau, pour aller remplir une mission dans les mers de l'Inde et de la Chine, toucha à l'île de la Réunion, qu'elle quitta le 28 avril pour se rendre à Singapore.

Pendant la traversée, on avait beaucoup étudié à bord la science des cyclones. On s'était surtout servi de l'excellent ouvrage du commandant Bridet, directeur du port à Saint-Denis, spécialement consacré aux ouragans de la région que la *Junon* allait parcourir. Dans un rapport qu'a bien voulu nous communiquer M. de Marivault ce savant officier apprécie son utilité avec beaucoup de justesse. « Un premier effet général que je dois constater, dit-il, c'est que l'état-major tout entier, pénétré de cette lecture, en faisait, depuis notre entrée dans l'océan Indien, l'objet fréquent de ses conversations et de ses discussions, et se trouvait par là parfaitement au courant des phénomènes que nous allions observer. La carte d'ouragan était dans toutes les mémoires, les exemples cités étaient devenus familiers à chacun; de là nulle nécessité d'explication au moment d'agir; nulle

---

[1] *Bridet : Étude sur les ouragans de l'hémisphère austral.* Publié par le Dépôt des cartes et plans.

hésitation dans les esprits, comme cela n'arrive que trop souvent quand on ne comprend pas clairement les ordres qu'on doit exécuter; aucun de ces doutes qui paraissent sur les visages par le seul fait que l'on est obligé de remémorer des théories mal digérées avant d'être assuré que l'on fait ce qu'il y a de mieux à faire. Partout, au contraire, la confiance communicative et le sentiment satisfait d'hommes qui voient à tout instant que la situation est très-connue et maîtrisée par les procédés que leur esprit s'approprie sans avoir à chercher. Dans ces conditions, un ordre n'est plus qu'un signal d'action; un mot suffit pour faire comprendre toute la pensée, et, sous cette puissante impulsion, un équipage soigneusement organisé accomplit des merveilles en fait de résistance morale et de travaux de force. »

Il n'y avait cependant pas une bien grande probabilité pour la rencontre d'un cyclone à l'époque où l'on se trouvait. Piddington indique, pour le mois de mai, quatre fois moins de cas observés que pour le mois de février qui correspond au maximum.

Pendant la journée du 30, avec la brise habituelle de l'alizé S. E. la frégate gouvernait à l'E. N. E. route qui faisait passer à droite des Cargados. Mais, le vent fraîchissant le soir et la mer devenant grosse, il fallut se résoudre à passer à gauche de ces bancs, et l'on mit le cap droit au N.. Le ciel s'était couvert de sombres nuages; des grains avaient nécessité une diminution de voilure; le baromètre restait cependant immobile à la hauteur de 765^{mm}, depuis trois heures jusqu'à neuf heures. Du reste aucun changement dans la direction de la brise n'était observé, et on pouvait encore croire à un simple coup de vent de S. E. Diverses précautions furent prises; on procéda à un amarrage plus solide des canons de la batterie.

A dix heures, le niveau du mercure descendit d'un millimètre et cette baisse continua graduellement pendant une heure jusqu'à 762. Ce signe indiquait le caractère de la tempête. On était en présence d'un cyclone et il fallait déterminer la manœuvre à faire.

Suivant la règle générale le centre devait se trouver sur la perpendiculaire à la direction du vent régnant, c'est-à-dire au N. E . M. Bridet laisse en ce cas le

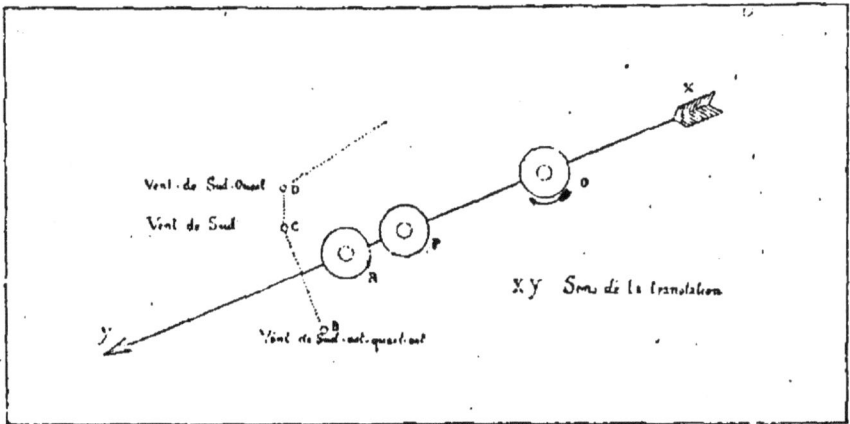

Fig. 57. — Passage en avant d'un cyclone.

choix entre la mise en cape bâbord amures dans le demi-cercle dangereux, ou l'allure vent-arrière pour passer devant le météore et se placer dans le demi-cercle maniable, mais il donne la préférence à cette dernière manœuvre en motivant ainsi son conseil. « Un examen approfondi de la situation ne permet pas de courber la tête devant le fatalisme, à la manière des mahométans. Si Dieu est grand on sait aussi qu'il nous aide en raison des efforts que l'on fait pour se soustraire aux mauvaises chances.

« Supposons que, le vent variant du S. E. quart S. au S. E. quart E., le navire soit en B avec le baromètre à 755ᵐᵐ et toutes les apparences du mauvais temps. D'après le tableau théorique, cette hauteur barométrique indique que le centre se trouve au minimum à cent cinquante-sept milles de distance du navire, qui a environ vingt et une heures avant d'y être exposé.

« Supposons toutes les circonstances les plus défavorables, qu'au lieu de 157 milles il n'en soit qu'à 130, et que le cyclone soit animé d'une vitesse de 12 milles dans son mouvement de translation, au lieu de 8, suivant le cas ordinaire. Le centre sera en O (fig. 37), à 11 heures du navire, au lieu de 21, et cependant le capitaine a encore plus que le temps suffisant pour couper en avant du cyclone, afin d'aller se placer dans la partie maniable, où règnent des vents plus modérés et favorables à la route qui doit le conduire à destination. Que le navire B, en effet, laisse porter vent arrière sans hésiter; 6 heures après il aura parcouru 60 milles au moins, et sera parvenu en C, après avoir coupé la ligne de translation du cyclone, et le centre, qui pendant ce temps a marché de 72 milles jusqu'en P, ne se trouvera plus qu'à environ 60 milles du navire. En C, le bâtiment rencontrera les vents du sud, et sera obligé de courir au nord; 2 heures après, il sera en D et le centre en R, à une distance un peu moindre que précédemment. Supposons qu'elle ne soit plus que de 50 milles, le baromètre aura baissé de 755 à 740; les rafales auront certainement augmenté de violence, mais le plus fort est fait. En D, les vents sont S. O.; on remettra le navire en route, et il regagnera rapidement le chemin perdu en utilisant les vents favorables. En pleine mer, il n'y a aucun risque à tenter cette manœuvre, et on ne doit pas hésiter. »

Le baromètre n'était descendu à bord de la *Junon* qu'à 762ᵐᵐ; la distance présumée du centre permettant la manœuvre recommandée, le commandant donna la route au N. O. et fit allumer les feux, afin que la machine aidât à franchir la région dangereuse. Mal-

heureusement les accidents qui survinrent empêchè-
rent la réussite; il faut remarquer aussi que le gisement du centre du cyclone, déduit de la théorie de
M. Meldrum, dont il a été question précédemment, aurait été d'environ deux quarts plus à gauche, circonstance propre à diminuer notablement les bonnes chances admises par M. Bridet en se basant sur le parcours
circulaire des vents.

La frégate fuyait vent arrière, avec une vitesse de
dix nœuds, au milieu de l'obscurité la plus profonde.
A mesure que la mer augmentait, les roulis devinrent
effrayants. L'eau embarquait par les hauts et par les
sabords mal ajustés de la batterie. A minuit, elle
monta si haut dans la machine, qu'un grand coup de
roulis éteignit tous les fourneaux et détacha les plaques des parquets qui, projetés dans tous les sens,
rendaient désormais l'accès des foyers presque impossible. On ne put obtenir la pression, par intervalles,
que pour faire marcher une pompe d'épuisement. Le
plus souvent, l'eau brûlante des chaudières, qui échap-
pait par plusieurs fentes, aggravait la difficulté du
travail.

Le vent augmentait, soufflait en tempête. Sa direction
tendait déjà vers le sud, ce qui indiquait qu'on avait
notablement marché dans le cercle du cyclone. Mais la
voilure et le gréement éprouvèrent tout à coup de graves avaries.

Dans un violent coup de roulis, la grande vergue se
brisa, tous les huniers furent emportés; ceux même
qu'on avait ferlés avec le plus grand soin s'en allèrent
par lambeaux; la rupture du minot de la misaine causa
la perte totale de cette voile.

Arrêtée ainsi dans sa course avant d'avoir pu franchir
le lit du tourbillon, la frégate se trouva livrée, sans vitesse, à une mer désordonnée dressant autour d'elle des

vagues énormes. On la vit se coucher en travers sur sa joue de bâbord sans pouvoir se relever, n'obéissant plus à son gouvernail.

Il fallait cependant la faire arriver de nouveau vent arrière. Aucune voile d'étai ne tint ; un épais prélart qu'on essaya de hisser, partit en morceaux, des hommes se massèrent en vain dans les haubans pour donner de la prise au vent.

On prenait déjà des dispositions pour couper le mât d'artimon, lorsque deux mâts supérieurs se cassèrent tout à coup et laissèrent le bâtiment se redresser un peu.

Mais ce fut un court répit. Depuis que la frégate ne changeait plus de place, l'ouragan marchait vers elle avec rapidité, et sa force s'accroissait à chaque instant. Il n'y avait du reste aucune variation dans la direction du vent.

La mer s'élevait en véritables montagnes qui déferlaient lourdement sur le navire. Elle avait emporté la galerie, les embarcations suspendues sur les flancs et à l'arrière. Une grande ancre, détachée de ses liens, avait produit, en défonçant un sabord de l'avant, une large voie d'eau, qu'on put boucher avec beaucoup de peine en y entassant des hamacs.

Une pluie torrentielle se joignait aux coups de mer continuels, et toute la lutte était désormais dirigée contre l'envahissement des eaux. L'équipage entier, distribué entre les pompes et les chaînes de seaux, travaillait avec une admirable confiance et un sang-froid plein d'entrain.

« La tourmente durait depuis plusieurs heures, écrit un officier, redoublant à chaque instant de violence et de bruit, quand tout à coup un silence absolu se fit, un silence que je ne puis comparer qu'à celui qui suit l'explosion d'une mine sur un bastion pris d'assaut.

C'était le calme central, calme subit et étrange qui produisit plutôt de l'étonnement qu'une impression de sécurité, tant on s'y sentait comme en dehors des lois ordinaires de la nature. Le mouvement du tourbillon continuait dans le haut de la colonne d'air dont nous occupions la base. Des oiseaux, des poissons, des sauterelles, des débris sans forme tombaient de tous côtés, et l'état électrique de l'atmosphère produisait une sensation vertigineuse sans analogue dans nos souvenirs, se manifestant par un état extraordinaire d'exaltation chez quelques hommes habituellement très-calmes. »

De nombreux oiseaux étaient retenus dans cette espèce de gouffre aérien. Parmi eux se trouvaient plusieurs échassiers, ce qui indique, avec les insectes et et les débris de plantes, que le cyclone avait passé sur des îles. Quelques-uns des poissons volants qui tombaient sur le pont étaient vivants; d'autres, morts depuis quelque temps, sentaient déjà.

Nous indiquons ici les observations barométriques faites pendant la durée de l'ouragan :

Le 30 avril à 10 h. du soir. . .	764^{mm} de haut.
—	11	— . . .	762 —
—	12	— . . .	760 —
Le 1er mai à 1 h. du matin. .	758 —
—	2	— . .	754 —
—	3	— . .	750 —
—	4	— . .	742 —
—	5	— . . .	739 —
—	6	— . .	737 =
—	7	— . .	732 —
—	8	— . .	734 —
—	9	— . .	734 —
—	10	— . .	735 —
—	11	— . .	736 —
—	12	— . . .	736 —

Le 1er mai à 7 h. du soir. . . 757mm de haut.
— 8 — . . . 757 —
— 9 — . . . 758 —
— 10 — . . . 759 —
— 11 — . . . 741 —
— 12 — . . . 742 —
Le 2 mai à 4 h. du matin. . 743 —
— 8 — . . 745 —
— 12 — . . 750 —

En quelques mots, l'équipage fut mis au courant de la situation, et comprit aussi bien que les officiers la nécessité de ne pas perdre une minute du temps qui devait s'écouler jusqu'au renouvellement de la lutte contre le terrible météore. L'activité redoubla aux pompes et à toutes les chaînes ; les gabiers en furent détachés pour entreprendre le difficile et périlleux travail de saisir les débris de mâture que le roulis faisait battre d'un bord à l'autre. La grande vergue, qui décrivait autour du mât des arcs formidables, fut amenée avec beaucoup de peine sur le pont. Il fallut aussi lier le petit mât de hune et la vergue du petit hunier, qui pendaient sur le côté, après avoir enchevêtré leur gréement avec les cordages inférieurs. Plusieurs de ces débris, dont on aurait pu se débarrasser en coupant leurs liens, mais qu'il y avait intérêt à conserver comme éléments d'une nouvelle mâture, furent sauvés par les matelots qui rivalisaient de dévouement et d'audace.

Dans la machine, les dangers étaient aussi très-grands. Les plaques des parquets, les outils entraînés par l'eau dans toutes les directions, blessaient les travailleurs, et les projections continuelles d'eau chaude forçaient les plus robustes à quitter de temps en temps une atmosphère irrespirable.

Il fallait pourtant arriver à tout prix à faire fonctionner les pompes pour vider l'eau qui empêchait d'allumer les fourneaux. Des officiers donnèrent l'exemple du travail dans l'eau chaude. Le résultat fut heureusement atteint par suite de la forte inclinaison que gardait la frégate à cause du tassement qui s'était fait dans les soutes. Grâce à elle, une partie des foyers se trouva plus vite dégagée.

Après cinq heures de calme, vers midi, les premiers souffles se firent sentir, et, quelques instants après, l'ouragan dans toute sa force emportait de nouveau le bâtiment.

Les rafales arrivaient maintenant du N. O., mais aucune des voiles qui avaient été préparées ne put tenir. Il était par suite impossible de manœuvrer pour s'éloigner rapidement du cyclone; le changement d'armures prescrit par la théorie afin de prendre le vent par bâbord put seul être opéré. On fut réduit encore à un rôle passif au milieu des fureurs de l'ouragan, qui ne devait s'éloigner qu'au bout de deux jours par suite de son lent mouvement de translation.

Dans le cercle dangereux à travers lequel la frégate dérivait maintenant, c'est-à-dire dans la partie du cyclone où les vitesses de rotation et de translation s'ajoutent, l'agitation de la mer augmentait aussi bien que le vent. La membrure du bâtiment se déliait de plus en plus; on voyait plusieurs traces de cassure dans les courbes et les baux, mais il était difficile d'apprécier l'origine réelle de tout ce qui paraissait être des voies d'eau.

Le 5 mai seulement, la machine parvint à fonctionner, avec lenteur d'abord, et en prenant toute espèce de précautions, puis plus rapidement. Il fallait maintenant chercher un port de refuge. Le premier point apprit que la frégate se trouvait à dix lieues de l'île de Sable, danger qu'on n'avait heureusement pas connu pendant le cyclone. Le 6, elle fit route vers les Seychelles, où elle trouva, à Mahé, au milieu des récifs de corail, un petit port tranquille dans lequel on put entreprendre les réparations les plus indispensables. Un mois après elle rallia la station de Cochinchine et y trouva les ressources nécessaires pour compléter son armement.

Au mois de novembre suivant, une épreuve nouvelle était réservée à cette même frégate dans les parages qu'elle venait d'aborder. On était cependant déjà hors de la saison des typhons, car c'est dans le mois de septembre que ces tempêtes se forment le plus souvent, comme partout, dans l'hémisphère nord.

Quelques extraits d'un intéressant mémoire de M. Jouan, capitaine de frégate, sur les typhons de l'année précédente, feront juger de l'extrême violence de ces météores :

« La frégate *la Guerrière* eut à subir un typhon dans les derniers jours d'août. Son passage près du centre est attesté par la baisse du baromètre, qui marqua 745^{mm} : aussi fit-elle, sous l'assaut d'un mer monstrueuse, de graves et compromettantes avaries.

« Le 8 septembre, l'île de Hong-Kong ressentit un typhon dont le centre passa à une petite distance des côtes septentrionales. Le 9, la rade de Victoria offrait le spectacle de la désolation ; de tous côtés des navires démâtés, échoués, jetés les uns sur les autres, etc. Deux bâtiments avaient sombré à l'ancre. Pendant plusieurs jours, on vit flotter de nombreux cadavres de Chinois, qui avaient été sans doute surpris dans les petits bateaux où vit une population de seize mille individus.

« Le jour même de l'équinoxe, la partie orientale de la mer de Chine avait été balayée par un violent typhon qui avait aussi ravagé une partie des îles Philippines. Des pluies torrentielles avaient inondé les terrains plats dans ces îles; la grande marée, accrue par la force du vent, avait envahi les rivages et emporté des villages avec leurs habitants. La tempête marchait sensiblement dans la direction du nord avec une vitesse de translation de 12 à 13 milles à l'heure.

« Enfin le 1er octobre, Hong-Kong, déjà très-durement éprouvée par le premier ouragan, eut à en subir un second encore plus terrible, car c'est le demi-cercle dangereux qui passa cette fois sur l'île. »

Le cyclone de novembre 1868 eut lieu après un automne moins mauvais que celui dont nous venons de citer les tempêtes. Mais il fut très-désastreux pour la marine française, qui devait y perdre deux bâtiments : la *Junon*, maintenant condamnée par les ingénieurs, et le *Monge*, sur la disparition duquel on ne peut plus conserver aucun doute.

Ils appareillèrent le même jour de Saïgon. Le bateau à vapeur partit le matin, mais la frégate fut obligée d'attendre la marée du soir.

La navigation ne présenta rien de remarquable pour la *Junon* jusqu'au cap Varella, qui fut aperçu le 4 novembre à l'entrée de la nuit. Pendant la journée il y avait eu seulement une brise très-fraîche du N. N. E.

La mer devenait graduellement plus grosse, le ciel se couvrait. On observait quelques signes d'un prochain coup de vent. Des bouffées de chaleur faisaient irruption dans une atmosphère inégale et presque froide par intervalles. Il y avait des surexcitations électriques sensibles pour tout le monde. Le baromètre subit une première baisse à quatre heures. De plus, ce qui est toujours regardé comme un mauvais pronostic, le vent varia dès lors régulièrement de droite à gauche.

Le journal du bord porte, pour deux heures à trois heures : baromètre 764 millimètres et vent du N. —

Pour quatre heures à cinq heures : baromètre 762 millimètres, vent de N. N. O, puis de N. O., grosse mer. — A six heures : baromètre 756 millimètres, vent de N. O., mer démontée. — A sept heures : baromètre 748 millimètres, tempête d'O.

Ce fut à huit heures du soir que le baromètre descendit au plus bas niveau (745 millimètres). Plusieurs voiles furent emportées ; mais l'avarie la plus grave eut lieu vers neuf heures et demie : la mèche du gouvernail se rompit.

Jusque-là le bâtiment avait peu souffert, parce qu'on avait pu le diriger de manière à éviter les grands coups de mer « au plus près de la lame », comme on dit, et en faisant marcher la machine à sa moindre vitesse. Mais maintenant il était livré sans gouvernail à une mer affreuse. Pendant cinq ou six coups de roulis formidables, les embarcations de l'arrière et celles de tribord furent enlevées. On fut obligé de se débarrasser d'une ancre qui s'était démarrée et qui, suspendue par ses pattes, battait contre les murailles.

Heureusement la frégate revint ensuite au vent et se tint assez bien contre les grosses lames pendant le peu de temps que dura encore l'ouragan.

A neuf heures, le baromètre étant à 746 millimètres, le vent avait la direction S. S. O. A minuit, le mercure remonta à 756 millimètres, et le vent passa au S. O. La hausse se fit progressivement d'un ou de deux millimètres d'heure en heure, pendant que la brise tourna au S., au S. S. E. et au S. E.

Au moment de la rupture du gouvernail et des grands coups de roulis qui en furent la suite, l'eau envahit la frégate par tous les hauts à la fois et par l'arrière des œuvres vives d'une manière très-inquiétante. Les feux des chaudières furent éteints et les scènes du premier cyclone recommencèrent, avec cette différence toutefois que l'équipage, instruit par une expérience si rudement acquise, savait mieux encore ce qu'il y avait à faire, et qu'on eût une aide puissante dans les bras vigoureux d'une centaine de soldats passagers. « On va vous apprendre l'exercice du cyclone », leur disaient gaiement les matelots, et cet entrain, cette énergie ne se démentirent pas un seul instant.

Au jour, la mer était tombée, et l'eau, n'entrant plus par les hauts, fut rapidement maîtrisée. On alla reconnaître alors l'état de l'arrière de la frégate, et on vit que la mer l'avait démoli beaucoup plus qu'il n'était possible de l'imaginer. Toute la partie extérieure de la cage de l'hélice avait disparu. A travers l'eau bleue de la mer devenue plus calme, on voyait l'énorme cassure de l'étambot arrière, le vide qu'il laissait au-dessous, l'hélice entièrement à découvert. On ignorait encore la circonstance très-grave que la mise au bassin de radoub révéla seulement plus tard : c'est que l'étambot avait également disparu avec une partie de la quille.

Ce qui était visible à la mer conduisit à cette effrayante conclusion, qu'un désordre très-considérable existait dans tout le bordé de l'arrière et que, d'un moment à l'autre, une voie d'eau d'une puissance insurmontable pouvait se déclarer. Il fallait par suite retourner le plus promptement possible vers la côte et y chercher un refuge, même au prix d'un naufrage. Des dispositions furent aussitôt prises pour assurer dans ce cas l'établissement à terre, les moyens de défense et de nourriture du personnel. Pour pouvoir se rapprocher de terre, un gouvernail de fortune fut construit; on l'installa le surlendemain, et, avec cet appareil, la frégate longea la côte jusqu'au cap Saint-Jacques. Elle s'engagea ensuite dans la rivière de Saïgon et y trouva le bateau à vapeur *le Lucifer*, qui la reconduisit au mouillage qu'elle avait occupé précédemment.

Remarquons que la *Junon* est restée peu de temps dans ce cyclone. En entrant elle a trouvé le vent au nord et sa route a été à l'est. La rapidité avec laquelle la brise a changé montre que le rayon était petit et que la vitesse était fort grande. Le *Monge* devait se trouver probablement de vingt à trente lieues plus au nord, et, par conséquent, il a dû passer par le centre. Ce malheureux bâtiment a probablement sombré sous les énormes vagues qui y étaient soulevées....

On a fait fouiller toutes les côtes dans ces parages par les navires de guerre ; les courriers ont apporté des nouvelles des directions les plus diverses, sans transmettre aucun indice. On a eu des autorités annamites les renseignements les plus détaillés sur les pertes causées par l'ouragan ; mais rien ne s'y rapportait au *Monge*. La mer, refoulant les fleuves à de grandes hauteurs, est montée directement jusqu'à trois milles de ses côtes, noyant des villes et un pays très-peuplé. On estime à cinquante mille le nombre de vies humaines perdues en un seul jour.

Cyclone de Zanzibar, avril 1872. — Le 15 avril 1872 l'île de Zanzibar a été traversée par un terrible cyclone, dont le *Times* a publié la relation, d'après les récits de témoins qui ont observé les ravages et la marche de l'ouragan. Nous empruntons à cette relation les détails suivants :

Le 14, vers minuit, le vent d'O. S. O., qui avait augmenté depuis neuf heures du soir, avec pluie, souffle en tempête. A huit heures du matin, le vent au S. O., avec tendance à passer au sud, est un peu moins fort, mais le baromètre, arrivé à 743 millimètres, baisse de plus en plus rapidement. La pluie est toujours très-forte et le ciel menaçant. Une heure plus tard, le vent reprend avec violence du sud. De dix heures à midi, il passe au S. S. E. A midi le baromètre est à 729 millimètres.

A partir de midi, le vent va en diminuant, et un peu
après une heure et demie, il est complétement calmé.
Au nord et au N. O., le ciel est couvert de nuages couleur de plomb, qui semblent presque toucher la surface
de la mer. A l'est, ce sont de sombres vapeurs rougeâ-

Fig. 38. — Ouragan à Zanzibar.

tres; au sud et à l'ouest, le ciel est bleu clair, ce qui
semble indiquer qu'il n'y a plus rien à craindre de ce
côté.

A deux heures, le baromètre est à 729, un faible
souffle d'air arrive du N. O.; il est bientôt suivi d'une
légère brise de N. N. O., dont la force augmente rapidement. A deux heures dix minutes, un coup de vent
violent, du N. N. O., souffle sur la ville. Le baromètre
monte rapidement, tandis que de minute en minute la

violence de l'ouragan augmente. A deux heures trente minutes, le baromètre est à 735 ; le vent est variable, passant du N. N. O. au nord. De deux heures trente minutes à trois heures, l'ouragan a atteint sa plus grande violence ; le vent chasse sur la ville des nuages énormes d'écume qui obscurcissent l'atmosphère, au point qu'il est impossible de voir à plus de deux mètres devant soi. Des malheureux qui se sont aventurés sur le rivage pendant le calme qui a précédé la reprise de la tempête sont renversés et jetés au loin comme des brins de paille ; les uns sont tués, d'autres mutilés.

A trois heures, le baromètre est à 745 et continue à monter. De trois à quatre heures, l'ouragan s'apaise sensiblement. A quatre heures, le baromètre continue son mouvement ascendant, jusqu'à minuit, moment où il est arrivé à 756 millimètres.

Il semble que la direction du cyclone a été du N. E. au S. O., le centre ayant passé presque au-dessus de la ville de Zanzibar. Plusieurs navires et un grand nombre d'embarcations du pays ont péri. A terre, les maisons et les magasins occupés par les Européens ont beaucoup souffert ; les toitures ont été emportées, les fenêtres enfoncées, les murs abattus. Quant à la partie de la ville occupée par les indigènes, on peut dire qu'elle n'existe plus.

Cyclone de Calcutta, 5 octobre 1864. — L'ouragan qui a dévasté Calcutta et ses environs dans cette journée a dépassé en violence tous ceux dont on a conservé le souvenir. C'est entre onze heures et midi qu'il a éclaté sur la ville, accompagné d'un bruit de tonnerre lointain. En quelques instants les arbres ont été déracinés, les toitures enlevées, les murs renversés. Les belles allées de Fort-William, les jardins d'Éden, n'existent plus ; la plupart des églises et des mosquées sont tombées en ruine ; le théâtre James a disparu ; les grilles de fer même n'ont pu résister à la violence du vent et ont été presque toutes arrachées. Quant aux *paillottes*, misérables huttes des faubourgs, habitées par les Indiens, elles ne formèrent plus en quelques moments qu'un monceau de décombres.

Si terribles qu'aient été tous ces désastres, ils n'approchent pas encore de ceux qui ont eu lieu dans le port. Pour comble de malheur, l'arrivée du cyclone a été accompagnée de celle du *bore*, flot gigantesque que les moussons du sud-ouest amènent chaque année, et qui vient s'engouffrer dans la baie du Bengale et se briser dans l'Hoogly, bras du Gange, sur lequel Calcutta est situé. Sur deux cents navires, pour la plupart d'un fort tonnage, qui se trouvaient en rade, il n'en a pas échappé dix sans avaries.

Le bore, qui n'a pas ordinairement deux mètres de hauteur, avait cette fois dépassé quinze mètres; secondé par la violence du vent, il enlevait les vaisseaux avec leurs ancres; plusieurs furent coulés en quelques instants; d'autres furent lancés bien avant dans les terres; les navires amarrés ensemble par rangée n'avaient pas le temps de se détacher et étaient broyés l'un contre l'autre. On estime à cinq mille le nombre des victimes de ce désastre.

La colonie française de Chandernagor n'a pas non plus été épargnée. Dans le quartier indigène, les paillottes, au nombre de plus de quatre mille, ont toutes été abattues; il n'en est pas resté une seule debout. Dans le quartier européen, les maisons, construites en pierre, ont été à moitié détruites; bien peu, après l'ouragan, étaient encore habitables sans danger. L'hôtel du Gouvernement a été ruiné de fond en comble; les archives, les meubles ont été enlevés par le vent et dispersés dans les rues, les canaux et le fleuve; autour de la ville, les arbres fruitiers qui couvraient le sol ont

Fig. 39. — Ouragan à Calcutta.

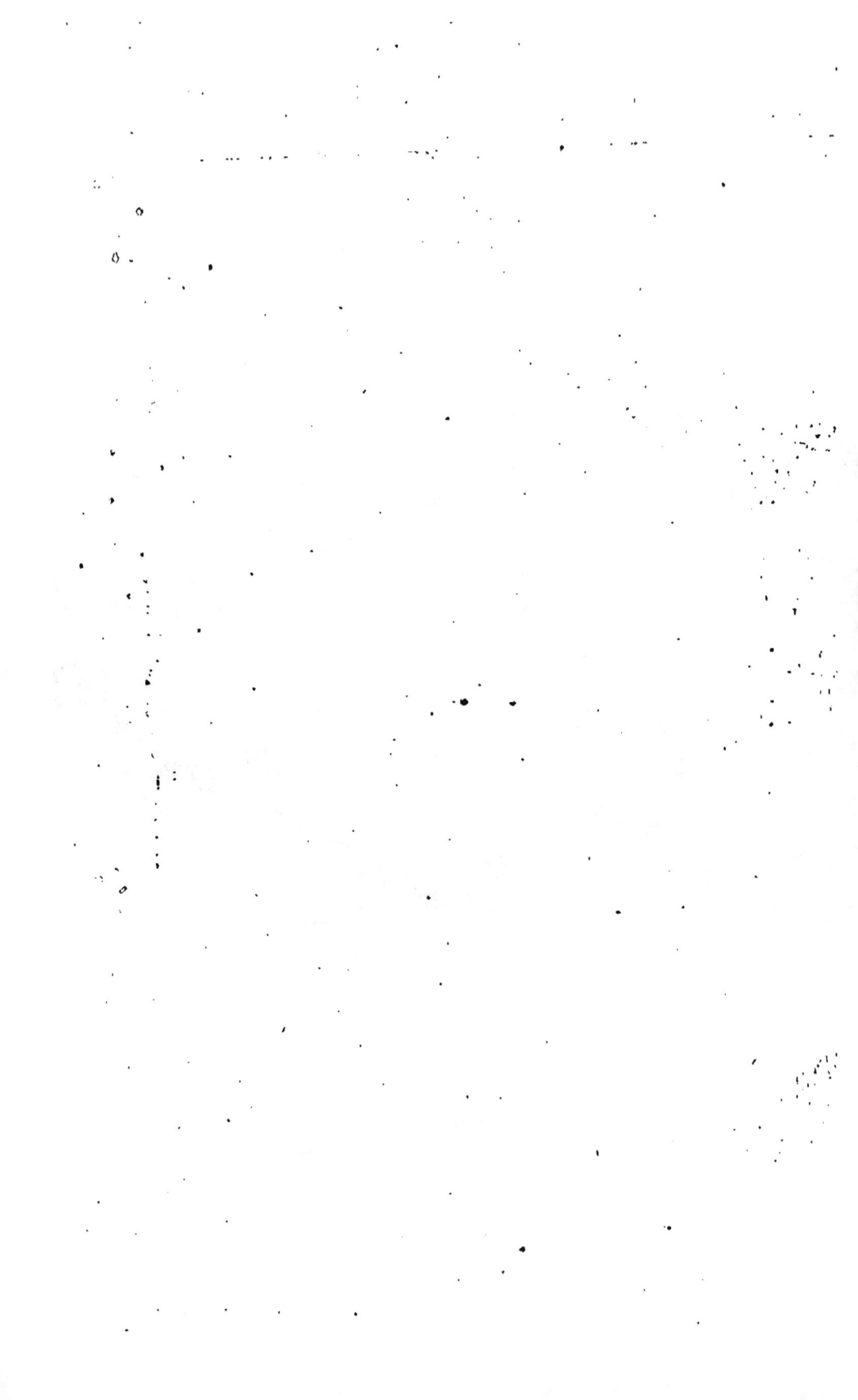

presque tous été arrachés. D'après les rapports dressés le lendemain, sept individus avaient été trouvés morts sous les décombres ; mais le nombre de blessés était considérable, et la majeure partie de la population n'avait plus ni abris ni vivres, les provisions des familles ayant été détruites par l'éboulement des maisons et les denrées en magasin et en bateaux ayant été engloutis par la tempête[1].

Cyclone de Midnapore, 15-16 octobre 1874. — Cet ouragan a été l'objet d'un rapport[2] publié en 1875 à Calcutta par un savant distingué, M. Willson. Ce rapport, que nous résumons, commence par quelques remarques sur la trajectoire du cyclone dont le centre a traversé la baie du Bengale dans la direction de l'E. S. E. à l'O. N. O. Passant devant l'embouchure de l'Hoogly le 15 octobre à midi, il se trouvait près de l'île Sangor à cinq heures du soir et atteignit la côte par 87 degrés de longitude. Au voisinage de Midnapore la courbe de parcours formait le sommet d'une parabole, le cyclone commençant à marcher à partir de ce point vers le N. E. A minuit, le centre en était distant de 15 milles ; le 16, vers sept heures du matin, il passa au-dessus de la ville de Burdwan, et à trois heures de l'après-midi il se trouvait près de Berhampore où le vent diminua beaucoup d'intensité. Le lendemain 17, vers la même heure, eut lieu à l'O. des Garo-hills la dissolution du tourbillon dont le diamètre avait atteint environ 80 kilomètres.

La vitesse de la progression ne dépassait pas 7 milles dans la baie ; elle s'accrut jusqu'à 11 milles sur les bancs de sable voisins de la côte. Arrivé sur la terre ferme le cyclone paraît s'être ralenti dans sa course et

---

[1] *Almanach du Magasin pittoresque* pour 1866.
[2] *Report of the Midnapore and Burdwan cyclone.*

il traversa très-lentement la partie sud du district de Midnapore. Plus loin sa vitesse augmenta de nouveau et approcha de 10 milles.

Deux navires, *Coleroon* et *Cassandra*, furent atteints par la tempête et ils passèrent par le calme central, où on constata sur le premier la descente du baromètre à 700^{mm},5 et à 708^{mm} sur le second. La traversée du calme, dont le diamètre était de 12 kilomètres, dura une heure environ.

Il résulte des observations faites sur mer et sur terre que dans la partie antérieure du cyclone la direction du vent faisait en moyenne un angle de dix quarts avec la ligne de jonction au centre ; la théorie de la rotation circulaire n'assigne qu'un angle de huit quarts. La plus grande intensité de la tempête, les plus fortes pertes de vie d'hommes et de propriétés furent constatées dans la partie ouest du tourbillon. Il est remarquable que la violence du vent n'atteignit pas son maximum dans le voisinage immédiat du calme central, mais à une assez notable distance. Le rayon de l'espace où s'étendirent les effets destructifs était d'environ 38 kilomètres. On compta trois mille morts dans le district de Midnapore, deux cents dans celui de Balasore. Plus de dix-sept mille têtes de bétail furent perdues. Les trois quarts des maisons furent détruites ; très-peu d'arbres restèrent debout. Les fleuves, énormément grossis, charrièrent longtemps à la mer des débris d'édifices et des cadavres. Partout le cyclone fut accompagné d'une pluie torrentielle. Le pluviomètre accusa 254 millimètres d'eau tombée en 24 heures à Midnapore, 414 millimètres à Moorshedabad.

Nul signe météorologique ne précéda l'apparition du cyclone du 15 au 16 octobre. Les vents, au commencement du mois, avaient été faibles et variables au N. et au N. E. du golfe, mais au S. E. régnaient des vents

forts avec du mauvais temps. Les fluctuations du
baromètre étaient de peu d'importance et elles gardaient
leur régularité; même aux îles Sangor il n'y eut aucun
mouvement extraordinaire jusqu'au 14, à minuit, lorsque le cyclone était encore éloigné de 20 milles. Il était
à la même distance de Calcutta quand la baisse y commença le 15 à midi. A ce moment la distribution de la
pression barométrique se trouva considérablement
changée. Elle décroît d'ordinaire du N. au S. dans
le golfe du Bengale et elle diminuait au contraire du
S. au N. Le mauvais temps fut annoncé aux îles
Sangor douze heures avant Calcutta par la rapide ascension d'épaisses couches nuageuses au N. E. et à l'E. N. E.
La saison des pluies s'était prolongée au Bengale, en
1874, jusqu'au commencement d'octobre, mais à partir
du 10 le temps était devenu sec.

Des observations faites sur les navires présents dans
la baie, il paraît résulter que le cyclone s'est formé
dans la matinée du 13, entre 16° et 17° de latitude N.
et 89° 30' — 90° 30' de longitude E. Cette circonstance
peut jeter quelque lumière sur l'origine de ces météores.
Le 12, à midi, un vent de N. E. très-frais, à fortes rafales, commença à souffler à la latitude de 17° et s'étendit jusqu'à celle de 19° dans l'après-midi du 13, tandis
que d'autre part le journal du navire *l'Udston* apprend
qu'entre les latitudes de 13° à 16° régnait à cette époque
un temps très-pluvieux avec du vent d'O. S. O. soufflant
en tempête. L'opinion de M. Meldrum et d'autres météorologistes, que les tourbillons sont engendrés dans
l'intervalle existant entre deux courants atmosphériques
parallèles et opposés, se trouverait corroborée par
cette observation. L'existence de ces courants avant la
formation du cyclone suppose une pression relativement haute au N. et au S. du lieu où il prend naissance. C'est ce qui aurait eu lieu dans ce cas; le baro-

mètre avait une hauteur anormale à Naucowry et au
Port-Blair depuis le commencement d'octobre jusqu'à
la formation de la tempête, et il en était de même dans le
nord du Bengale où la pression dépassait alors notablement
celle du 10 octobre. Il est à remarquer que la zone des
vents d'ouest soufflant en tempête s'est avancé peu à peu
vers le nord du 4 au 5 octobre, jusqu'au sommet de la
naissance du tourbillon. Les navires *Ireshope* et *Patrie*
subissaient un coup de vent accompagné de pluies
abondantes depuis le parallèle du 5° N. (6 octobre)
jusqu'à celui de 14° (8 octobre). Le navire *l'Udston*, au
contraire, qui traversait cette partie de la baie du 8 au
9 octobre, avait eu assez beau temps et il ne rencontra
les vents violents que sous la latitude de 13° N. dans
l'après-midi du 12. On peut suivre une marche semblable de la mousson S. O. vers le N. dans les registres
d'observation des stations de Naucowry et de Port-Blair,
ce qui confirme l'idée que le tourbillon est né au lieu
même de la collision entre les vents d'O. S. O. et de
N. E.

Il est certain que ces vents d'O. S. O. existent quelques jours avant la formation de tous les cyclones dont
on peut suivre la trajectoire primitive ; il n'y a quelque
doute que sur la préexistence du courant N. E. Dans
le cyclone dont nous parlons, ce dernier régnait déjà
le 11 à midi sur le golfe au nord du 17ᵉ degré de latitude ; sous le 15ᵉ soufflait au contraire le vent d'O. S. O.
Les vents de N. E. étaient faibles à la surface partout
ailleurs que là où la tempête s'est formée ; ils avaient
une vitesse beaucoup plus grande dans les régions élevées d'où il se dirigeait vers le point où la pression barométrique était basse. Toutes les observations montrent
que c'est le courant O. S. O. qui est constamment le plus
fort.

Les conclusions de M. Willson sont opposées à la

théorie de la rotation circulaire, et il insiste vivement
sur les dangers que l'application des règles nautiques
qui la supposent peut avoir pour les navigateurs. Dans
le cyclone dont il vient d'être question l'angle que
forme la direction du vent en un point donné avec la
ligne qui joint ce point au centre, mesuré de gauche à
droite, n'est dans aucun cas moindre que 9 quarts :
dans quelques cas il va même à 12 quarts, mais il est
impossible de lui assigner une valeur générale. La
règle proposée pour les points du tourbillon où on
commence à observer une baisse rapide du baromètre
et des vents soufflant par lourdes et violentes rafales
pourrait s'énoncer ainsi : « Pour trouver dans l'hémisphère N. le centre d'un cyclone, il faut faire face au
vent et mesurer à droite un angle de dix à onze quarts. »
Elle donnerait le plus souvent, selon M. Willson, la position de ce centre d'une manière très-approchée et dans
tous les cas plus exactement que celle déduite de la
théorie circulaire qui prescrit un angle de huit quarts
seulement.

IX

PRÉVISION DES OURAGANS

Conditions d'un système complet d'avertissements. — Service international de l'Observatoire de Paris. — Prévisions signalées aux ports. Signaux des Sémaphores. — Service météorologique de Londres.— Signal office des États-Unis. — Cartes synoptiques générales. — Prévision des cyclones dans les régions tropicales. — Utilité des ouragans.

Un système complet d'annonce des tempêtes doit permettre de suivre le développement de ces météores à partir de leur origine. Pour avertir de leur formation dans des lieux déterminés, il faut supposer ce système composé d'un grand nombre de stations météorologiques convenablement distribuées sur un domaine étendu et reliées par des fils télégraphiques avec une station principale, de telle manière que leurs instruments, supposés enregistreurs, puissent lui transmettre leur état à chaque instant, mettant ainsi le directeur du service en mesure de pouvoir tracer à toute heure une carte synoptique donnant l'état général de l'atmosphère. En suivant sur une série de ces cartes les variations des éléments météorologiques, on verrait aussitôt dans quel lieu et avec quelle rapidité les différences de pression seraient en voie d'accroissement, et on pourrait envoyer à temps des avertissements aux localités menacées par des coups de vent ou des tempêtes. Un ensemble d'aperçus successifs sur les changements de temps servirait de base à des prévisions d'un caractère plus général.

C'est le programme d'un système idéal, mais qu'il ne sera pas impossible de réaliser un jour, que nous venons de tracer. Il entraînerait aujourd'hui à de très-fortes dépenses, et on est obligé de se contenter de données météorologiques beaucoup moins complètes. Au lieu de disposer de renseignements transmis d'une manière continue on reçoit tout au plus deux télégrammes par jour, et pendant la nuit les signes précurseurs peuvent rester complétement inconnus : il arrive assez souvent que des tempêtes sont déjà sur le point de se déchaîner le matin dans une contrée avant qu'on ait pu prévenir les habitants de ce danger par un signal. Les stations d'observation sont d'ailleurs obligées de se servir des lignes télégraphiques ordinaires qui ont à transmettre de nombreuses dépêches publiques et privées. La météorologie est donc encore loin de pouvoir rendre les services que l'avenir obtiendra d'un système complet.

La première application de la télégraphie à l'annonce de l'approche des tempêtes a été faite autour des grands lacs du nord des États-Unis. La même idée a été conçue en France à la fin de 1854 par M. Le Verrier, qui commença dès lors à la réaliser à l'Observatoire de Paris, en lui donnant un caractère international. « Signaler, disait-il dans un rapport au ministre de l'instruction publique, un ouragan dès qu'il apparaîtra en un lieu de l'Europe, le suivre dans sa marche au moyen du télégraphe, et informer en temps utile les côtes qu'il pourra visiter, tel devra être le dernier résultat de l'organisation que nous poursuivons. Pour atteindre

ce but il sera nécessaire d'employer toutes les ressources du réseau européen et de faire converger les informations vers un centre principal d'où l'on puisse avertir les points menacés par la progression de la
tempête. »

En 1860 un service analogue fut établi en Angleterre
par l'astronome Airy et l'amiral Fitz-Roy. D'autre part,
le commandant Maury commençait aux États-Unis à
donner un plus grand développement au système primitif des grands lacs, lorsqu'il fut malheureusement arrêté par l'explosion de la guerre civile. M. Buys-Ballot
organisait à la même époque en Hollande un système
d'annonces météorologiques dont Utrecht devint le centre. Les autres États de l'Europe ne tardèrent pas à
suivre l'élan donné, et, en 1875, le Congrès international
des météorologistes réunis à Vienne, à la suite de l'Exposition universelle, s'occupa dans plusieurs séances de
l'unité à établir dans les observations et dans les signes représentatifs des éléments météorologiques, ainsi
que de l'amélioration et de la généralisation du système
des prévisions. Nous donnerons quelques indications à
ce sujet, après avoir jeté un coup d'œil sur les principaux établissements nationaux fonctionnant aujour-
d'hui.

L'Observatoire de Paris reçoit chaque jour les dépêches
de soixante-dix stations réparties sur la surface de
l'Europe. Ces dépêches sont immédiatement traduites et
discutées en vue des avertissements adressés chaque
jour aux ports français et à divers établissements étrangers. Nous extrayons les passages suivants d'une circulaire récente de M. Le Verrier [1], concernant l'interprétation de ces dépêches :

« La hauteur du baromètre est à considérer avant

---

[1] _Bulletin de l'Association scientifique,_ n° 446, 21 mai 1876.

tout. On s'en rendra compte à l'inspection des deux cartes ci-contre des 8 et 9 décembre 1874, où sont figurés la hauteur barométrique, l'état des vents et de la mer. Sur la carte du 8, la courbe d'égale pression de 770 millimètres passe par Bordeaux, Limoges, Toulon, Palerme. Plus au nord, au cap Lizard, à Scarborough, à Berlin, la hauteur n'est que de 754 millimètres, et, baissant de plus en plus vers le N. O., elle tombe à 742 millimètres à Valentia. Le lendemain 9, la plus faible hauteur ne se trouve plus à Valentia, mais bien sur la mer du Nord, où elle n'est que de 726 millimètres (carte n° 2). Les vents, modérés le 8 sur la Manche, soufflent en tempête le 9, et la mer est furieuse.

« Des flèches, indiquant, pour chaque station, la direction du vent, le nombre de pennes fait connaître la force. — Les hachures simples figurent une mer houleuse ; des hachures croisées indiquent une grosse mer.

« On a reconnu que le vent souffle généralement en tournant autour du point où le baromètre est le plus bas. Sa force est d'autant plus grande que la dépression du baromètre est plus considérable dans le point central.

« On voit, dès le 8, par la dépression du baromètre et la force du vent qui existent à Valentia, qu'une tempête sévit à l'ouest de l'Irlande, et, en pareil cas, il y a lieu de se demander quelle en sera la suite le lendemain.

« Pour le prévoir avec certitude, il faudrait connaître ce que sera la marche du centre de la bourrasque pendant les vingt-quatre heures. En fait, la tempête du 8 décembre a marché vers l'est et a bouleversé le 9 la Manche et la mer du Nord ; mais il arrive aussi que certaines bourrasques qui se sont présentées dans les mêmes conditions apparentes se relèvent cependant vers le nord

et restent inoffensives pour nos côtes françaises. D'où la
nécessité, le gros temps arrivant par l'Océan et commen-

8 Décembre 1874. N.° 1.

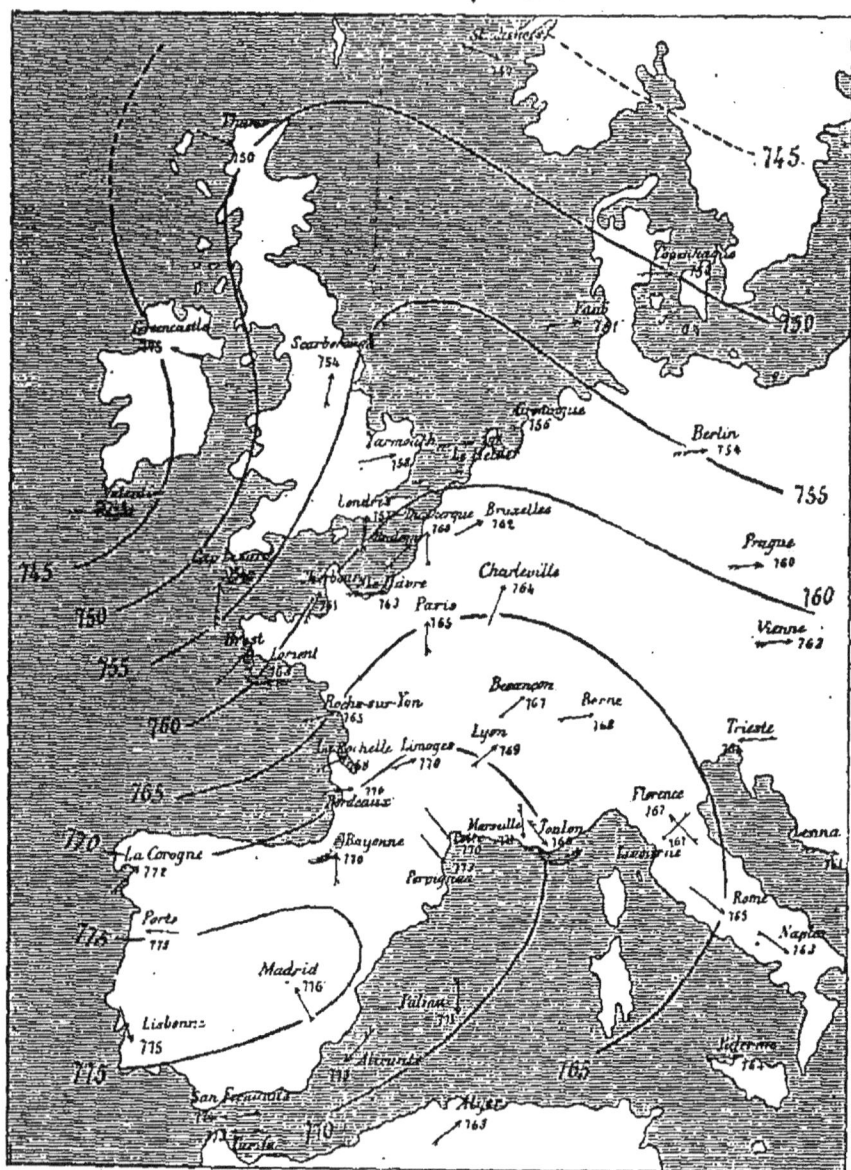

Fig. 40. — Carte synoptique.

çant à se manifester au N. et au N. O., d'en surveiller
attentivement la marche jusqu'au moment où, la tem-

pête venant à se dessiner, les côtes peuvent être averties.

« A cet effet, il a été décidé que le service télégraphique des avertissements sera fait deux fois par jour. Par une dépêche détaillée envoyée le matin à midi, les marins sont mis à même de connaître l'état du baromètre, des vents et de la mer sur tous les parages qui les intéressent, et les conditions menaçantes sont signalées. Une seconde dépêche, expédiée dès qu'il est possible, et, en général, vers sept heures du soir, complète les informations nécessaires. On estime que ce second avis est particulièrement utile aux bateaux pêcheurs qui se mettront en mesure de le consulter dans les temps incertains. »

Dès qu'un avis de tempête arrive au ministère de la marine, il est transmis par télégraphe aux préfets maritimes et aux ports de commerce de la partie du littoral menacée. Les électro-sémaphores, dont toutes les côtes sont garnies, ont des signaux qu'ils hissent à leurs mâts suivant le télégramme reçu. Les tempêtes sont annoncés par un cylindre de couleur noire qu'on maintient en vue pendant vingt-quatre heures, et ce signal doit s'interpréter ainsi : Veillez, le mauvais temps peut atteindre le lieu où vous êtes. En outre les sémaphores annoncent aux pêcheurs, matin et soir, et chaque fois qu'il y a lieu dans la journée, le temps qu'il fait au large. Un temps douteux et la tendance à la baisse du baromètre sont indiqués par un pavillon ; le mauvais temps, la mer grosse et la baisse très-marquée, par un guidon. Une flamme annonce au contraire l'amélioration du temps. Dans quelques ports on trouve à côté du mât de signaux un baromètre public, les instructions qui facilitent l'interprétation des mouvements de l'instrument, et la carte synoptique du *Bulletin international* avec les prévisions pour la localité envoyées par l'Observatoire de Paris.

Une nouvelle extension va être donnée au service météorologique par son application aux besoins de l'agri-

9 Décembre 1874. N°2

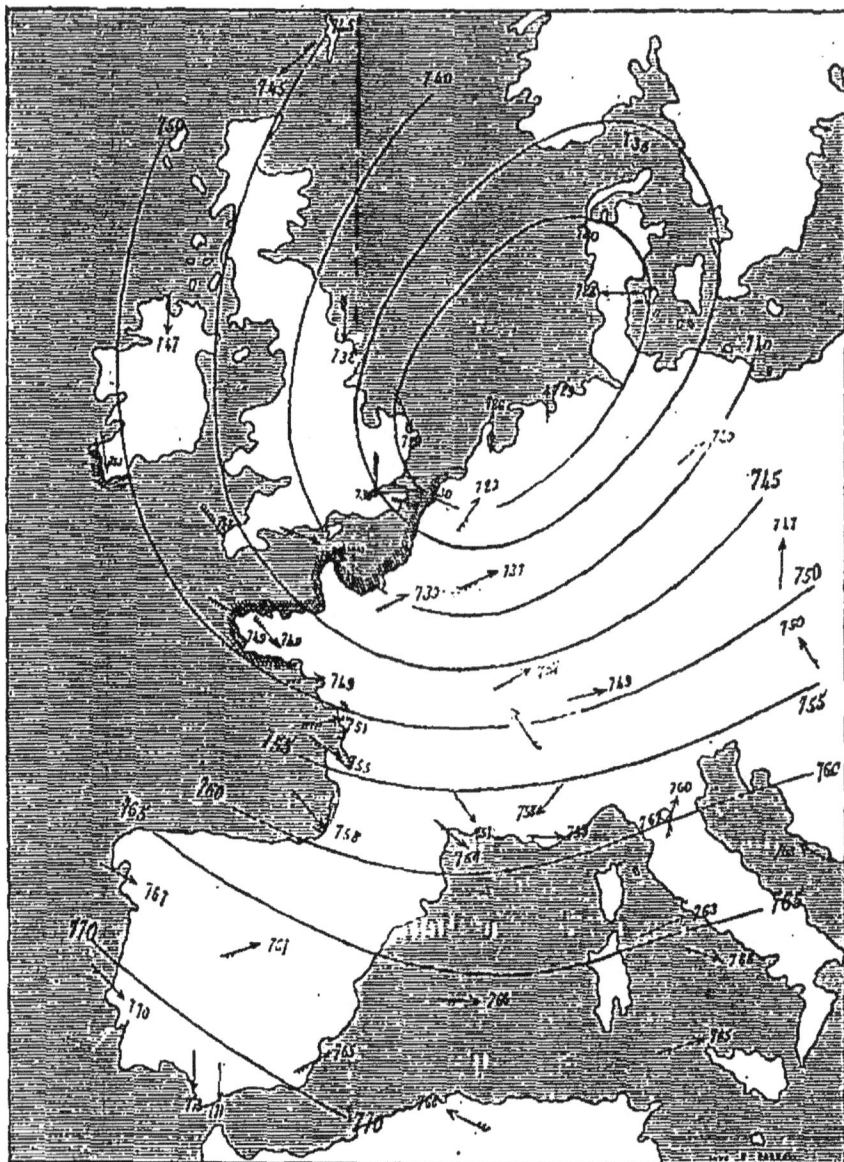

Fig. 41. — Carte synoptique.

culture. M. Le Verrier a indiqué les dispositions générales de cette organisation dans une circulaire

à laquelle nous empruntons les indications suivantes.

« Les avertissements concernant l'agriculture sont essentiellement distincts de ceux réclamés par la navigation que préoccupe surtout la force et la direction du vent et des dangers qui en résultent. Les agriculteurs ont le plus grand intérêt à être prévenus de l'arrivée des orages et de la chute des pluies dont les circonstances dépendent de conditions absolument différentes sur les divers points de la France. Le service agricole ne peut donc pas, comme celui de la marine, consister en des avis absolus envoyés par l'Observatoire de Paris. Il est indispensable que les avertissements généraux qui seront expédiés aux chefs-lieux des départements y soient commentés par les commissions météorologiques, en tenant compte des circonstances locales et d'une étude attentive particulière aux différentes contrées. Cette marche offrira d'ailleurs le grand avantage d'amener un progrès décisif dans les études météorologiques en France.

« Lorsqu'un orage se manifestera aux extrémités d'un département, il en faudra prévenir immédiatement le chef-lieu, et, celui-ci à son tour venant à informer l'Observatoire de Paris, il sera possible, dans bien des circonstances, de prévenir ceux des départements qui pourront être menacés. — L'étude des grêles devra être l'objet d'une attention particulière. Il faudra arriver à connaître quelle peut être l'influence des bois, des collines, des cours d'eau sur un phénomène dont l'action est trop souvent désastreuse. — On cherchera aussi à remédier aux gelées tardives du printemps qui causent de si grandes pertes à l'agriculture....

« Les avertissements relatifs aux inondations sont aussi d'une grande importance ; l'attention a été trop fortement excitée à cet égard dans les dernières années pour qu'il soit besoin d'insister ; mais les ingénieurs

des ponts et chaussées et des mines sont chargés de
cet important service, et nous devons seulement conclure ici à la nécessité d'assurer leur concours aux
commissions météorologiques agricoles. »

Les annonces relatives aux tempêtes peuvent être
très-utiles quand il s'agit de se garantir des dangers
des crues des fleuves. Nous prendrons pour exemple la
terrible inondation de 1875 des bassins de la Garonne
et de ses affluents. Si l'on considère les cartes de l'Observatoire de Paris du 18 au 25 juin, on remarque que
du 18 au 21 les vents ont continuellement soufflé de la
partie de l'O. sur les côtes du golfe de Gascogne. Le
21 et le 22 ils ont brusquement tourné au N. dans
l'O. de la France, tandis que sur les côtes de Provence
et du Languedoc ils ont soufflé du S. E. et de l'E.
Il est probable que si l'on avait eu un plus grand nombre d'observations, on aurait reconnu que ces derniers
vents constituaient la partie septentrionale d'un tourbillon, qui, après s'être avancé vers la rive O. du golfe
de Lion, s'est abattu sur les Cévennes et les Pyrénées.
Les terrains très-refroidis de ces montagnes ont con-
densé les abondantes vapeurs dont le tourbillon s'était
chargé en passant sur la mer. A ces fortes pluies, qui
ont été évaluées à une couche de 155 millimètres en
moyenne, s'est jointe la fonte des neiges, dont le général
de Nansouty avait signalé la chute en quantité extraordinaire de son observation du pic du Midi. Nous croyons
qu'une station centrale en bonne position pour recevoir
les observations des côtes maritimes, des Cévennes et des
Pyrénées orientales aurait pu annoncer la crue en temps
utile pour les mesures de précaution à prendre.

Dans le Bureau central de Londres (*Meteorological office*) le service des avis télégraphiques, après avoir été
ébauché par l'amiral Fitz-Roy, a reçu une organisation
nouvelle de son successeur, M. Robert Scott. Les déduc-

tions empiriques qu'on tirait autrefois des données
signalées ont fait place à des déductions plus méthodi-
ques. L'on ne s'est avancé que pas à pas, après avoir
réduit tout d'abord les signaux à l'annonce des tempêtes complétement déclarées. Cette réforme a été ap-
puyée sur les recherches de M. Buys-Ballot, dont nous
avons parlé dans le chapitre relatif aux cyclones en
général.

M. Robert Scott poursuit depuis plusieurs années l'é-
tude des mouvements et quelquefois des influences mu-
tuelles des tourbillons que le courant équatorial amène
sur les îles Britanniques, et il en a tiré des observations
très-utiles pour les prévisions. Il a introduit dans cette
étude une méthode féconde, fondée sur la similitude
des conditions du temps, qui rend déjà de remarquables services et en rendra davantage à mesure que la
collection d'exemples des divers types du temps s'accroîtra.

Le perfectionnement successif du système anglais
des avertissements peut se mesurer par la proportion
croissante de ceux qui ont réussi. Elle atteint aujour-
d'hui 80 pour 100. Ces avertissements sont envoyés à
140 stations pourvues généralement de mâts de signaux ;
à Londres ils sont insérés dans plusieurs journaux,
dont quelques-uns, entre autres le *Times*, publient chaque jour une carte synoptique de l'état du temps, un pro-
cédé ayant été inventé pour en exécuter le cliché dans
l'espace d'une heure seulement.

Les fonds alloués annuellement au personnel et
au matériel du *Meteorological office* s'élèvent aujourd'hui à 250,000 francs ; il est probable qu'en vue
de plusieurs développements projetés ils seront pro-
chainement augmentés.

Aux États-Unis le service météorologique reçoit une
subvention beaucoup plus considérable ; elle s'élève à

1,200,000 fr. par an. Ce service (*Signal service*), qui
dépend du ministère de la guerre, est confié au corps
des officiers et soldats de la télégraphie militaire : il est
dirigé depuis sa création par le général Albert Myer.

Les différentes sections du Bureau central de Washington sont dirigées par des officiers de différents grades,
et dans chaque station se trouve un sergent. Comme ce
service a surtout pour but l'utilisation immédiate de
la prévision du temps pour la navigation, le commerce
et l'agriculture, les stations ont dû le plus souvent être
établies dans les grandes villes et à proximité des bureaux télégraphiques ; leur nombre dépasse 100, et le
Signal office correspond en outre avec 17 stations organi-
sées au Canada, d'où les observations sont envoyées
trois fois par jour à Washington. Le territoire sur lequel
s'étendent les stations, dont la répartition est naturellement fort irrégulière, ne comprend pas moins de cent
dix degrés en longitude et cinquante-quatre degrés en
latitude. On y fait des observations simultanées pour tout
le pays, ayant pour but l'étude des mouvements généraux de l'atmosphère. Le réseau a été si bien combiné,
qu'environ une heure après le moment où l'observation
a été faite une station quelconque connait les données
de toutes les autres. L'observatoire central les résume
au moyen de courbes en une carte du temps qui est
rapidement décalquée et envoyée dans les ports et les
centres de population où leur connaissance peut être
utile. Les probabilités qui résultent de l'observation
de onze heures du soir arrivent à temps pour être publiées pour tout le pays dans les journaux du matin et
affichées dans les plus petites villes avant dix heures
du matin.

A Washington les données apportées par les dépêches sont inscrites sur trois cartes où elles sont ensuite
figurées par des courbes. L'examen comparatif de ces

cartes et de celles qui résument les observations de la veille permettent, surtout avec l'expérience acquise depuis plusieurs années, d'en déduire avec une grande probabilité le sens et la grandeur des modifications qui doivent survenir dans l'atmosphère. La moyenne des vérifications constatées s'élève du reste chaque année : elle dépasse actuellemnnt 70 pour 100.

Pour bien persuader au public que les prévisions sont le résultat d'un travail sérieux, on n'en publie aucune sans la faire précéder, sous le titre de *Synopsis*, d'un résumé des caractères principaux du temps, quelquefois de l'indication des causes des phénomènes et des effets probables, et après peu de temps tout le monde étant mis en état de comprendre la méthode employée dans ce travail, s'y intéresse davantage. Chaque année le *Signal office* publie un rapport d'ensemble qui comprend les résumés généraux des observations ainsi que des rapports sur les phénomènes extraordinaires, tels que les trombes, tornades et cyclones, sur lesquels des enquêtes ont été faites avec beaucoup de soin, comme on a pu le voir dans les descriptions que nous avons citées des trombes de West-Cambridge, de Iowa et de l'Illinois.

Une proposition dont le général Myer a eu l'initiative a été adoptée par le congrès des météorologistes de Vienne et est entrée dans la période d'application. Elle consiste à réunir des observations faites au même instant de temps absolu, qui correspond à sept heures trente-cinq minutes du matin à Washington, dans toutes les stations météorologiques du globe. Ces observations simultanées ne paraissent pas avoir d'utilité pour l'étude détaillée des tempêtes ou des autres perturbations de l'équilibre atmosphérique, mais elles donneront d'importants renseignements sur les lieux d'origine de ces perturbations et sur la manière dont

elles se déplacent. Elles procureront en quelque sorte
de grands réseaux dans les mailles desquels les observations particulières des centres météorologiques
trouveront des points généraux de raccordement, et
contribueront ainsi beaucoup à la constitution unitaire
de la science.

Aujourd'hui, comme nous l'avons dit, les différents
Instituts météorologiques publient en même temps des
bulletins télégraphiques et des cartes synoptiques comprenant les observations des stations qu'ils centralisent.
Pour avoir une idée générale de l'état du temps, et pour
pouvoir suivre, sur une partie suffisamment étendue de
notre hémisphère, les mouvements de l'atmosphère, on
est obligé de faire un long travail sur l'ensemble de
ces documents, dont l'acquisition est dispendieuse. Un
savant météorologiste, le capitaine Hoffmeyer, directeur
de l'Institut de Copenhague, s'est chargé de la construction et de la publication de ces cartes synoptiques générales, et on possède déjà des atlas comprenant une
assez longue période.

C'est par la comparaison attentive de telles cartes que
les lois atmosphériques les plus générales peuvent être
découvertes et qu'on arrivera à se rendre compte de
l'influence de toutes les circonstances locales. Quelquefois aussi l'analogie d'une situation météorologique avec
une situation antérieure, trouvée dans la collection des
cartes, pourra être d'un grand secours pour la prévision des modifications futures du temps d'une région
donnée, et pour la marche des tempêtes tournantes.
M. Hoffmeyer entre à ce sujet dans d'intéressants détails :

« Tant que les observations des phénomènes, plus
ou moins locaux, ne sont pas mis en rapport avec les
conditions météorologiques générales d'une vaste surface, leurs causes ne peuvent être suffisamment recon-

nues. Des chaleurs ou des froids d'intensité excessive
ou de longue durée, des mauvais temps anormaux, des
pluies ou des grêles exceptionnelles, des vents d'un caractère particulier, comme le foehn, le mistral, le bo-
ra, etc., sont, suivant mon expérience, dans une dépen-
dance bien déterminée avec la distribution au même
moment de la pression barométrique sur l'Europe.

« Les conditions météorologiques d'un mois ou d'une
saison ne peuvent être mieux caractérisées que par l'indication de la place occupée pendant cet intervalle de
temps par les aires de haute pression. On a naturellement
accordé jusqu'ici une plus grande attention aux dépressions barométriques, parce qu'autour d'elles le vent souffle d'ordinaire en tempête. Mais, d'après mes recherches,
la connaissance d'une aire sur laquelle la pression est
élevée peut être considérée comme beaucoup plus importante. Les dépressions sont constamment en mouvement,
variables de forme et d'étendue ; tantôt elles disparaissent, tantôt elles se divisent et tantôt plusieurs s'unis-
sent entre elles. La haute pression, au contraire, est plus
durable et elle se maintient plus longtemps invariable
sur certaines surfaces, comme par exemple cela a eu
lieu pendant tout le mois de décembre 1873 sur l'Europe centrale, pendant plusieurs de nos très-rudes hivers
sur la mer Blanche, etc. Quand on connnaît à une époque
donnée la position d'une aire de haute pression, on peut
prévoir avec un très-grand degré de certitude la direction principale des aires de pression minima. C'est
pourquoi j'ai vivement insisté, dans le congrès météorologique de Vienne, sur la centralisation du service de
la télégraphie météorologique, car il est impossible que
les systèmes nationaux de l'Europe possèdent une extension suffisante pour déterminer, dans la plupart des
cas, la position des aires de haute pression. »

D'après ce que nous avons dit des cyclones des ré-

gions intertropicales, leur prévison est un problème relativement simple. Ces météores s'y produisént à des
époques déterminées et ils sont précédés par des modifications bien accusées dans l'aspect du ciel et par la
marche des instruments. On est d'autant plus facilement
en garde contre les grandes perturbations que l'oscillation quoditienne du baromètre est plus constante. Dans
les rades, les capitaines sont généralement avertis de
l'approche d'un ouragan par la Direction du port. C'est
le plus souvent un coup de canon qui sert de signal, et
il est prescrit à tous les navires d'appareiller aussitôt
qu'il est tiré pour s'éloigner le plus rapidement possible de terre, un dangereux ras de marée se produisant
généralement près des côtes pendant le passage du cyclone et les navires sur certaines rades ne pouvant d'ailleurs pas résister à l'ancre, à la violence du vent et
de la mer.

Les avertissements dus à l'organisation du service
météorologique et la connaissance de plus en plus générale des manœuvres basées sur la loi des tempêtes
ont déjà beaucoup diminué les dangers de la navigation. De nombreux navires ont dû leur salut aux applications tirées de cette branche nouvelle de la science,
qui offre en même temps les plus féconds aperçus sur
l'unité des forces que nous voyons à l'œuvre dans la vie
universelle, et sur l'action, presque toujours utile, des
terribles phénomènes que nous venons de décrire.

Dans les régions tropicales, quelquefois aussi dans
nos régions tempérées, la prévision des ouragans, des
orages, quoique toujours accompagnés de quelque inquiétude, donne aussi l'espoir d'un changement favorable dans l'état de l'atmosphère : « La saison de l'hivernage, dit M. Bridet, serait la ruine des moissons de
la zone torride, si les pluies ne venaient tempérer le
climat de ces contrées brûlantes; il fallait donc que

l'eau, vaporisée par le soleil dans les régions équatoriales, vînt se déverser sur les pays intertropicaux, et c'est
là la raison d'être des cyclones. Ce sont les moteurs
destinés à conduire les pluies indispensables à nos climats ; c'est au passage des cyclones que nous devons
ces pluies torrentielles qui fournissent les grandes
masses de sels ammoniacaux, d'acide carbonique et
d'électricité si favorables à la végétation : pluies bien-
faisantes et dont l'action salutaire parvient souvent à ré-
parer les désastres causés par le parcours du centre
d'un ouragan.»

Le Dr Borius, dans son étude sur les tornades et les
orages du Sénégal, a très-bien décrit ces journées péni-
bles d'hivernage, pendant lesquelles on pressent un
orage pour la soirée : « Vers la fin du jour, dit-il dans
une relation que nous résumons, le soleil disparaît dans
les nuées épaisses accumulées à l'horizon. Il se couche
bientôt au milieu de nuages qu'il dore de teintes d'un
rouge cuivré très-éclatant. Le calme persiste. Le thermomètre reste élevé. Quelques bouffées de brises variables de l'ouest au sud-ouest donnent à peine une fraî-
cheur qui ne pénètre pas à l'intérieur des maisons. Il
faut sortir ou monter sur les terrasses qui dominent les
habitations pour respirer plus librement et se sentir ra-
fraîchi par quelques légers souffles devenant de plus
en plus rares. Un petit nuage noir passe en courant très-
bas, venant du sud-est, et laisse tomber quelques larges
gouttes d'eau, trop peu nombreuses pour mouiller le sol
desséché.

« Il n'est pas nécessaire de consulter l'hygromètre
pour constater la surcharge de l'air par la vapeur d'eau.
La sensation de chaleur étouffante que l'on éprouve est
due plutôt à cette vapeur qu'à une élévation du thermomètre, qui n'a par elle-même rien d'extraordinaire. L'absence à peu près complète d'ozone dans l'air atmosphé-

rique doit agir aussi, en ce moment, dans un sens défavorable à l'économie du corps humain. Un malaise indéfinissable, qui porte à éviter tout mouvement, tout travail physique et intellectuel, ne permet cependant pas le sommeil. C'est dans des moments pareils que la marche lente des heures inactives permet de sentir les ennuis et les souffrances de l'exil, et que, suivant l'expression d'un de nos confrères, M. Delord, « l'âme veut quitter sa prison et la livre à la première maladie dominante qui se trouve là. »

« Enfin le tonnerre gronde sur plusieurs points de l'horizon à la fois, sa voix devient retentissante, tout le ciel s'éclaire d'une lueur tantôt rouge, tantôt d'une superbe teinte violette. Le bruit redouble, il est parfois strident, bref, saccadé. Tout à coup la pluie tombe avec une force de projection et une abondance dont nous pouvons donner une idée en constatant qu'au moment de sa plus grande intensité, elle verse sur le sol, en moyenne, une couche d'eau d'un millimètre par minute. Sous l'influence de cette pluie, l'air devient frais, le thermomètre descend en quelques minutes de deux, trois et même de quatre degrés. L'harmonie se rétablit dans l'économie humaine comme dans l'atmosphère.

« La réapparition d'une grande quantité d'ozone immédiatement après l'orage nous a toujours été révélée par nos observations. Cette réapparition de l'ozone, l'abaissement de la température, la cessation du mouvement ascendant et raréfiant qui constitue le calme, tous ces phénomènes réunis concourent au rétablissement de l'état normal, troublé par le trop grand échauffement produit dans la journée par un soleil zénithal frappant une région où les vents faisaient défaut. »

Dans le midi de l'Europe, les orages qui l'été viennent rafraîchir l'atmosphère apportent la même sensation de bien-être , en rétablissant momentanément l'équilibre troublé par de trop constantes chaleurs. Les prévisions du temps, qui de plus en plus permettront de prendre les précautions propres à amoindrir les ravages produits par les grandes perturbations de l'atmosphère, et l'observation raisonnée de ces perturbations, conduiront sans doute à ne plus les considérer seulement sous leur aspect désastreux. On verra mieux le rôle utile et bienfaisant qu'elles remplissent dans l'économie de la nature, qui ne fait rien en vain, et dans laquelle, comme l'a dit si justement saint Augustin, « toutes choses tendent à la paix[1]. »

[1] *Cité de Dieu.*

X

MÉTÉOROLOGIE COSMIQUE

Le perfectionnement des instruments d'optique et l'application du spectroscope à l'analyse des corps célestes ont permis aux astronomes de décrire, avec une exactitude déjà très-remarquable, les merveilleux phénomènes dont la surface de notre astre central est le théâtre. Cette surface lumineuse, généralement désignée sous le nom de *photosphère*, présente à l'observateur des taches sombres ou brillantes, dont l'apparition temporaire en des points variables et les modifications indiquent suffisamment la formation accidentelle. Les taches sombres, qui ont servi à reconnaître le mouvement de rotation du soleil, et les taches brillantes ou *facules* offrent des formes très-variées et des mouvements qui ont donné lieu à de nombreuses hypothèses, parmi lesquelles nous citerons celles qui se rapportent à notre sujet.

Les taches sombres, comme on peut le voir dans la figure ci-jointe, présentent à l'observateur deux teintes, l'une noire, qui forme le *noyau*, l'autre grisâtre, enveloppant généralement ce noyau, et qu'on a nommée la *pénombre*. Des lignes allant du bord extérieur de la tache jusqu'au noyau, des stries, sillonnent ordinairement la pénombre. Dans la tache en forme de tourbillon dont nous donnons la figure, observée par le P. A. Secchi, les stries de la pénombre sont contournées, dit M. A. Guillemin, « comme si elles étaient entraînées par des courants giratoires au fond d'un gouffre représenté par le noyau[1]. » Des mouvements en tourbillon ont été fréquemment constatés dans les taches solaires, dont la photographie représente avec précision tous les détails. Dans une tache observée à Rome et à Christiania, le 5 mai 1854, on voyait des flammes enroulées en spirales tournoyer dans le noyau.

« Les taches, dit le P. Secchi, sont des cavités ou lacunes dues à des déchirures qui ont lieu dans la photosphère. Ces déchirures, d'abord irrégulières, finissent par prendre une forme ronde et régulière. — Le centre de ces cavités est le siège d'une force d'aspiration, qui attire les masses environnantes, les absorbe et les dissout. Pour expliquer ce phénomène important, on peut admettre deux hypothèses : — 1° Le mouvement d'absorption serait produit par un courant de gaz sortant de l'intérieur même du soleil, et plus chaud que la photosphère. L'aspiration latérale du courant suffirait pour déterminer l'appel des masses voisines, et comme les matières photosphériques sont dans un état de vapeurs condensées, en rentrant dans ce courant dont la tempé-

---

[1] *Le Ciel*, 5ᵉ édition, 5ᵉ livraison.

rature est plus haute, elles reprendraient leur état de
fluide élastique, et deviendraient invisibles en devenant
transparentes. — 2° On pourrait admettre que le noyau
de la tache est analogue à nos cyclones; il y aurait au
centre un abaissement de température; la matière pho-

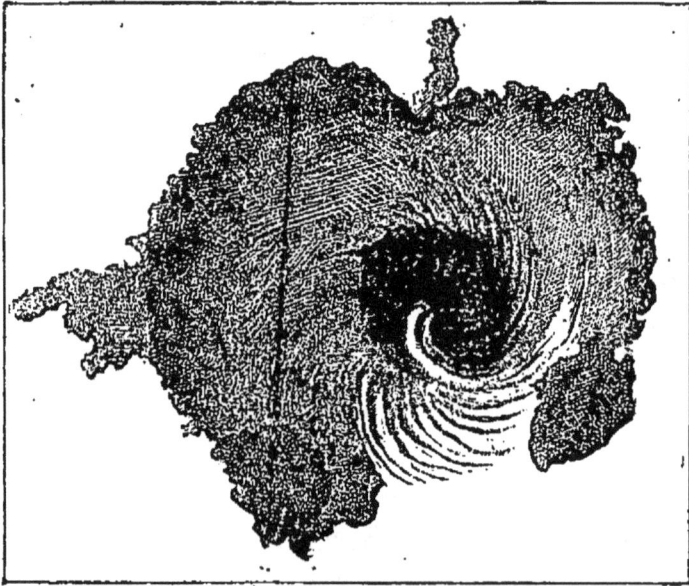

Fig. 42. — Tourbillon à la surface du soleil.

tosphérique perdrait son éclat en se refroidissant et de-
viendrait ainsi invisible[1]. »

M. Faye, dans sa remarquable étude sur la constitution physique du soleil, a donné une explication différente des taches :

« Il suffit, dit-il, de considérer le mode de rotation
de la photosphère, où les zones successives et contiguës

---

[1] *Le Soleil*. Exposé des principales découvertes modernes sur la
structure de cet astre, son influence dans l'univers et ses relations
avec les autres corps célestes, par le P. A. Secchi, directeur de l'Observatoire du Collége Romain. — Paris, 1870.

sont animées de vitesses décroissantes à partir de l'é-
quateur, pour s'en rendre compte[1]. Ce décroissement,
bien plus rapide sur le soleil qu'il ne le serait en vertu
de la seule différence des rayons des parallèles de rotation, donne naissance çà et là, dans la photosphère, à
des tourbillons verticaux tout à fait analogues à ceux
qui se produisent si aisément dans les cours d'eau, partout où une cause quelconque diminue ou augmente la
vitesse des tranches parallèles au sens du mouvement.
Les cyclones si fréquents dans notre atmosphère n'ont
pas d'autre cause. Il y en a de passagers; quelques-uns,
au contraire, durent six ou huit rotations terrestres,
absolument comme sur le soleil. Ils présentent dans
notre atmosphère de grands mouvements de translation
finalement dirigés vers l'un ou l'autre pôle, mouvements
qui n'ont pas d'analogues sur le soleil parce que les
couches superficielles de cet astre n'ont pas de courants
allant des pôles à l'équateur ou inversement. Les tourbillons de la photosphère absorbent les nuages lumineux de la surface brillante, et comme ils exercent aussi,
dans le sens de leur axe, une sorte d'aspiration sur les
régions froides placées au-dessus, ils entraînent dans
leur entonnoir évasé circulairement les matériaux refroidis de la chromosphère[2]; de là un abaissement de
température bien capable de donner l'opacité requise
au noyau obscur du tourbillon.....

« Ce fond noir des taches, ne l'oubliez pas, n'est
noir que relativement : si on l'isole de la photosphère,
il montre un éclat bien supérieur à celui de nos flammes

---

[1] Le soleil tourne d'après les lois que devrait présenter le mouvement d'une masse fluide.

[2] La chromosphère du soleil n'est qu'un assemblage confus de protubérances ou plutôt de flammes s'élevant en tous sens avec une incroyable vitesse, et prenant des formes si capricieuses qu'elles défient
toute comparaison.

d'éclairage et comparable peut-être à la lumière éblouissante de Drummond.....

« Lorsqu'une tache devient très-grande, le mouvement giratoire tend à s'y subdiviser ; il s'y forme fréquemment des centres secondaires de rotation entre lesquels l'afflux du milieu ambiant rétablit peu à peu la
pression ordinaire : cette pression tend à séparer les
tourbillons les uns des autres comme s'ils se repous-
saient mutuellement ; et les tourbillons secondaires de
masse moindre sont ceux qui naturellement s'écartent
le plus vite. Cela répond aux faits d'observation décrits
sous le nom de segmentation des taches.....

« Quant aux masses gazeuses plus ou moins mélan-
gées que les tourbillons aspirent dans la chromosphère
et entraînent jusqu'à une certaine profondeur, elles ne
tardent pas à s'échapper par l'orifice inférieur et à remonter à la surface, entraînant avec elles quelques par-
celles des courants réguliers venus de l'intérieur ; elles
surgissent alors au-dessus de la photosphère en langues
de feu plus ou moins élancées, en vertu de la vitesse
d'ascension due à leur légèreté spécifique[1]. »

En décrivant le phénomène de la segmentation des
taches, M. Faye dit encore :

« Il semble que les taches aient la propriété de se
reproduire d'elles-mêmes, à la manière des animaux
inférieurs, car ceux-ci se segmentent aussi, et leurs
tronçons forment bientôt des êtres complexes tout semblables aux premiers. C'est un genre de multiplication
qui, dans le domaine des phénomènes mécaniques, n'appartient qu'aux mouvements giratoires, trombes, tourbillons ou cyclones. »

Un astronome des États-Unis, M. Trouvelot, de Cambridge, a récemment observé des taches solaires, dont

Annuaire pour l'an 1873, publié par le Bureau des Longitudes.

le caractère le plus marqué est d'avoir des contours très-vagues, ternes et diffus, comme si elles étaient vues à travers un brouillard[1]. D'après les observations, ce brouillard ne serait autre que la chromosphère, dont les gaz interposés forment comme un voile au-dessus des taches, que M. Trouvelot propose de nommer *taches solaires voilées*.

A plusieurs reprises, dans les régions équatoriales du Soleil, il a pu s'assurer que les taches noires devenues visibles se voilent ensuite par l'interposition de matières chromosphériques, en sorte que les taches ordinaires et les taches voilées sont de même essence. Mais ces taches voilées se retrouvent à des latitudes beaucoup plus élevées que les autres, parfois accompagnées de facules. Il en a observé jusqu'à six ou huit degrés des pôles. Elles ne diffèrent alors des taches ordinaires que par leur grandeur et leur activité. Si quelques taches noires se montrent momentanément dans ces parages, elles ne durent pas, comme si les forces nécessaires pour balayer au-dessus les gaz chromosphériques n'étaient pas suffisantes. L'observation directe lui indique que la chromosphère est empêchée, par une force émanant de l'intérieur, de se précipiter dans l'ouverture produite par la tache. Aussitôt que cette force perd de son énergie, la chromosphère tend à couvrir la tache, et elle y fait irruption aussitôt que la force cesse.

Les taches solaires atteignent parfois d'énormes dimensions, qui les rendent visibles à l'œil nu. L'une de ces taches, observée le 30 août 1839 par le capitaine Davis, n'avait pas moins de 200 millions de myriamètres carrés.

---

[1] *Bulletin hebdomadaire de l'Association scientifique de France*, 24 mai 1876.

Les astronomes ne sont point d'accord pour expliquer l'origine des taches. Cet accord ne pourra s'établir qu'après une étude plus complète et plus approfondie de la surface du soleil, et de la distribution de la chaleur dans cet astre. Nous venons de voir que pour M. Faye les taches solaires sont des tourbillons qui aspirent les matériaux refroidis de la chromosphère et les entraînent vers le noyau. Mais le P. Secchi croit que les tourbillons sont un phénomène exceptionnel, et que le mouvement giratoire n'est pas une propriété essentielle des taches. Elles sont pour lui des phénomènes d'éruption qui soulèvent la photosphère et donnent naissance aux brillantes facules, tandis que sur d'autres points se creusent en même temps des cavités, des cratères de formes variées, qui reçoivent les produits refroidis de l'éruption et apparaissent comme des taches sombres sur le fond lumineux de la photosphère.

M. G. Planté, dont nous avons déjà cité les intéressantes études relatives à la comparaison des effets des courants électriques de haute tension avec les phénomènes tourbillonnaires atmosphériques, a récemment produit, dans une expérience très-remarquable, des perforations électriques, des cavités en forme de cratères, qui offrent une grande analogie de structure avec celles des taches solaires, dont les apparences bizarres sont difficiles à expliquer par les actions mécaniques ordinaires, mais se comprennent facilement par l'intervention de l'électricité. Il est donc permis d'admettre, suivant M. Planté, que ces taches sont des cavités produites par des éruptions essentiellement électriques; et que, par suite, la masse interne du soleil doit être fortement chargée d'électricité.

Les taches solaires se produisent principalement dans la zone équatoriale, entre 10 et 30 degrés de latitude. L'analogie de ces zones avec les zones terrestres des alizés a fait supposer, par sir John Herschell, l'existence de courants semblables à la surface du soleil. Mais rien, jusqu'ici, n'est venu confirmer cette hypothèse. Disons toutefois que, d'après le P. Secchi, les mouvements des taches sont, en réalité, comparables à ceux qu'on observe dans les alizés terrestres. « Nous devons en conclure, dit-il, qu'il existe dans le soleil des courants qui transportent la photosphère. Mais comme la composante qui agit suivant la longitude est dirigée en sens contraire de la composante analogue dans les alizés terrestres, il est impossible d'admettre complétement la même théorie, il faut en chercher une autre qui s'accorde mieux avec les faits. »

C'est en supposant le soleil gazeux dans toute sa masse, idée adoptée aujourd'hui par la plupart des astronomes, et en admettant aussi sa rotation moins rapide à la surface que dans les couches plus voisines du centre, que le P. Secchi explique les mouvements systématiques des taches. Mais il ajoute que la théorie exacte de la circulation dans la masse solaire n'étant pas encore donnée, cette explication doit être regardée comme une simple hypothèse.

Disons encore que le savant directeur de l'Observatoire romain considère la photosphère comme formée de brouillards et de vapeurs lumineuses. Ces nuages diffèrent des nôtres en ce qu'ils sont composés de substances métalliques, et lumineux par eux-mêmes, grâce à leur température élevée. Quant à l'aspect extérieur, il est complétement le même, et cette analogie explique la rapidité avec laquelle s'exécutent certains changements de forme dans les taches. Il suffit pour cela d'un changement de température produisant d'une part la condensation, d'autre part la dissolution de la vapeur sur une surface très-étendue. « C'est ainsi, dit le P. Secchi, que par un temps calme nous voyons le ciel se couvrir de nuages presque instantanément, ou bien s'éclaircir avec la même rapidité, les courants d'air ayant pourtant des vitesses incomparablement plus faibles que celle du mouvement apparent des nuages. »

Après ces détails sommaires sur la structure des taches, il nous reste à résumer les découvertes relatives aux fluctuations périodiques qui les éloignent ou les rapprochent de l'équateur solaire, en même temps que leur nombre augmente ou diminue, et le rapport de ces périodes avec les phénomènes magnétiques du globe terrestre, liés eux-mêmes, comme nous l'avons déjà dit, aux phénomènes météorologiques.

En examinant la longue série d'observations faites sur les taches depuis l'époque de leur découverte jusqu'à nos jours, on a reconnu dans leur apparition une périodicité évidente. Des maxima et des minima se succèdent en un intervalle de onze ans environ [1], et dans cette succession on a également constaté une période semi-séculaire, dont un trop petit nombre d'observations ne permet pas encore de bien reconnaître la loi. La cause de ces importantes variations n'est pas connue jusqu'ici, mais on a découvert qu'elles coïncident avec un phénomène de météorologie terrestre, la variation de la force magnétique.

Les nombreux observatoires magnétiques érigés sur le globe depuis quelques années ont permis de constater une période diurne et une période annuelle dans les mouvements de l'aiguille aimantée. Outre ces variations régulières, les barreaux aimantés sont sujets à des variations extraordinaires qui dépendent des au-

---

[1] Le professeur Wolf, de Zurich, qui a réuni toutes les observations de taches enregistrées depuis leur découverte en 1610 jusqu'à nos jours, donne à cette période onze ans $\frac{1}{9}$.

rores boréales et des bourrasques électriques de notre atmosphère.

L'amplitude de l'oscillation diurne est très-variable, et, dans une période de onze ans environ, elle peut prendre des valeurs doubles l'une de l'autre. « Mais la circonstance la plus extraordinaire, dit le P. Secchi, c'est que les maxima et les minima coïncident avec les aurores boréales et avec les maxima et les minima des taches visibles sur le soleil. La même variation dans les oscillations périodiques se retrouve encore à l'époque des perturbations extraordinaires auxquelles on donne le nom d'*orages magnétiques*. »

Le fait d'une période de onze ans dans la variation du magnétisme terrestre coïncidant avec une période semblable dans les variations des taches solaires est admis unanimement par les astronomes; mais cette relation entre des phénomènes si éloignés reste encore inexpliquée. Tout ce qu'on peut dire actuellement, c'est que la périodicité des taches suppose une périodicité dans l'activité solaire, et que les variations de cette activité paraissent se communiquer à la terre, soit par le moyen de la chaleur, soit par quelque autre moyen encore inconnu.

On a cherché si les variations périodiques des taches solaires ne seraient pas en rapport avec les positions qu'occupent les diverses planètes. Cette relation n'a pu être établie, mais les études commencées semblent indiquer une influence de Mercure, Vénus, Jupiter, Mars et la Terre sur le nombre des taches et leur position.

La corrélation des taches solaires avec les perturbations de l'aiguille aimantée a été étendue à l'apparition des aurores boréales, liée, comme on le sait, au magnétisme terrestre. Un savant Américain, M. Loomis, a mis en évidence la coïncidence des époques de

maxima et de minima pour ces trois ordres de phénomènes.

Cassini, dans son Mémoire intitulé : *De la déclinaison
et des variations de l'aiguille aimantée*, avait déjà dit :
« Les aurores boréales, la neige et les brouillards, de
même que les vents venant de la partie de l'est, sont
les circonstances qui accompagnent le plus fréquemment les perturbations de l'aiguille aimantée. Dans les
mois de décembre, janvier et février, l'aiguille est fréquemment oscillante ou tremblante, ce qu'il est naturel d'attribuer aux mauvais temps qui sont plus com-
muns dans cette saison. Un grand changement dans
l'atmosphère, tel que le passage d'un beau temps constant à un temps nuageux et pluvieux, ou d'un vi-
lain temps à un beau, est assez ordinairement accompagné et quelquefois annoncé par l'oscillation de
l'aiguille. »

M. Marié Davy, en admettant qu'il existe dans notre
atmosphère des sources d'explications suffisantes pour
toutes les perturbations magnétiques sans remonter jusqu'au soleil, cite, dans l'intéressant ouvrage que nous
avons déjà mentionné, plusieurs exemples remarquables
de tourmentes accompagnées d'un trouble dans la manifestation des forces magnétiques du globe. Il constate
aussi que les aurores boréales exercent une action très-
marquée sur les aimants, alors même qu'elles ne sont
pas visibles du lieu où s'agitent les boussoles. Après
avoir fait observer que le service télégraphique fut
troublé sur toute la surface de l'Europe par les magni-
fiques aurores du 27 novembre 1848 et du 28 août 1859,
il montre l'importance que les mouvements des aiguilles
aimantées et les troubles apportés au fonctionnement
des lignes télégraphiques peuvent acquérir pour la prévision du temps.

M. Rayet, astronome à l'Observatoire de Paris, disait

dans une note relative à la belle aurore boréale observée en France et en Amérique le 15 avril 1869, note présentée à l'Académie des Sciences[1] par M. Le Verrier :

« Depuis notre entrée à l'Observatoire, nous avons à plusieurs reprises fait remarquer la liaison entre l'apparition des aurores boréales et le passage des bourrasques ; la première mention de ce fait remonte à décembre 1865, et depuis elle a été reproduite bien souvent. Dans une note lue à la Société météorologique de France le 12 novembre 1867, je me suis efforcé de démontrer, par la comparaison des cartes du *Bulletin international* avec les observations magnétiques de Paris, que toutes les perturbations magnétiques de quelque importance, constatées à l'Observatoire, coïncidaient avec le passage d'une bourrasque au voisinage des côtes de France. Le caractère de la perturbation est différent suivant que les dépressions barométriques passent au nord ou au sud de Paris. Ce dernier point était nouveau, je crois.

« Dans un tout récent mémoire (*Transactions* pour 1868), M. Airy vient de montrer que les perturbations de l'aiguille aimantée étaient toujours précédées par des courants électriques terrestres intenses. — L'ensemble des faits précédents me semble montrer que les aurores boréales, et d'une manière générale les perturbations magnétiques, sont une des diverses manifestations qui accompagnent la rupture de l'équilibre de notre atmosphère. »

Enfin le P. Secchi a mis hors de doute la connexion des bourrasques avec les perturbations magnétiques par l'intermédiaire de l'électricité, dans une longue suite de patientes observations et de remarquables études que nous ne pouvons ici qu'indiquer, mais qu'on

---

[1] *Comptes rendus hebdomadaires*, séance du 19 avril 1869.

trouvera dans le très-instructif *Bulletin météorologique
de l'observatoire du Collége Romain.*

D'un autre côté, M. C. Meldrum, directeur de l'observatoire de l'île Maurice, a présenté à l'Association
Britannique d'intéressantes considérations sur le rapport qui paraît exister entre la périodicité des taches
solaires et les cyclones. Ces considérations sont basées
sur un catalogue de tous les cyclones arrivés à Maurice
de 1847 à 1875, et sur une liste des anciens ouragans
restés dans les mémoires par les désastres qu'ils ont
causés. Sur vingt-quatre de ces ouragans, de 1751 à
1850, dix-sept tombent vers les périodes de maxima des
taches solaires, et seulement sept aux périodes de
minima.

Les observations transmises à l'Académie des Sciences
par M. A. Poëy, tendent aussi à établir qu'aux années
de grandes taches à la surface solaire correspondent
des années fécondes en ouragans sur notre planète.
Comme l'indique M. Meldrum, le nombre des cyclones
serait, en général, deux fois plus grand au maximum
qu'au minimum des taches.

En Angleterre, M. Henri Hudson a récemment émis
une opinion semblable à celle énoncée il y a plusieurs
années par sir David Brewster. Il croit que les taches
solaires rayonnent en chaleur ce qu'elles perdent en
lumière. Si cela est vrai, on comprend qu'une élévation de la température des mers tropicales occasionne
une augmentation d'évaporation, un surcroît de courants
d'air chaud et chargés de vapeur, favorables, comme
les courants semblables qui suivent le Gulf-Stream, à la
formation des ouragans.

Un géologue américain, M. G. Dawson, après avoir
constaté les variations annuelles du niveau du lac Erié,
et en avoir tracé la courbe, a également remarqué une
singulière correspondance entre cette courbe et celle

des taches du soleil. Cette correspondance, dit-il, quoi-qu'elle ne soit pas absolue, ouvre un nouveau champ de recherches, et montre l'extension du cycle météoro-logique indiqué par MM. Lockyer et Meldrum. Les observateurs ne sont pas tous d'accord sur la relation du plus ou moins grand nombre des taches solaires avec le caractère des saisons. Mais M. Dawson fait justement remarquer que l'évaporation pourrait amener ici la sé-cheresse et plus loin la pluie, suivant les conditions orographiques du terrain et suivant les courants atmo-sphériques. Le commandant Maury, dans sa *Géographie physique*[1], a très-bien établi les conditions de cette différence.

On a aussi cherché à déterminer les relations de la période solaire avec l'activité des phénomènes volcani-ques, avec les tremblements de terre; mais ces recher-ches, dignes d'attention, n'ont conduit jusqu'ici à au-cun résultat remarquable.

Ce qui est maintenant hors de doute, c'est que la période de onze ans des taches solaires régit aussi les phénomènes magnétiques du globe terrestre, étroite-ment liés aux phénomènes météorologiques.

Quelques hypothèses peuvent aider à comprendre la possibilité de cette relation, malgré l'énorme distance qui existe entre les deux astres. Ainsi, par exemple, si l'on considère la prodigieuse vitesse des éruptions de vapeurs métalliques, des jets de gaz embrasés qui pro-duisent les protubérances solaires, vitesse qui dépasse parfois 300 kilomètres par seconde, on est conduit à admettre des résultats en accord avec l'incroyable force d'impulsion qui lance dans l'espace, à des hauteurs immenses, ces protubérances flamboyantes. Dans une

---

[1] *Géographie physique*, à l'usage de la jeunesse et des gens du monde. — 3ᵉ édition.

note de sa très-intéressante étude sur la *Constitution physique du soleil* [1], M. Radeau dit à ce sujet :

« M. Respighi veut avoir constaté des vitesses allant jusqu'à 800 kilomètres ; mais un corps lancé avec une vitesse de 600 kilomètres quitterait déjà le soleil sans retour, comme un boulet lancé avec une vitesse initiale de 12 kilomètres quitterait la terre. On ne peut donc accueillir ces assertions qu'avec beaucoup de réserve, à moins qu'on n'admette avec quelques savants la diffusion indéfinie de l'hydrogène du soleil dans les espaces planétaires. »

M. Becquerel a présenté à l'Académie des Sciences un très-remarquable Mémoire [2] dans lequel est discutée la question suivante, qui se rapporte à la note que nous venons de citer : — « L'électricité positive, en sortant de la photosphère avec le gaz hydrogène se répand dans les espaces planétaires, non-seulement avec le concours des matières gazeuses plus ou moins diffusés qui s'y trouvent, comme nous avons essayé de le démontrer, mais encore avec celui des matières qu'elle entraîne avec elle en sortant de la photosphère. Cette même électricité arrive dans l'atmosphère terrestre, puis dans la terre, en diminuant d'intensité, à cause de la résistance qu'elle éprouve en traversant dans l'atmosphère des couches de plus en plus denses. »

Les taches, suivant M. Becquerel, paraissent être les cavités par lesquelles s'échappent de la photosphère l'hydrogène et les diverses substances qui composent l'atmosphère solaire. Or, l'état de grande raréfaction des gaz qui composent cette atmosphère, bien au delà de la partie lumineuse, à des distances excessives,

---

[1] *Revue des Deux Mondes*, — 15 mai 1876.
[2] *Mémoire sur l'origine céleste de l'électricité atmosphérique.* Comptes rendus, — séance du 12 juin 1871.

est très-admissible, vu la température énorme du Soleil.

Indépendamment des matières gazeuses que l'on pense devoir ainsi exister dans les espaces planétaires, il s'y trouve encore des myriades d'aérolithes dont la grosseur varie depuis celle des masses de fer météorique que l'on trouve éparses sur le globe, jusqu'à celle des grains très-fins de poussière dont on a des exemples dans les éruptions de nos volcans. On est donc porté à croire que le vide absolu n'existe pas dans les espaces planétaires, où des gaz, particulièrement de l'hydrogène, peuvent se répandre. Rien ne s'opposerait donc à la propagation de l'électricité dans ces mêmes espaces, et de là sur notre planète, où la nature va puiser les causes des orages et d'autres phénomènes atmosphériques.

Ajoutons qu'après cette communication de M. Becquerel, que nous résumons très-sommairement, M. Ch. Sainte-Claire Deville a fait observer combien les motifs que son savant confrère venait de faire valoir en faveur de l'origine céleste de l'électricité atmosphérique venaient à l'appui de sa propre hypothèse sur l'origine céleste des variations de la température, et, en particulier, sur l'influence que peut avoir sur ces phénomènes l'apparition périodique de matières cosmiques dans les espaces planétaires.

Citons encore une belle page de Humboldt, que nous abrégeons, sur le même sujet : « Tantôt l'action du Soleil se manifeste tranquillement et en silence par des affinités chimiques, et détermine les divers phénomènes de la vie chez les végétaux et chez les animaux ; tantôt elle fait éclater dans l'atmosphère le tonnerre, les trombes, les ouragans... Les ondes lumineuses n'agissent pas seulement sur le monde des corps, et ne se bornent pas à décomposer et à recomposer les substances ; elles n'ont pas pour unique effet d'attirer hors du sein de la terre les germes délicats des plantes, de colorer les feuilles et les fleurs odorantes, ou de répéter mille et mille fois l'image du Soleil, au milieu du choc gracieux des vagues et sur les tiges légères de la prairie, courbées par le souffle du vent. La lumière du ciel, suivant les différents degrés de sa durée et de son éclat, est aussi en relation mystérieuse avec l'homme intérieur, avec l'excitation plus ou moins vive de ses facultés, avec la disposition gaie ou mélancolique de son humeur. »

Nous devons borner ici l'exposé succinct de ces brillantes conjectures, dues aux récents progrès de l'astronomie, et principalement aux belles découvertes sur la constitution physique et chimique du Soleil. Les recherches persévérantes des savants qui les ont émises, et l'importance des faits déjà constatés, justifient le nom de *météorologie cosmique* donné à cette nouvelle branche de la science par l'astronome italien Donati, à la suite de ses observations sur les aurores boréales.

Disons d'ailleurs que le perfectionnement des instruments d'optique a permis d'apercevoir sur certaines planètes de notre système des phénomènes probablement analogues à ceux qui viennent d'être l'objet de notre étude. Ainsi, par exemple, on voit sur le disque de Vénus des lueurs qui, d'après le P. Secchi, pourraient être produites par des aurores boréales. Le même auteur cite une grande tache noire observée à la surface de Jupiter, qui n'était pas l'ombre d'un satellite, et qui, suivant lui, ne pouvait être qu'une ouverture faite dans une couche de nuages, sans doute par un ouragan. D'autres taches, probablement des amas de nuages accidentels, paraissent souvent dans l'atmosphère sans doute très-dense de Jupiter, et leur mouvement propre, constaté par les observations, a été expliqué par l'exis-

tence de courants analogues aux vents inférieurs qui
règnent, sur notre globe, dans la région des alizés. On
sait d'ailleurs que Mercure, Vénus, Mars, Saturne, montrent les signes d'atmosphères, de phénomènes météorologiques qui rappellent l'atmosphère terrestre, et les
courants qui la mettent en mouvement de l'équateur
aux pôles. On a remarqué qu'à la surface de Mars, où
des calottes polaires d'une éclatante blancheur indiquent la formation des glaces et des neiges, les extrêmes de chaud et de froid qui résultent de l'inclinaison
de l'axe de la planète sur le plan de l'orbite, et l'é-
change considérable d'humidité qui se fait périodi-
quement entre les deux hémisphères doivent produire
de grandes inondations et donner lieu aux plus terribles
ouragans.

Arago, dans sa *Notice sur le tonnerre*, s'étayant sur la
remarque pleine de justesse, « que si l'histoire des anciens peuples est remplie de fables, leur fable, d'autre
part, abonde en événements historiques, » et recueil-
lant aussi dans les historiens comme dans les poëtes
un certain nombre de faits curieux, admet que leur ensemble donne quelque probabilité à l'idée que depuis
les temps anciens les orages ont diminué d'intensité.
De semblables recherches montreraient sans doute également que le nombre et l'intensité des ouragans sont
aujourd'hui moins considérables que dans les périodes
primitives dont les anciens auteurs nous ont gardé le
souvenir. Nous citions à ce sujet le fait suivant dans un
de nos précédents ouvrages[1]. On trouve dans l'île Maurice, à une assez grande distance du rivage, d'énormes
blocs de-pierre madréporique arrachés des récifs sous-
marins par les vagues d'ouragan. Un de ces blocs mesure quarante pieds de long sur vingt de large et quinze

---

[1] *Les Tempêtes.*

de hauteur. Personne n'a le souvenir d'avoir vu transporter de telles masses par les forces qui résultent aujourd'hui du passage des cyclones. L'opinion générale
attribue ce transport aux vagues monstrueuses soulevées par les anciens ouragans, dont l'extrême violence
s'est atténuée.

Si l'action bienfaisante de la nature, favorisant le développement des sociétés humaines, a ainsi diminué la
redoutable puissance de fléaux destructeurs, nous pouvons aujourd'hui ajouter nos efforts aux siens, éclairés,
fortifiés par les conquêtes de la science, par le progrès
des sentiments de solidarité, qui, malgré tant d'apparences contraires, tendent à unir les nations chrétien-
nes dans une féconde et durable alliance. Les grandes
questions qui se rapportent à l'amélioration de notre
demeure terrestre : percements des isthmes, des montagnes, formation de mers intérieures, canalisations,
reboisements des cimes, extension des cultures jusque
dans le désert, ouvrent à l'humanité des perspectives
où l'on peut, sans trop rêver, voir se régulariser l'action des forces qui sont maintenant en présence dans
la circulation atmosphérique. Si cet espoir était chimé-
rique, il est au moins certain que les rapides et importants progrès de la météorologie, en nous faisant connaître les lois qui président à la formation et à la marche
des ouragans, nous mettent en garde contre ces désastreux météores, et permettront d'en atténuer de plus
en plus les ravages. Les applications de la science qui
tendent à ce résultat sont d'autant plus utiles, d'autant plus sûres, qu'elles embrassent une plus vaste
région, et c'est en considérant leur fonctionnement sur
le globe entier qu'on peut comprendre toute leur fé-
condité.

Ainsi la météorologie est entrée dans ce magnifique
mouvement des sciences qui est la gloire de notre siè-

cle, et qui non-seulement verse dans l'humanité de nouvelles lumières, de nouvelles forces, de nouvelles espérances, mais qui encore, agrandissant dans l'univers la sphère de ses connaissances, lui fait entrevoir l'affermissement de la foi religieuse, source première de sa grandeur, par les enseignements de la nature, au sein de laquelle Dieu même parle et se révèle à nous.

TABLE DES MATIÈRES

TABLE DES GRAVURES

VI

LES CYCLONES

VII

OURAGANS DES ANTILLES ET DE L'OCÉAN ATLANTIQUE

VIII

TYPHONS DES MERS DE CHINE ET DU JAPON — CYCLONES DE L'OCÉAN INDIEN

PARIS. — TYPOGRAPHIE LAHURE
Rue de Fleurus, 9